耿祥义 / 编著

Java

基础教程

（第3版）

清华大学出版社
北京

内 容 简 介

Java语言具有面向对象、与平台无关、安全、稳定和多线程等优良特性，是目前软件设计中极为强大的编程语言。Java已成为网络时代最重要的语言之一。

本书以通俗易懂的语言，循序渐进地向读者介绍了Java语言编程的基础知识。针对较难理解的问题，所列举的例子都是由简到繁，便于读者掌握Java编程技巧。在第3版中加大了面向对象的知识容量，补充JDBC操作数据库的内容。全书共分14章，分别讲解了基本数据类型、运算符、表达式和语句、类、对象和接口、常用实用类、输入/输出流、JDBC数据库操作、组件及事件处理、图形与图像、Java多线程机制、Java网络编程等内容。

本书适合初学编程或初学Java语言的读者使用，也可作为高等院校相关专业的教材。

本书封面贴有清华大学出版社防伪标签，无标签者不得销售。
版权所有，侵权必究。举报：010-62782989, beiqinquan@tup.tsinghua.edu.cn。

图书在版编目(CIP)数据

Java基础教程/耿祥义编著.--3版.--北京：清华大学出版社，2012.5（2024.8重印）
ISBN 978-7-302-28368-3

Ⅰ.①J… Ⅱ.①耿… Ⅲ.①JAVA语言－程序设计－教材 Ⅳ.①TP312

中国版本图书馆CIP数据核字(2012)第049910号

责任编辑：田在儒
封面设计：李 丹
责任校对：刘 静
责任印制：刘 菲

出版发行：清华大学出版社
网　　址：https://www.tup.com.cn, https://www.wqxuetang.com
地　　址：北京清华大学学研大厦A座　　邮　编：100084
社 总 机：010-83470000　　邮　购：010-62786544
投稿与读者服务：010-62776969, c-service@tup.tsinghua.edu.cn
质量反馈：010-62772015, zhiliang@tup.tsinghua.edu.cn
课件下载：https://www.tup.com.cn, 010-62795954

印 装 者：三河市君旺印务有限公司
经　　销：全国新华书店
开　　本：185mm×260mm　　印　张：19　　字　数：431千字
版　　次：2004年8月第1版　2012年6月第3版　印　次：2024年8月第14次印刷
定　　价：56.00元

产品编号：043488-03

本书是《Java 基础教程》的第 3 版。其中，对第 2 版中的例子和部分内容进行了更新，调整了部分章节的顺序使得更适合教学，另外增加了 JDBC 操作数据库的内容。本书讲授 Java 基础内容和重要的实用技术，注重 Java 语言的面向对象特性，强调面向对象的程序设计思想，在实例上侧重实用性和启发性，在类、对象、继承、接口等重要的基础知识上侧重编程思想，在实用类、输入/输出流、Java 网络技术、JDBC 数据库操作等实用技术方面侧重实用。通过本书的学习，读者可以掌握 Java 面向对象编程的思想和 Java 编程中的一些重要技术。

全书共分 14 章。第 1 章介绍了 Java 产生的背景和 Java 平台，读者可以了解到 Java 是怎样做到"一次写成，处处运行"的。第 2 章讲解了简单数据类型。第 3 章介绍了 Java 运算符和控制语句。第 4～7 章是本书的重点内容之一，讲述了类与对象、子类与继承、接口与多态，内部类、异常类和匿名类等 Java 的核心知识点。第 8 章讲述了常用的实用类，包括字符串、日期、正则表达式以及数学计算等实用类，特别讲述了怎样使用 Scanner 类解析字符串。第 9 章讲述了 Java 中的输入/输出流技术，特别介绍了怎样使用 Scanner 类解析文件等重要内容。第 10 章讲述了 Java 怎样使用 JDBC 操作数据库，包括预处理、事务处理、批处理等重要技术。第 11 章是基于 Java Swing 的 GUI 图形用户界面设计，讲述了常用的组件和容器，特别详细讲述了事件处理。第 12 章讲述了 Java 所提供的 Graphics2D 的强大二维图形处理能力。第 13 章讲述了多线程技术，通过许多有启发的例子帮助读者理解多线程编程。第 14 章讲述了 Java 在网络编程中的一些重要技术，涉及 URL、Socket、InetAddrees、DatagramPacket 等重要的类。

本书实例的源程序以及电子教案可以在清华大学出版社网站上免费下载，以供读者学习使用。

编者

2012 年 1 月

目录

第 1 章 初识 Java ... 1

- 1.1 Java 的诞生 ... 1
- 1.2 Java 的平台无关性 ... 2
- 1.3 安装 JDK ... 3
  - 1.3.1 三种平台简介 ... 3
  - 1.3.2 安装 Java SE 平台 ... 4
- 1.4 Java 程序的开发步骤 ... 5
- 1.5 一个简单的 Java 应用程序 ... 6
  - 1.5.1 编写源文件 ... 6
  - 1.5.2 编译 ... 7
  - 1.5.3 运行 ... 8
- 1.6 Java 的语言特点与地位 ... 9
  - 1.6.1 Java 语言的特点 ... 9
  - 1.6.2 Java 语言的地位 ... 9
- 1.7 小结 ... 10
- 习题 1 ... 10

第 2 章 基本数据类型与数组 ... 11

- 2.1 标识符与关键字 ... 11
  - 2.1.1 标识符 ... 11
  - 2.1.2 Unicode 字符集 ... 12
  - 2.1.3 关键字 ... 12
- 2.2 基本数据类型 ... 12

2.2.1 逻辑类型 ……………………………………………………………… 12
  2.2.2 整数类型 ……………………………………………………………… 13
  2.2.3 字符类型 ……………………………………………………………… 13
  2.2.4 浮点类型 ……………………………………………………………… 14
 2.3 类型转换运算 ………………………………………………………………… 15
 2.4 输入/输出数据 ………………………………………………………………… 17
  2.4.1 输入基本型数据 ……………………………………………………… 17
  2.4.2 输出基本型数据 ……………………………………………………… 18
 2.5 数组 …………………………………………………………………………… 18
  2.5.1 声明数组 ……………………………………………………………… 19
  2.5.2 为数组分配元素 ……………………………………………………… 19
  2.5.3 数组元素的使用 ……………………………………………………… 20
  2.5.4 length 的使用 ………………………………………………………… 21
  2.5.5 数组的初始化 ………………………………………………………… 21
  2.5.6 数组的引用 …………………………………………………………… 21
 2.6 枚举类型 ……………………………………………………………………… 23
 2.7 小结 …………………………………………………………………………… 23
 习题 2 ……………………………………………………………………………… 24

第 3 章 运算符、表达式和语句 ……………………………………………………… 26
 3.1 运算符与表达式 ……………………………………………………………… 26
  3.1.1 算术运算符与算术表达式 …………………………………………… 26
  3.1.2 自增、自减运算符 …………………………………………………… 26
  3.1.3 算术混合运算的精度 ………………………………………………… 27
  3.1.4 关系运算符与关系表达式 …………………………………………… 27
  3.1.5 逻辑运算符与逻辑表达式 …………………………………………… 28
  3.1.6 赋值运算符与赋值表达式 …………………………………………… 28
  3.1.7 位运算符 ……………………………………………………………… 29
  3.1.8 instanceof 运算符 …………………………………………………… 30
  3.1.9 运算符综述 …………………………………………………………… 30
 3.2 语句概述 ……………………………………………………………………… 31
 3.3 if 条件分支语句 ……………………………………………………………… 32
  3.3.1 if 语句 ………………………………………………………………… 32
  3.3.2 if-else 语句 …………………………………………………………… 33
  3.3.3 if-else if-else 语句 …………………………………………………… 34
 3.4 switch 开关语句 ……………………………………………………………… 35
 3.5 循环语句 ……………………………………………………………………… 36
  3.5.1 for 循环语句 ………………………………………………………… 36

3.5.2　while 循环语句 ·············· 37
　　3.5.3　do-while 循环语句 ········· 38
3.6　break 和 continue 语句 ·············· 38
3.7　for 语句与数组 ·························· 39
3.8　枚举类型与 for、switch 语句 ······ 40
3.9　小结 ·· 41
习题 3 ·· 42

第4章　类与对象 ······························· 43

4.1　封装 ·· 43
　　4.1.1　一个简单的问题 ·············· 43
　　4.1.2　简单的 Circle 类 ·············· 44
　　4.1.3　使用 Circle 类创建对象 ···· 44
4.2　类 ·· 45
　　4.2.1　类声明 ····························· 46
　　4.2.2　类体 ································ 46
　　4.2.3　成员变量 ························· 47
　　4.2.4　方法 ································ 48
　　4.2.5　需要注意的问题 ·············· 49
　　4.2.6　类的 UML 类图 ··············· 50
　　4.2.7　类与 Java 应用程序的基本结构 ··· 50
4.3　构造方法与对象的创建 ·············· 52
　　4.3.1　构造方法 ························· 52
　　4.3.2　创建对象 ························· 53
　　4.3.3　使用对象 ························· 55
　　4.3.4　对象的引用和实体 ·········· 55
4.4　参数传值 ···································· 57
　　4.4.1　传值机制 ························· 58
　　4.4.2　基本数据类型参数的传值 ··· 58
　　4.4.3　引用类型参数的传值 ······· 58
4.5　对象的组合 ································ 59
　　4.5.1　圆锥体 ····························· 59
　　4.5.2　关联关系和依赖关系的 UML 图 ··· 61
4.6　实例成员与类成员 ······················ 62
　　4.6.1　实例变量和类变量的声明 ···· 62
　　4.6.2　实例变量和类变量的区别 ···· 62
　　4.6.3　实例方法和类方法的定义 ···· 63
　　4.6.4　实例方法和类方法的区别 ···· 64

4.7 方法重载 ·· 64
4.8 this 关键字 ·· 65
4.9 包 ··· 66
    4.9.1 包语句 ·· 66
    4.9.2 有包名的类的存储目录 ··· 66
    4.9.3 运行有包名的主类 ··· 67
4.10 import 语句 ·· 68
    4.10.1 引入类库中的类 ··· 68
    4.10.2 引入自定义包中的类 ··· 70
    4.10.3 使用无包名的类 ··· 71
4.11 访问权限 ·· 71
    4.11.1 何谓访问权限 ··· 71
    4.11.2 私有变量和私有方法 ··· 71
    4.11.3 共有变量和共有方法 ··· 73
    4.11.4 友好变量和友好方法 ··· 73
    4.11.5 受保护的成员变量和方法 ·· 74
    4.11.6 public 类与友好类 ·· 74
4.12 基本类型的类包装 ··· 75
    4.12.1 Double 和 Float 类 ·· 75
    4.12.2 Byte、Short、Integer、Long 类 ·· 75
    4.12.3 Character 类 ··· 76
4.13 反编译 ··· 76
4.14 小结 ·· 76
习题 4 ··· 76

第 5 章 子类与继承 ·· 78

5.1 子类与父类 ··· 78
5.2 子类的继承性 ··· 79
    5.2.1 子类和父类在同一个包中的继承性 ··· 79
    5.2.2 子类和父类不在同一个包中的继承性 ··· 81
    5.2.3 继承关系(Generalization)的 UML 图 ·· 81
5.3 成员变量的隐藏和方法重写 ·· 82
    5.3.1 成员变量的隐藏 ·· 82
    5.3.2 方法重写(Override) ··· 83
5.4 super 关键字 ·· 85
    5.4.1 用 super 操作被隐藏的成员变量和方法 ·· 85
    5.4.2 使用 super 调用父类的构造方法 ··· 86
5.5 final 关键字 ·· 87

		5.5.1 final 类	87
		5.5.2 final 方法	88
		5.5.3 常量	88
	5.6	对象的上转型对象	88
	5.7	继承与多态	90
	5.8	abstract 类和 abstract 方法	91
	5.9	面向抽象编程	92
	5.10	开-闭原则	95
	5.11	小结	98
习题 5			98

第 6 章 接口与多态 ... 100

6.1	接口	100
	6.1.1 接口的声明与使用	100
	6.1.2 理解接口	103
	6.1.3 接口的 UML 图	103
6.2	接口回调	104
	6.2.1 接口变量与回调机制	104
	6.2.2 接口与多态	106
	6.2.3 abstract 类与接口的比较	107
6.3	面向接口编程	107
6.4	小结	110
习题 6		110

第 7 章 内部类与异常类 ... 112

7.1	内部类	112
7.2	匿名类	114
	7.2.1 和子类有关的匿名类	114
	7.2.2 和接口有关的匿名类	115
7.3	异常类	117
	7.3.1 try~catch 语句	117
	7.3.2 自定义异常类	118
	7.3.3 finally 子语句	120
7.4	小结	121
习题 7		122

第 8 章 常用实用类 ... 124

8.1	String 类	124
	8.1.1 构造字符串对象	124

8.1.2 String 类的常用方法 ································· 125
8.1.3 字符串与基本数据的相互转化 ···················· 129
8.1.4 对象的字符串表示 ································· 130
8.1.5 字符串与字符、字节数组 ··························· 131
8.1.6 正则表达式及字符串的替换与分解 ··············· 132
8.2 StringTokenizer 类 ··· 135
8.3 Scanner 类 ··· 137
8.4 Date 与 Calendar 类 ·· 139
8.4.1 Date 类 ··· 139
8.4.2 Calendar 类 ·· 139
8.5 Math 类 ··· 142
8.6 StringBuffer 类 ·· 143
8.6.1 StringBuffer 对象的创建 ····························· 143
8.6.2 StringBuffer 类的常用方法 ·························· 144
8.7 System 类 ··· 145
8.8 小结 ··· 146
习题 8 ··· 146

第 9 章 输入/输出流 ·· 148

9.1 文件 ··· 149
9.1.1 文件的属性 ·· 149
9.1.2 目录 ·· 149
9.1.3 文件的创建与删除 ··································· 150
9.1.4 运行可执行文件 ······································ 151
9.2 文件字节流 ·· 152
9.2.1 FileInputStream 类 ···································· 152
9.2.2 FileOutputStream 类 ·································· 153
9.3 文件字符流 ·· 154
9.3.1 FileReader 类 ·· 154
9.3.2 FileWriter 类 ··· 155
9.4 缓冲流 ··· 156
9.4.1 BufferedReader 类 ···································· 156
9.4.2 BufferedWriter 类 ····································· 157
9.4.3 标准化考试 ·· 158
9.5 数据流 ··· 159
9.6 对象流 ··· 160
9.7 随机读写流 ·· 162
9.8 使用 Scanner 解析文件 ··· 163

9.8.1 使用默认分隔标记解析文件 …… 164
9.8.2 使用正则表达式作为分隔标记解析文件 …… 165
9.8.3 单词记忆训练 …… 166
9.9 小结 …… 167
习题 9 …… 168

第 10 章 JDBC 数据库操作 …… 169

10.1 Microsoft Access 数据库管理系统 …… 169
    10.1.1 建立数据库 …… 169
    10.1.2 创建表 …… 170
10.2 JDBC …… 170
10.3 连接数据库 …… 171
    10.3.1 连接方式的选择 …… 171
    10.3.2 建立 JDBC-ODBC 桥接器 …… 172
    10.3.3 ODBC 数据源 …… 172
    10.3.4 建立连接 …… 173
10.4 查询操作 …… 173
    10.4.1 顺序查询 …… 174
    10.4.2 控制游标 …… 175
    10.4.3 条件查询 …… 177
    10.4.4 排序查询 …… 179
    10.4.5 模糊查询 …… 180
10.5 更新、添加与删除操作 …… 180
10.6 事务 …… 182
    10.6.1 事务及处理 …… 182
    10.6.2 JDBC 事务处理步骤 …… 182
10.7 批处理 …… 184
10.8 标准化考试 …… 185
10.9 小结 …… 188
习题 10 …… 189

第 11 章 组件及事件处理 …… 190

11.1 Java Swing 概述 …… 190
11.2 窗口 …… 191
    11.2.1 JFrame 常用方法 …… 192
    11.2.2 菜单条、菜单、菜单项 …… 192
11.3 常用组件与布局 …… 194
    11.3.1 常用组件 …… 194

11.3.2 常用容器 ·················· 196
11.3.3 常用布局 ·················· 198
11.4 处理事件 ························ 201
11.4.1 事件处理模式 ············ 201
11.4.2 ActionEvent 事件 ······ 202
11.4.3 ItemEvent 事件 ········· 206
11.4.4 DocumentEvent 事件 ·· 208
11.4.5 MouseEvent 事件 ······ 210
11.4.6 焦点事件 ·················· 215
11.4.7 键盘事件 ·················· 215
11.4.8 用匿名类实例或窗口做监视器 ·· 218
11.4.9 事件总结 ·················· 220
11.5 使用 MVC 结构 ················ 220
11.6 对话框 ··························· 223
11.6.1 消息对话框 ·············· 223
11.6.2 输入对话框 ·············· 225
11.6.3 确认对话框 ·············· 226
11.6.4 颜色对话框 ·············· 228
11.6.5 文件对话框 ·············· 229
11.6.6 自定义对话框 ············ 231
11.7 发布 GUI 程序 ·················· 233
11.8 小结 ····························· 234
习题 11 ································ 234

第 12 章 图形、图像与音频 ·········· 235

12.1 绘制基本图形 ·················· 235
12.2 变换图形 ······················· 238
12.3 图形的布尔运算 ··············· 239
12.4 清除 ····························· 240
12.5 绘制图像 ······················· 241
12.6 播放音频 ······················· 243
12.7 小结 ····························· 245
习题 12 ································ 246

第 13 章 Java 多线程机制 ·········· 247

13.1 进程与线程 ····················· 247
13.1.1 操作系统与进程 ·········· 247
13.1.2 进程与线程 ··············· 247

13.2 Java 中的线程 …………………………………………………………………………… 248
    13.2.1 Java 的多线程机制 …………………………………………………………… 248
    13.2.2 主线程（main 线程）………………………………………………………… 248
    13.2.3 线程的状态与生命周期 ……………………………………………………… 249
    13.2.4 线程调度与优先级 …………………………………………………………… 252

13.3 Thread 类与线程的创建 ………………………………………………………………… 253
    13.3.1 使用 Thread 的子类 …………………………………………………………… 253
    13.3.2 使用 Thread 类 ………………………………………………………………… 253
    13.3.3 目标对象与线程的关系 ……………………………………………………… 256
    13.3.4 关于 run 方法启动的次数 …………………………………………………… 257

13.4 线程的常用方法 ………………………………………………………………………… 258

13.5 线程同步 ………………………………………………………………………………… 261

13.6 协调同步的线程 ………………………………………………………………………… 263

13.7 守护线程 ………………………………………………………………………………… 265

13.8 小结 ……………………………………………………………………………………… 266

习题 13 ………………………………………………………………………………………… 267

第 14 章 Java 网络编程 ………………………………………………………………………… 269

14.1 URL 类 …………………………………………………………………………………… 269
    14.1.1 URL 的构造方法 ……………………………………………………………… 269
    14.1.2 读取 URL 中的资源 ………………………………………………………… 270

14.2 InetAddress 类 …………………………………………………………………………… 271
    14.2.1 地址的表示 …………………………………………………………………… 271
    14.2.2 获取地址 ……………………………………………………………………… 272

14.3 套接字 …………………………………………………………………………………… 273
    14.3.1 套接字 ………………………………………………………………………… 273
    14.3.2 客户端套接字 ………………………………………………………………… 273
    14.3.3 ServerSocket 对象与服务器端套接字 ……………………………………… 274
    14.3.4 使用多线程技术 ……………………………………………………………… 276

14.4 UDP 数据包 ……………………………………………………………………………… 280
    14.4.1 发送数据包 …………………………………………………………………… 280
    14.4.2 接收数据包 …………………………………………………………………… 281

14.5 广播数据包 ……………………………………………………………………………… 284

14.6 小结 ……………………………………………………………………………………… 287

习题 14 ………………………………………………………………………………………… 287

第 1 章 初识 Java

主要内容
- Java 的诞生
- Java 的平台无关性
- 安装 JDK
- Java 程序的开发步骤
- 一个简单的 Java 应用程序
- Java 的语言特点与地位

在学习 Java 语言之前,读者应当学习过 C 语言,熟悉计算机的一些基础知识。读者学习过 Java 语言之后,可以继续学习和 Java 相关的一些重要内容,比如,如果希望从事编写和数据库相关的软件,可以深入学习 Java Database Connection(JDBC);如果希望从事 Web 程序的开发,可以学习 Java Server Page(JSP);如果希望从事手机应用程序的设计,可以学习 Java Micro Edition(Java ME);如果希望从事和网络信息交换有关的软件设计,可以学习 eXtensible Markup Language (XML);如果希望从事大型网络应用程序的开发与设计,可以学习 Java Enterprise Edition (Java EE),如图 1.1 所示。

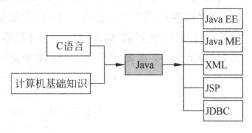

图 1.1 Java 的先导知识与后继技术

1.1 Java 的诞生

Java 是 1995 年 6 月由 Sun 公司推出的一门编程语言。1990 年 Sun 公司成立了由 James Gosling 领导的开发小组,开始致力于开发一种可移植的、跨平台的语言,该语言能生成正确运行于各种操作系统、各种 CPU 芯片上的代码。他们的精心钻研和努力促成了 Java 语言的诞生。Java 的快速发展得益于 Internet 和 Web 的出现,Internet 上有各种不同的计算机,它们可能使用完全不同的操作系统和 CPU 芯片,但仍希望运行相同的程序,Java 的出现标志着真正的分布式系统的到来。

注:印度尼西亚有一个重要的盛产咖啡的岛屿叫 Java,中文名叫爪哇,开发人员为这

种新的语言起名为 Java,其寓意是为世人端上一杯热咖啡。

1.2 Java 的平台无关性

Java 语言相对于其他语言的最大优势就是所谓的平台无关性,即跨平台性,这也是 Java 最初风靡全球的主要原因。以下通过讲解平台与机器指令,以及程序的编译、执行来理解 Java 的平台无关性。

1. 平台与机器指令

无论哪种编程语言编写的应用程序都需要经过操作系统和处理器来完成程序的运行,因此这里所指的平台是由操作系统(OS)和处理器(CPU)所构成。与平台无关是指软件的运行不因操作系统、处理器的变化导致发生无法运行或出现运行错误。

所谓平台的机器指令就是可以被该平台直接识别、执行的一种由 0、1 组成的序列代码。需要注意的是,相同的 CPU 和不同的操作系统所形成的平台的机器指令可能是不同的,因此,每种平台都会形成自己独特的机器指令,比如,某个平台可能用 8 位序列代码 10001111 表示一次加法操作,以 10100000 表示一次减法操作,而另一种平台可能用 8 位序列代码 10101010 表示一次加法操作,以 10010011 表示一次减法操作。

2. C/C++ 程序依赖平台

现在,让我们分析一下为何 C/C++ 语言编写的程序可能因为操作系统的变化、处理器升级导致程序出现错误或无法运行。

C/C++ 语言提供的编译器对 C/C++ 源程序进行编译时,将针对当前 C/C++ 源程序所在的特定平台进行编译、连接,然后生成机器指令,即根据当前平台的机器指令生成机器码文件(可执行文件)。这样一来,就无法保证 C/C++ 编译器所产生的可执行文件在所有的平台上都能被正确地运行,这是因为不同平台可能具有不同的机器指令(如图 1.2 所示)。因此,如果更换了平台,可能需要修改源程序,并针对新的平台重新编译源程序。

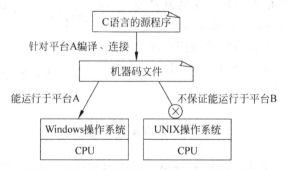

图 1.2　C/C++ 生成的机器码文件依赖平台

3. Java 程序不依赖平台

Java 语言和其他语言相比,最大的优势就是它的平台无关性,这是因为 Java 可以在平台之上再提供一个 Java 运行环境(Java Runtime Environment,JRE),该 Java 运行环境由 Java 虚拟机(Java Virtual Machine,JVM)、类库以及一些核心文件组成。Java 虚拟机的核心是所谓的字节码指令,即可以被 Java 虚拟机直接识别、执行的一种由 0、1 组成的序列代码。字节码并不是机器指令,因为它不和特定的平台相关,不能被任何平台直接识别、执行。Java 针对不同平台提供的 Java 虚拟机的字节码指令都是相同的,比如所有的虚拟机都将 11110000 识别、执行为加法操作。

和 C/C++ 不同的是,Java 语言提供的编译器不针对特定的操作系统和 CPU 芯片进行编译,而是针对 Java 虚拟机把 Java 源程序编译为称做字节码的一种"中间代码",比如,Java 源文件中的"+"被编译成字节码指令:11110000。字节码是可以被 Java 虚拟机识别、执行的代码,即 Java 虚拟机负责解释运行字节码,其运行原理是:Java 虚拟机负责将字节码翻译成虚拟机所在平台的机器码,并让当前平台运行该机器码,如图 1.3 所示。

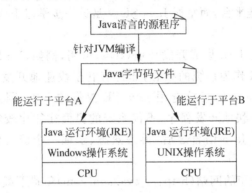

图 1.3　Java 生成的字节码文件不依赖平台

1.3　安装 JDK

　　Java 要实现"编写一次,到处运行"(Write once,run anywhere)的目标,就必须提供相应的 Java 运行环境,即运行 Java 程序的平台。目前 Java 平台主要分为下列 3 个版本。

1.3.1　三种平台简介

1. Java SE

　　Java SE(曾称为 J2SE)称为 Java 标准版或 Java 标准平台。Java SE 提供了标准的 Java Development Kit(JDK)。利用该平台可以开发 Java 桌面应用程序和低端的服务器应用程序,也可以开发 Java Applet 程序。当前最新的 JDK 版本为 JDK 1.6,Sun 公司把这一最新的版本命名为 JDK 6.0,但人们仍然习惯地称做 JDK 1.6。

2. Java EE

　　Java EE(曾称为 J2EE)称为 Java 企业版或 Java 企业平台。使用 Java EE 可以构建企业级的服务应用,Java EE 平台包含了 Java SE 平台,并增加了附加类库,以便支持目录管理、交易管理和企业级消息处理等功能。

3. Java ME

　　Java ME(曾称为 J2ME)称为 Java 微型版或 Java 小型平台。Java ME 是一种很小的

Java运行环境,用于嵌入式的消费产品中,如移动电话、掌上电脑或其他无线设备等。

无论上述哪种Java运行平台都包括了相应的Java虚拟机,虚拟机负责将字节码文件(包括程序使用的类库中的字节码)加载到内存,然后采用解释方式来执行字节码文件,即根据相应平台的机器指令翻译一句执行一句。

1.3.2 安装Java SE平台

学习Java最好选用Java SE提供的Java软件开发工具箱:JDK。Java SE平台是学习掌握Java语言的最佳平台,而掌握Java SE又是进一步学习Java EE和Java ME所必需的。

目前有许多很好的Java集成开发环境(IDE)可用,例如,NetBean、Eclipse等。Java集成开发环境都将JDK作为系统的核心,非常有利于快速地开发各种基于Java语言的应用程序。但学习Java最好直接选用Java SE提供的JDK,因为Java集成开发环境(IDE)的目的是更好、更快地开发程序,不仅系统的界面往往比较复杂,而且也会屏蔽掉一些知识点。在掌握了Java语言之后,再去熟悉、掌握一个流行的Java集成开发环境(IDE)即可。

可以登录到Sun公司的网站(http://java.sun.com)免费下载JDK 1.6,本书将使用针对Windows操作系统平台的JDK,因此下载的版本为jdk-6u13-windows-i586-p.exe,如果读者使用其他的操作系统,可以下载相应的JDK。

在网站的Download菜单中选择Java SE,然后选择JDK 6 Update,单击下载按钮即可。

双击下载后的jdk-6u13-windows-i586-p.exe文件图标将出现安装向导界面,接受软件安装协议,出现选择安装路径界面。为了便于今后设置环境变量,建议修改默认的安装路径。在这里,我们将默认的安装路径

C:\program Files\Java\Jdk1.6.0_13

修改为D:\jdk1.6。将JDK安装到D:\jdk1.6目录后,将形成如图1.4所示的目录结构。现在,就可以编写Java程序并进行编译、运行了,因为安装JDK的同时,计算机上就安装上了Java运行环境。

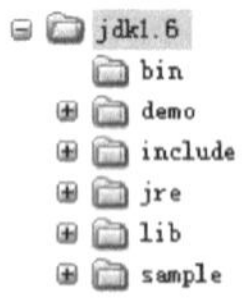

图1.4 JDK的目录结构

1. 系统环境Path的设置

JDK平台提供的Java编译器(javac.exe)和Java解释器(java.exe)位于Java安装目录的\bin文件夹中,为了能在任何目录中使用编译器和解释器,应在系统特性中设置Path。对于Windows 2000/2003/XP,右击"我的电脑",在弹出的快捷菜单中选择"属性",打开"系统特性"对话框,再单击该对话框中的"高级选项",然后单击按钮"环境变量",添加系统环境变量。如果曾经设置过环境变量Path,可单击该变量进行编辑操作,将需要的值加入即可,如图1.5所示。

2. 系统环境 ClassPath 的设置

JDK 的安装目录的\jre 文件夹中包含着 Java 应用程序运行时所需的 Java 类库,这些类库被包含在\jre\lib 中的压缩文件 rt.jar 中。安装 JDK 一般不需要设置环境变量 ClassPath 的值,如果读者的计算机安装过一些商业化的 Java 开发产品或带有 Java 技术的一些产品。安装这些产品后,ClassPath 的值可能会被修改了。那么运行 Java 应用程序时,读者可能加载这些产品所带的老版本的类库,可能导致程序要加载的类无法找到,使程序出现运行错误。读者可以重新编辑系统环境变量 ClassPath 的值。对于 Windows 2000/2003/XP,右击"我的电脑",在弹出的快捷菜单中选择"属性",打开"系统特性"对话框,再单击该对话框中的"高级选项",然后单击按钮"环境变量",添加如图 1.6 所示的系统环境变量。如果曾经设置过环境变量 ClassPath,可单击该变量进行编辑操作,将需要的值加入即可。

图 1.5 设置环境变量 Path

图 1.6 设置环境变量 ClassPath

注:环境变量 ClassPath 设置中的".;"是指可以加载应用程序当前目录及其子目录中的类。

3. 帮助文档

建议下载 Java 类库帮助文档,如 jdk-6-doc.zip。

1.4 Java 程序的开发步骤

Java 程序的开发步骤如图 1.7 所示。

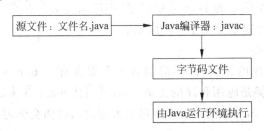

图 1.7 Java 程序的开发步骤

1. 编写源文件

使用一个文本编辑器,如 Edit 或记事本,来编写源文件。不可使用 Word 编辑器,因为它含有不可见字符。将编好的源文件保存起来,源文件的扩展名必须是 .java。

2. 编译 Java 源程序

使用 Java 编译器(javac.exe)编译源文件,得到字节码文件。

3. 运行 Java 程序

使用 Java SE 平台中的 Java 解释器(java.exe)来解释执行字节码文件。

1.5 一个简单的 Java 应用程序

1.5.1 编写源文件

Java 是面向对象编程,Java 应用程序可以由若干个 Java 源文件所构成,每个源文件又是由若干个书写形式互相独立的类组成,但其中一个源文件必须有一个类包含有 main 方法,该类称做应用程序的主类。Java 应用程序从主类的 main 方法开始执行(有关 Java 应用程序的基本结构在第 4.2 节还会详细介绍)。

下面例子 1 中的 Java 源文件:Hello.java 只有一个主类。

【例子 1】

Hello.java

```
/* 以下的 Hello 类有一个 main 方法,含有这样方法的类称为应用程序的主类 Java 虚拟机首先执
   行主类的这个 main 方法
*/
public class Hello {                                    //Hello 是类名,该类是主类
    public static void main (String args[]) {
        System.out.println("这是一个简单的 Java 应用程序");   //在命令行窗口输出信息
    }
}
```

Java 源程序中语句所涉及的小括号及标点符号都是在英文状态下输入的括号和标点符号,比如"这是一个简单的 Java 应用程序"中的引号必须是英文状态下的引号,而字符串里的符号不受汉字符或英文字符的限制。

1. 应用程序的主类

一个 Java 应用程序的源文件中,应当有一个类含有 public static void main(String args[ ])方法,称这个类是应用程序的主类。args[ ]是 main 方法的一个参数,是一个字符串类型的数组(注意 String 的第一个字母是大写的),后面会学习怎样使用这个参数。

2. 源文件的命名

源文件的名字与类的名字相同,扩展名是.java。假设将上述例子 1 中的源文件保存到

C:\chapter1

文件夹中,并命名为 Hello.java。注意不可写成 hello.java,因为 Java 语言是区分大小写的。在保存文件时,必须将"保存类型"选择为"所有文件",将"编码"选择为"ANSI"。如

果在保存文件时,系统总是自动给文件名尾加上".txt"(这是不允许的),那么在保存文件时可以将文件名用双引号引起来,如图1.8所示。

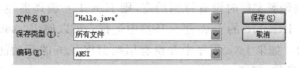

图1.8　Java源文件的保存

3. 良好的编程习惯

在编写程序时,一行最好只写一条语句。独行风格:类体以及方法的大括号独占一行,并有明显的缩进。行尾风格:左大括号"{"位于类声明同行的末尾,右大括号"}"另起一行。在编写代码时,应养成良好的编程习惯,对于代码量较大的程序建议使用行尾风格。另外,应当养成写注释的习惯,Java支持两种格式的注释:单行注释和多行注释。单行注释使用"//"表示单行注释的开始,即该行中从"//"开始的后续内容为注释。多行注释的使用"/ *"表示注释的开始,以" * /"表示注释结束。

1.5.2　编译

当保存了Hello.java源文件后,就要使用Java编译器(javac.exe)对其进行编译。

使用JDK环境开发Java程序,需打开MS-DOS命令行窗口。需要使用几个简单的DOS操作命令,例如,从逻辑分区C转到逻辑分区D,需在命令行输入D:回车确定。进入某个子目录(文件夹)的命令是:"cd 目录名";退出某个子目录的命令是:"cd..."。例如,从目录example退到目录boy的操作是:"c:\boy>example>cd.."。

现在进入逻辑分区C的chapter1目录中,使用编译命令javac编译源文件(如图1.9所示),例如:

C:\chapter1 > javac Hello.java

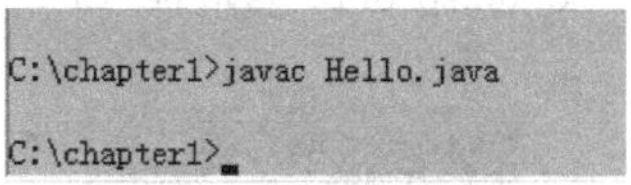

图1.9　使用编译命令javac编译源文件

如果编译时,系统提示:

javac 不是内部或外部命令,也不是可运行的程序或批处理文件

则请检查是否为系统环境变量Path指定了D:\jdk1.6\bin这个值(在设置过环境变量后,要重新打开MS-DOS命令行窗口),如果事先没有系统环境变量Path指定值,为也可以在当前MS-DOS命令行窗口首先输入:

Path d:\jdk1.6\bin(回车)

然后再编译源文件。

如果源文件没有错误,编译源文件将生成扩展名为.class的字节码文件,其文件名与该类的名字相同,被存放在与源文件相同的目录中。

编译上述例子1中Hello.java源文件将得到Hello.class。如果对源文件进行了修改,必须重新编译,再生成新的字节码文件。如果编译出现错误提示,必须修改源文件,然后再进行编译。

JDK 1.5 版本后的编译器和以前版本的编译器有了一个很大的不同,不再向下兼容,也就是说,如果在编译源文件时没有特别约定,则 JDK 1.6 编译器生成的字节码只能在安装了 JDK 1.6 或 JRE 1.6 的 Java 平台环境中运行。可以使用"-source"参数约定字节码适合的 Java 平台。如果 Java 程序中并没有用到 JDK 1.6 的新功能,在编译源文件时可以使用"-source"参数,例如:

javac -source 1.4 文件名.java

这样编译生成的字节码可以在 1.4 版本以上的 Java 平台运行。如果源文件使用的系统类库没有超出 JDK 1.1 版本,在编译源文件应当使用"-source"参数,取值 1.1,使得字节码有更好可移植性。

"-source"参数可取的值有:1.6、1.5、1.4、1.3、1.2、1.1。

如果在使用 JDK 1.6 编译器时没有显示使用"-source"参数,JDK 1.6 编译器将默认使用该参数,并取值为 1.6。

注:在编译时,如果出现提示:File Not Found,请检查源文件是否在当前目录中,比如 C:\chapter1 中,检查源文件的名字是否错误的命名为 hello.java 或 hello.java.txt。

1.5.3 运行

使用 Java 虚拟机中的 Java 解释器(java.exe)来解释执行其字节码文件。Java 应用程序总是从主类的 main 方法开始执行。因此,须进入主类字节码所在目录,比如 C:\chapter1,然后使用 Java 解释器(java.exe)运行主类的字节码,如下所示:

C:\chapter1 > java Hello

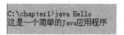

图 1.10 使用 Java 解释器运行程序

需要特别注意的是,在运行主类生成的字节码时,不可以带有扩展名,运行效果如图 1.10 所示。

在运行时,如果出现错误提示:Exception in thread "main" java.lang.NoCalssFondError,请检查主类中的 main 方法,如果编写程序时错误地将主类中的 main 方法写成:public void main(String args[]),那么,程序可以编译通过,但却无法运行。如果 main 方法书写正确,请检查是否为系统变量 ClassPath 指定了正确的值,也可以在当前 MS-DOS 命令行窗口首先输入:

set ClassPath=d:\jdk1.6\jre\lib\rt.jar;.;(回车)

然后再使用 Java 解释器运行主类。

需要特别注意的是,不可以用以下方式(带着目录)运行程序:

java C:\chapter1\Hello

1.6　Java 的语言特点与地位

　　Java 是目前使用最为广泛的网络编程语言之一，它具有语法简单、面向对象、稳定、多线程、动态等特点。

1.6.1　Java 语言的特点

1. 简单

　　Java 中许多基本语句，如循环语句、控制语句等的语法和 C++ 相似，但需要注意的是，Java 和 C++ 等是完全不同的语言，Java 和 C++ 各有各的优势，将会长期并存下去，Java 语言和 C++ 语言已成为软件开发者应当掌握的基础语言。如果从语言的简单性方面看，Java 要比 C++ 简单，C++ 中许多容易混淆的概念，或者被 Java 弃之不用了，或者以一种更清楚、更容易理解的方式实现，例如，Java 不再有指针的概念。

2. 面向对象

　　基于对象的编程更符合人的思维模式，使人们更容易解决复杂的问题。Java 是面向对象的编程语言，本书将在第 4 章、第 5 章和第 6 章详细、准确地讨论类、对象、继承、多态、接口等重要概念。

3. 多线程

　　Java 的特点之一就是内置对多线程的支持。多线程允许同时完成多个任务。实际上多线程使人产生多个任务在同时执行的错觉，因为，目前的计算机处理器在同一时刻只能执行一个线程，但处理器可以在不同的线程之间快速地进行切换，由于处理器速度非常快，远远超过了人接收信息的速度，所以给人的感觉好像多个任务在同时执行。C++ 没有内置的多线程机制，因此必须调用操作系统的多线程功能来进行多线程程序的设计。本书将在第 13 章讲述 Java 的多线程特性。

4. 动态

　　在学习了第 4 章之后，读者就会知道，Java 程序的基本组成单元就是类，有些类是自己编写的，有一些是从类库中引入的，而类又是运行时动态装载的，这就使得 Java 可以在分布环境中动态地维护程序及类库。C/C++ 编译时就将函数库或类库中被使用的函数、类同时生成机器码，那么每当其类库升级之后，如果 C/C++ 程序想具有新类库提供的功能，程序就必须重新修改、编译。

1.6.2　Java 语言的地位

1. 网络地位

　　网络已经成为信息时代最重要的交互媒介，那么基于网络的软件设计就成为软件设计领域的核心。Java 的平台无关性让 Java 成为编写网络应用程序的佼佼者，而且 Java 也提供了许多以网络应用为核心的技术，使得 Java 特别适合于网络应用软件的设计与开发。

2. 语言地位

Java是一门很好的面向对象语言。通过学习Java语言不仅可以学习怎样使用对象来完成某些任务,而且可以掌握面向对象编程的基本思想,为今后进一步学习设计模式奠定一个较好的语言基础。C语言无疑是最基础和非常实用的语言之一,目前,Java语言已经获得了和C语言同样重要的语言基础地位,即不仅是一门正在被广泛使用的编程语言,而且已成为软件设计开发者应当掌握的一门基础语言。

3. 需求地位

目前,由于很多新的技术领域都涉及了Java语言,例如,用于设计Web应用的JSP、设计手机应用程序的Java ME等,导致IT行业对Java人才的需求正在不断的增长,可以经常看到许多培训或招聘Java软件工程师的广告,因此掌握Java语言及其相关技术意味着较好的就业前景和工作酬金。

1.7 小　　结

(1) Java语言是面向对象编程,编写的软件与平台无关。Java语言涉及网络、多线程等重要的基础知识,特别适合于Internet的应用开发。很多新的技术领域都涉及了Java语言,学习和掌握Java已成为共识。

(2) 开发一个Java程序需经过三个步骤:编写源文件、编译源文件生成字节码、加载运行字节码。

习　题　1

(1) Java语言诞生的主要贡献者是谁?
(2) 编写、运行Java程序需要经过哪些主要步骤?
(3) 如果JDK的安装目录为D:\jdk,应当怎样设置Path和ClassPath的值?
(4) 下列哪个是JDK提供的编译器?
　　A. java.exe
　　B. javac.exe
　　C. javap.exe
　　D. javaw.exe
(5) Java源文件的扩展名是什么?Java字节码的扩展名是什么?
(6) 下列哪个是Java应用程序主类中正确的main方法声明?
　　A. public void main (String args[ ])
　　B. static void main (String args[ ])
　　C. public static void Main (String args[])
　　D. public static void main (String args[ ])

第 2 章 基本数据类型与数组

主要内容
- 标识符与关键字
- 基本数据类型
- 类型转换运算
- 输入/输出数据
- 数组
- 枚举类型

本章学习 Java 中的基本数据类型(简单数据类型)和数组。基本数据类型和 C 语言中的基本数据类型很相似,但读者务必注意 Java 语言中 float、double 常量的格式,以及 Java 语言的数组和 C 语言的数组的不同之处。

2.1 标识符与关键字

2.1.1 标识符

用来标识类名、变量名、方法名、类型名、数组名、文件名的有效字符序列称为标识符,简单地说,标识符就是一个名字。以下是 Java 关于标识符的语法规则。
- 标识符由字母、下画线、美元符号和数字组成,长度不受限制。
- 标识符的第一个字符不能是数字字符。
- 标识符不能是关键字(关键字详见第 2.1.3 小节)。
- 标识符不能是 true、false 和 null(尽管 true、false 和 null 不是 Java 关键字)。

例如,标识符:HappyNewYear_ava、TigerYear_2010、$98apple、hello、Hello。

需要特别注意的是,标识符中的字母是区分大小写的,hello 和 Hello 是不同的标识符。

2.1.2 Unicode 字符集

Java 语言使用 Unicode 标准字符集,该字符集由 Unicode 协会管理并接受其技术上的修改,最多可以识别 65536 个字符。Unicode 字符集的前 128 个字符刚好是 ASCII 码表,还不能覆盖全部历史上的文字,但大部分国家的"字母表"的字母都是 Unicode 字符集中的一个字符,比如汉字中的"好"字就是 Unicode 字符集中的第 22909 个字符。Java 所谓的字母包括了世界上大部分语言中的"字母表",因此,Java 所使用的字母不仅包括通常的拉丁字母 a、b、c 等,也包括汉语中的汉字、日文的片假名和平假名、朝鲜文、俄文、希腊字母以及其他许多语言中的文字。

2.1.3 关键字

关键字就是具有特定用途或被赋予特定意义的一些单词,不可以把关键字作为标识符来用。以下是 Java 的 50 个关键字:

abstract、assert、boolean、break、byte、case、catch、char、class、const、continue、default、do、double、else、enum、extends、final、finally、float、for、goto、if、implements、import、instanceof、int、interface、long、native、new、package、private、protected、public、return、short、static、strictfp、super、switch、synchronized、this、throw、throws、transient、try、void、volatile、while。

2.2 基本数据类型

基本数据类型也称简单数据类型。Java 语言有 8 种基本数据类型,分别是 boolean、byte、short、char、int、long、float、double,这 8 种基本数据类型习惯上可分为以下四大类型。
- 逻辑类型:boolean。
- 整数类型:byte、short、int、long。
- 字符类型:char。
- 浮点类型:float、double。

2.2.1 逻辑类型

- 常量:true、false。
- 变量:使用关键字 boolean 来声明逻辑变量,声明时也可以赋给初值,例如:

    boolean male = true,on = true,off = false,isTriangle;

2.2.2 整数类型

整数常量是我们熟悉的不带小数点的数字,可以用十进制、八进制或十六进制表示整数常量。例如:123、6000(十进制),077(八进制),0x3ABC(十六进制)。

整型变量按类型分为以下四种。

1. int 型

使用关键字 int 来声明 int 型变量,声明时也可以赋给初值,例如:

```
int x = 12,y = 9898,z;
```

对于 int 型变量,内存分配给 4 个字节,int 型变量的取值范围是:$-2^{31} \sim 2^{31}-1$。

注:尽管可以用一种类型一次声明几个变量,但提倡一次只声明一个变量,其目的是方便添加注释,例如:

```
int width;      //宽度
int height;     //高度
```

2. byte 型

使用关键字 byte 来声明 byte 型变量,例如:

```
byte x = -12,tom = 28,漂亮 = 98;
```

对于 byte 型变量,内存分配给 1 个字节,占 8 位,byte 型变量的取值范围是 $-2^7 \sim 2^7-1$。

3. short 型

使用关键字 short 来声明 short 型变量,对于 short 型变量,内存分配给 2 个字节,占 16 位,short 型变量的取值范围是 $-2^{15} \sim 2^{15}-1$。

4. long 型

使用关键字 long 来声明 long 型变量,对于 long 型变量,内存分配给 8 个字节,占 64 位,因此 long 型变量的取值范围是 $-2^{63} \sim 2^{63}-1$。

注:Java 没有无符号的 byte、short、int 和 long,这一点和 C 语言有很大的不同。因此,unsigned int m;是错误的变量声明。

2.2.3 字符类型

字符常量用单引号(需用英文输入法输入)括起的 Unicode 表中的一个字符,例如:'A'、'b'、'?'、'!'、'9'、'好'、'\t'、'き'等。

使用关键字 char 来声明 char 型变量,例如:

```
char ch = 'A',home = '家',handsome = '酷';
```

对于 char 型变量,内存分配给 2 个字节,占 16 位,最高位不是符号位,没有负数的

char。char 型变量的取值范围是 0~65535。对于

```
char x = 'a';
```

那么内存 x 中存储的是 97,97 是字符 a 在 Unicode 表中的排序位置。因此,允许将上面的变量声明写成

```
char x = 97;
```

有些字符(如回车符)不能通过键盘输入字符串或程序中,这时就需要使用转义字符常量,如:\n(换行)、\b(退格)、\t(水平制表位)、\'(单引号)、\"(双引号)、\\(反斜线)等。

例如:

```
char ch1 = '\n',ch2 = '\"', ch3 = '\\';
```

再比如,字符串:"我喜欢使用双引号\" "中含有双引号字符,但是,如果写成:"我喜欢使用双引号" ",就是一个非法字符串。

要观察一个字符在 Unicode 表中的顺序位置,可以使用 int 型类型转换,如:(int)'A'。如果要得到一个 0~65535 之间的数所代表的 Unicode 表中相应位置上的字符必须使用 char 型类型转换,如:(char)65。

在下面的例子 1 中,分别用类型转换来显示一些字符在 Unicode 表中的位置,以及 Unicode 表中某些位置上的字符,运行效果如图 2.1 所示。

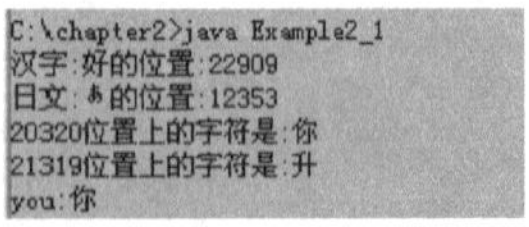

图 2.1 显示 Unicode 表中的字符

【例子 1】

Example2_1. java

```java
public class Example2_1 {
    public static void main (String args[ ]) {
        char chinaWord = '好',japanWord = 'あ';
        char you = '\u4F60';
        int position = 20320;
        System.out.println("汉字:" + chinaWord + "的位置:" + (int)chinaWord);
        System.out.println("日文:" + japanWord + "的位置:" + (int)japanWord);
        System.out.println(position + "位置上的字符是:" + (char)position);
        position = 21319;
        System.out.println(position + "位置上的字符是:" + (char)position);
        System.out.println("you:" + you);
    }
}
```

2.2.4 浮点类型

浮点类型分为 float(单精度)和 double 型(双精度)。

1. float 型

- 常量：453.5439f、21379.987F、231.0f(小数表示法)、2e40f(2 乘 10 的 40 次方，指数表示法)。需要特别注意的是常量后面必须要有后缀 f 或 F。
- 变量：使用关键字 float 来声明 float 型变量，例如，

  ```
  float x = 22.76f,tom = 1234.987f,weight = 1E-12F;
  ```

float 变量在存储 float 型数据时保留到 8 位有效数字(相对 double 型保留的有效数字，称为单精度)。例如，如果将常量 12345.123456789f 赋值给 float 变量 x：

```
x = 12345.123456789f
```

那么，x 存储的实际值是：12345.123046875(8 位有效数字；加下画线的是有效数字)。

对于 float 型变量，内存分配给 4 个字节，占 32 位，float 型变量的取值范围是 1.4E-45～3.4028235E38 和 -3.4028235E38～-1.4E-45。

2. double 型

- 常量：2389.539d,2318908.987,0.05(小数表示法),1e-90(1 乘 10 的 -90 次方，指数表示法)。对于 double 常量，后面可以有后缀 d 或 D，但允许省略该后缀。
- 变量：使用关键字 double 来声明 double 型变量，例如，

  ```
  double height = 23.345,width = 34.56D,length = 1e12;
  ```

对于 double 型变量，内存分配给 8 个字节，占 64 位，double 型变量的取值范围是 4.9E-324～1.7976931348623157E308 和 -1.7976931348623157E308～-4.9E-324。double 变量在存储 double 型数据时保留 16 位有效数字(相对 float 型保留的有效数字，称之为双精度)。

2.3 类型转换运算

当把一种基本数据类型变量的值赋给另一种基本类型变量时，就涉及数据转换。下列基本类型会涉及数据转换(不包括逻辑类型)。将这些类型按精度从低到高排列：

```
byte short char int long float double
```

当把级别低的变量的值赋给级别高的变量时，系统自动完成数据类型的转换。

例如：

```
float x = 100;
```

如果输出 x 的值，结果将是 100.0。

例如：

```
int x = 50;
float y;
y = x;
```

如果输出 y 的值,结果将是 50.0。

当把级别高的变量的值赋给级别低的变量时,必须使用类型转换运算,格式如下:

(类型名)要转换的值;

例如:

```
int x = (int)34.89;
long y = (long)56.98F;
int z = (int)1999L;
```

如果输出 x、y 和 z 的值将是 34、56 和 1999,类型转换运算的结果的精度可能低于原数据的精度(见例子 2)。

当把一个 int 型常量赋值给一个 byte、short 和 char 型变量时,不可超出这些变量的取值范围,否则必须进行类型转换运算;例如,常量 128 的属于 int 型常量,超出 byte 变量的取值范围,如果赋值给 byte 型变量,则必须进行 byte 类型转换运算(将导致精度的损失),如下所示:

```
byte a = (byte)128;
byte b = (byte)(-129);
```

那么 a 和 b 得到的值分别是 -128 和 127。

另外,一个常见的错误是在把一个 double 型常量赋值给 float 型变量时没有进行类型转换运算,例如:

```
float x = 12.4;
```

将导致语法错误,编译器将提示:"possible loss of precision"。正确的做法是:

```
float x = 12.4F
```

或

```
float x = (float)12.4;
```

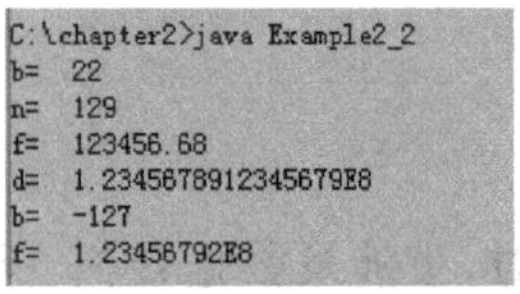

下面的例子 2 使用了类型转换运算,运行效果如图 2.2 所示。

图 2.2 类型转换运算

【例子 2】

Example2_2.java

```
public class Example2_2 {
    public static void main (String args[]) {
        byte b = 22;
        int n = 129;
        float f = 123456.6789f;
        double d = 123456789.123456789;
        System.out.println("b = " + b);
        System.out.println("n = " + n);
        System.out.println("f = " + f);
```

```
        System.out.println("d = " + d);
        b = (byte)n;            //导致精度的损失
        f = (float)d;           //导致精度的损失
        System.out.println("b = " + b);
        System.out.println("f = " + f);
    }
}
```

2.4 输入/输出数据

2.4.1 输入基本型数据

Scanner 是 JDK 1.5 新增的一个类,可以使用该类创建一个对象:

```
Scanner reader = new Scanner(System.in);
```

然后 reader 对象调用下列方法,读取用户在命令行(例如,MS-DOS 窗口)输入的各种基本类型数据:

```
nextBoolean();nextByte(),nextShort(),nextInt(),nextLong(),nextFloat(),nextDouble()
```

上述方法执行时都会堵塞,程序等待用户在命令行输入数据,按 Enter 键确认。

在下面的例子 3 中,用户依次输入若干个数字,每输入一个数字都需要按 Enter 键确认,最后输入数 0 结束整个的输入操作过程,程序将计算出这些数的和,运行效果如图 2.3 所示。

图 2.3 从命令行输入数据

【例子 3】

Example2_3.java

```
import java.util.Scanner;
public class Example2_3 {
    public static void main (String args[ ]){
        System.out.println("请输入若干个数,每输入一个数回车确认");
        System.out.println("最后输入数字 0 结束输入操作");
        Scanner reader = new Scanner(System.in);
        double sum = 0;
        double x = reader.nextDouble();
        while(x!= 0){
            sum = sum + x;
            x = reader.nextDouble();
        }
        System.out.println("sum = " + sum);
    }
}
```

2.4.2 输出基本型数据

System.out.println()或 System.out.print()可输出串值、表达式的值,二者的区别是前者输出数据后换行,后者不换行。允许使用并置符号"+",将变量、表达式或一个常数值与一个字符串并置一起输出,如:

```
System.out.println(m + "个数的和为" + sum);
System.out.println(":" + 123 + "大于" + 122).
```

需要特别注意的是,在使用 System.out.println()或 System.out.print()输出字符串常量时,不可以出现"回车",例如,下面的写法无法通过编译:

```
System.out.println("你好,
       很高兴认识你");
```

如果需要输出的字符串的长度较长,可以将字符串分解成几部分,然后使用并置符号"+"将它们首尾相接,例如,以下是正确的写法:

```
System.out.println ("你好," +
       "很高兴认识你");
```

另外,JDK 1.5 新增了和 C 语言中 printf 函数类似的输出数据的方法,格式如下:

System.out.printf("格式控制部分",表达式1,表达式2,…,表达式n)

格式控制部分由格式控制符号%d、%c、%f、%s 和普通的字符组成,普通字符原样输出。格式符号用来输出表达式的值。

- %d:输出 int 型数据。
- %c:输出 char 型数据。
- %f:输出浮点型数据,小数部分最多保留 6 位。
- %s:输出字符串数据。

输出数据时也可以控制数据在命令行的位置。

- %md:输出的 int 型数据占 m 列。
- %m.nf:输出的浮点型数据占 m 列,小数点保留 n 位。

例如:

```
System.out.printf(" % d, % f",12,23.78);
```

2.5 数 组

数组是相同类型的变量按顺序组成的一种复合数据类型(数组是一些类型相同的变量组成的集合),称这些相同类型的变量为数组的元素或单元。数组通过数组名加索引来使用数组的元素。

创建数组需要经过声明数组和为数组分配变量两个步骤。

2.5.1 声明数组

声明数组包括数组变量的名字(简称数组名)和数组的类型。
声明一维数组有下列两种格式：

数组的元素类型 数组名[];
数组的元素类型 [] 数组名;

声明二维数组有下列两种格式：

数组的元素类型 数组名[][];
数组的元素类型 [][] 数组名;

例如：

float boy[];
char cat[][];

那么数组 boy 的元素都是 float 型的变量,可以存放 float 型数据；数组 cat 的元素都是 char 型变量,可以存放 char 型数据。

可以一次声明多个数组,例如,

int [] a,b;

声明了两个 int 型一维数组：a 和 b,等价的声明是：

int a[],b[];

注：与 C/C++ 不同,Java 不允许在声明数组中的方括号内指定数组元素的个数。若声明：int a[12];或 int [12] a;将导致语法错误。

2.5.2 为数组分配元素

声明数组仅仅是给出了数组变量的名字和元素的数据类型,要想真正地使用数组还必须为它分配变量,即给数组分配元素。

为数组分配元素的格式如下：

数组名 = new 数组元素的类型[数组元素的个数];

例如：

boy = new float[4];

为数组分配元素后,数组 boy 获得 4 个用来存放 float 类型数据的变量,即 4 个 float 型元素。数组变量 boy 中存放着这些元素的首地址,该地址称做数组的引用,这样数组就可以通过索引使用分配给它的变量,即操作它的元素。

数组属于引用型变量,数组变量中存放着数组的首元素的地址,通过数组变量的名字加索引使用数组的元素(内存示意如图 2.4 所示),例如:

图 2.4 数组的内存模型

```
boy[0] = 12;
boy[1] = 23.908F;
boy[2] = 100;
boy[3] = 10.23f;
```

声明数组和创建数组可以一起完成,例如:

```
float boy[ ] = new float[4];
```

二维数组和一维数组一样,在声明之后必须用 new 运算符为数组分配元素,例如:

```
int mytwo[ ][ ];
mytwo = new int [3][4];
```

或

```
int mytwo[ ][ ] = new int[3][4];
```

Java 采用"数组的数组"声明多维数组,一个二维数组是由若干个一维数组构成的,例如,上述创建的二维数组 mytwo 就是由 3 个长度为 4 的一维数组:mytwo[0]、mytwo[1]和 mytwo[2]构成的。

构成二维数组的一维数组不必有相同的长度,在创建二维数组时可以分别指定构成该二维数组的一维数组的长度,例如:

```
int a[ ][ ] = new int[3][ ];
```

创建了一个二维数组 a,a 由 3 个一维数组:a[0]、a[1]和 a[2]构成,但它们的长度还没有确定,即还没有为这些一维数组分配元素,因此必须要创建 a 的 3 个一维数组,例如:

```
a[0] = new int[6];
a[1] = new int[12];
a[2] = new int[8];
```

注:和 C 语言不同的是,Java 允许使用整型变量的值指定数组的元素的个数,例如,

```
int size = 30;
double number[ ] = new double[size];
```

2.5.3 数组元素的使用

一维数组通过索引符访问自己的元素,如 boy[0]、boy[1]等。需要注意的是,索引从 0 开始,因此,数组若有 7 个元素,那么索引到 6 为止,如果程序使用了以下语句:

```
boy[7] = 384.98f;
```

则程序可以编译通过,但运行时将发生 ArrayIndexOutOfBoundsException 异常,因此在

使用数组时必须谨慎,防止索引越界。

二维数组也通过索引符访问自己的元素,如 a[0][1]、a[1][2]等;需要注意的是,索引从 0 开始,比如声明创建了一个二维数组 a:

```
int a[][] = new int[6][8];
```

那么第一个索引的变化范围从 0 到 5,第二个索引变化范围从 0 到 7。

2.5.4　length 的使用

数组的元素的个数称做数组的长度。对于一维数组,"数组名.length"的值就是数组中元素的个数;对于二维数组"数组名.length"的值是它含有的一维数组的个数。例如,对于

```
float a[] = new float[12];
int b[][] = new int[3][6];
```

a.length 的值为 12;而 b.length 的值是 3。

2.5.5　数组的初始化

创建数组后,系统会给数组的每个元素一个默认的值,如 float 型是 0.0。

在声明数组的同时也可以给数组的元素一个初始值,例如:

```
float boy[] = { 21.3f,23.89f,2.0f,23f,778.98f};
```

上述语句相当于:

```
float boy[] = new float[5];
```

然后

```
boy[0] = 21.3f;boy[1] = 23.89f;boy[2] = 2.0f;boy[3] = 23f;boy[4] = 778.98f;
```

也可以直接用若干个一维数组初始化一个二维数组,这些一维数组的长度不尽相同,例如:

```
int a[][ ] = {{1}, {1,1},{1,2,1}, {1,3,3,1},{1,4,6,4,1}};
```

2.5.6　数组的引用

数组属于引用型变量,因此两个相同类型的数组如果具有相同的引用,它们就有完全相同的元素。例如,对于

```
int a[] = {1,2,3},b[ ] = {4,5};
```

数组变量 a 和 b 分别存放着引用 de6ced 与 c17164,内存模型如图 2.5 所示。

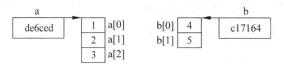

图 2.5　数组 a、b 的内存模型

如果使用了下列赋值语句(a 和 b 的类型必须相同):

a = b;

那么,a 中存放的引用和 b 的相同,这时系统将释放最初分配给数组 a 的元素,使得 a 的元素和 b 的元素相同,a、b 的内存模型变成如图 2.6 所示。

下面的例子 4 使用了数组,请读者注意程序的输出结果,运行效果如图 2.7 所示。

图 2.6　a=b 后的数组 a、b 的内存模型　　　图 2.7　使用数组

【例子 4】

Example2_4.java

```
public class Example2_4 {
    public static void main(String args[]) {
        int a[] = {1,2,3,4};
        int b[] = {100,200,300};
        System.out.println("数组 a 的元素个数 = " + a.length);
        System.out.println("数组 b 的元素个数 = " + b.length);
        System.out.println("数组 a 的引用 = " + a);
        System.out.println("数组 b 的引用 = " + b);
        a = b;
        System.out.println("数组 a 的元素个数 = " + a.length);
        System.out.println("数组 b 的元素个数 = " + b.length);
        System.out.println("a[0] = " + a[0] + ",a[1] = " + a[1] + ",a[2] = " + a[2]);
        System.out.print("b[0] = " + b[0] + ",b[1] = " + b[1] + ",b[2] = " + b[2]);
    }
}
```

需要注意的是,对于 char 型数组 a,System.out.println(a)不会输出数组 a 的引用而是输出数组 a 的全部元素的值,例如,对于

char a[] = {'中','国','科','大''};

下列

System.out.println(a);

的输出结果是：

中国科大

如果想输出 char 型数组的引用，必须让数组 a 和字符串做并置运算，例如：

System.out.println("" + a);

输出数组 a 的引用：def879。

2.6 枚举类型

JDK 1.5 引入了一种新的数据类型：枚举类型。Java 使用关键字 enum 声明枚举类型，语法格式如下：

enum 名字
{ 常量列表
}

其中的常量列表是用逗号分割的字符序列，称为枚举类型的常量（枚举类型的常量要符合标识符之规定，即由字母、下画线、美元符号和数字组成，并且第一个字符不能是数字字符）。例如：

enum Season
{ spring,summer,autumn,winter
}

声明了名字为 Season 的枚举类型，该枚举类型有 4 个常量。

声明了一个枚举类型后，就可以用该枚举类型声明一个枚举变量，该枚举变量只能取值枚举类型中的常量。通过使用枚举名和"."运算符获得枚举类型中的常量。例如：

Season.spring;

下面的例子 5 使用了枚举类型。

【例子 5】

```
enum Season
{   spring,summer,autumn,winter
}
public class E
{   public static void main(String args[])
    {   Season season = Season.spring;
        System.out.println(season);
    }
}
```

2.7 小　　结

(1) 标识符由字母、下画线、美元符号和数字组成，并且第一个字符不能是数字字符。

(2) Java 语言有 8 种基本数据类型：boolean、byte、short、int、long、float、double 和 char。

(3) 数组是相同类型的数据元素按顺序组成的一种复合数据类型,数组属于引用型变量,因此两个相同类型的数组如果具有相同的引用,它们就有完全相同的元素。

(4) JDK 1.5 引入了一种新的数据类型:枚举类型。

习 题 2

(1) 什么叫标识符?标识符的规则是什么?false 是否可以作为标识符?

(2) 什么叫关键字?true 和 false 是否是关键字?请说出 6 个关键字。

(3) float 型常量和 double 型常量在表示上有什么区别?

(4) 怎样获取一维数组的长度,怎样获取二维数组中一维数组的个数?

(5) 下列哪项字符序列可以作为标识符?(　　)

　　A. true

　　B. default

　　C. _int

　　D. good-class

(6) 下列哪三项是正确的 float 变量的声明?(　　)

　　A. float foo = −1;

　　B. float foo = 1.0;

　　C. float foo = 42e1;

　　D. float foo = 2.02f;

　　E. float foo = 3.03d;

　　F. float foo = 0x0123;

(7) 下列哪一项叙述是正确的?(　　)

　　A. char 型字符在 Unicode 表中的位置范围是 0~32767

　　B. char 型字符在 Unicode 表中的位置范围是 0~65535

　　C. char 型字符在 Unicode 表中的位置范围是 0~65536

　　D. char 型字符在 Unicode 表中的位置范围是 −32768~32767

(8) 下列程序中哪些【代码】是错误的?(　　)

```
public class E {
   public static void main(String args[ ]) {
      int x = 8;
      byte b = 127;        //【代码 1】
      b = x;               //【代码 2】
      long y = 8.0;        //【代码 3】
      float z = 6.89 ;     //【代码 4】
   }
}
```

(9) 对于 int a[ ] = new int[3];下列哪个叙述是错误的?(　　)

　　A. a.length 的值是 3

B. a[1]的值是 1
C. a[0]的值是 0
D. a[a.length－1]的值等于 a[2]的值

(10) 上机运行下列程序，注意观察输出的结果。

```java
public class E {
   public static void main (String args[ ]) {
      for(int i = 20302;i <= 20322;i++) {
          System.out.println((char)i);
      }
   }
}
```

(11) 下列程序标注的【代码 1】、【代码 2】的输出结果是什么？

```java
public class E {
   public static void main (String args[ ]){
      long[ ] a = {1,2,3,4};
      long[ ] b = {100,200,300,400,500};
      b = a;
      System.out.println("数组 b 的长度:" + b.length);     //【代码 1】
      System.out.println("b[0] = " + b[0]);                //【代码 2】
   }
}
```

(12) 编写一个应用程序，给出汉字'你'、'我'、'他'在 Unicode 表中的位置。

(13) 编写一个 Java 应用程序，输出全部的希腊字母。

第 3 章 运算符、表达式和语句

主要内容
- 运算符与表达式
- 语句概述
- if 条件分支语句
- switch 开关语句
- 循环语句
- break 和 continue 语句
- for 语句与数组
- 枚举类型与 for、switch 语句

3.1 运算符与表达式

Java 提供了丰富的运算符,如算术运算符、关系运算符、逻辑运算符、位运算符等。Java 语言中的绝大多数运算符和 C 语言相同;基本语句,如条件分支语句、循环语句等也和 C 语言类似,因此,本章就主要知识点给予简单的介绍。

3.1.1 算术运算符与算术表达式

加、减、乘、除和求余运算符:+、-、*、/、%是二目运算符,即连接两个操作元的运算符,操作元是整型或浮点型数据。加减运算符的优先级是 4 级,/、%运算符的优先级是 3 级。用算术符号和括号连接起来的式子称为算术表达式,如 x+2*y-30+3*(y+5)。

3.1.2 自增、自减运算符

自增、自减运算符:++、--是单目运算符,可以放在操作元之前,也可以放在操作元之后。操作元必须是一个整型或浮点型变量。作用是使变量的值增 1 或减 1,例如:

++x(--x)表示在使用 x 之前,先使 x 的值增(减)1。

x++(x--)表示在使用 x 之后,使 x 的值增(减)1。

例如,x 的原值是 5,对于

```
y = ++x;
```
y 的值为 6，对于
```
y = x++;
```
y 的值为 5。

3.1.3 算术混合运算的精度

精度从"低"到"高"排列的顺序是：

byte short char int long float double

Java 在计算算术表达式的值时，使用下列运算精度规则。

(1) 如果表达式中有双精度浮点数(double 型数据)，则按双精度进行运算。例如，表达式：5.0/2+10 的结果 12.5 是 double 型数据。

(2) 如果表达式中最高精度是单精度浮点数(float 型数据)，则按单精度进行运算。例如，表达式：5.0F/2+10 的结果 12.5 是 float 型数据。

(3) 如果表达式中最高精度是 long 型整数，则按 long 精度进行运算。例如，表达式：12L+100+'a' 的结果 209 是 long 型数据。

(4) 如果表达式中最高精度低于 int 型整数，则按 int 精度进行运算。例如，表达式：(byte)10+'a' 和 5/2 的结果分别为 107 和 2，都是 int 型数据。

3.1.4 关系运算符与关系表达式

关系运算符是二目运算符，用来比较两个值的关系。关系运算符的运算结果是 boolean 型，当运算符对应的关系成立时，运算结果是 true；否则是 false。例如，10<9 的结果是 false，5>1 的结果是 true，3!=5 的结果是 true，10>20-17 的结果为 true。

注：因为算术运算符的级别高于关系运算符，10>20-17 相当于 10>(20-17)，所以其结果是 true。

结果为数值型的变量或表达式可以通过关系运算符(如表 3.1 所示)形成关系表达式。例如：4>8，(x+y)>80 等。

表 3.1 关系运算符

运算符	优先级	用法	含义	结合方向
>	6	op1>op2	大于	左到右
<	6	op1<op2	小于	左到右
>=	6	op1>=op2	大于等于	左到右
<=	6	op1<=op2	小于等于	左到右
==	7	op1==op2	等于	左到右
!=	7	op1!=op2	不等于	左到右

3.1.5 逻辑运算符与逻辑表达式

逻辑运算符包括&&、||、!。其中,&&、||为二目运算符,实现逻辑与、逻辑或;!为单目运算符,实现逻辑非。逻辑运算符的操作元必须是 boolean 型数据,逻辑运算符可以用来连接关系表达式。

表3.2给出了逻辑运算符的用法和含义。

表 3.2 逻辑运算符

运算符	优先级	用 法	含 义	结合方向
&&	11	op1&&op2	逻辑与	左到右
||	12	op1||op2	逻辑或	左到右
!	2	!op	逻辑非	右到左

结果为 boolean 型的变量或表达式可以通过逻辑运算符形成逻辑表达式。表3.3给出了用逻辑运算符进行逻辑运算的结果。

表 3.3 用逻辑运算符进行逻辑运算

op1	op2	op1&&op2	op1||op2	!op1
true	true	true	true	false
true	false	false	true	false
false	true	false	true	true
false	false	false	false	true

例如,2>8&&9>2 的结果为 false,2>8||9>2 的结果为 true。由于关系运算符的级别高于&&、||的级别,所以 2>8&&8>2 相当于(2>8)&&(9>2)。

逻辑运算符 && 和||也称做短路逻辑运算符,这是因为当 op1 的值是 false 时,&&运算符在进行运算时不再去计算 op2 的值,直接就得出 op1&&op2 的结果是 false;当 op1 的值是 true 时,||运算符在进行运算时不再去计算 op2 的值,直接就得出 op1||op2 的结果是 true。

3.1.6 赋值运算符与赋值表达式

赋值运算符"="是二目运算符,左面的操作元必须是变量,不能是常量或表达式。设 x 是一个整型变量,y 是一个 boolean 型变量,x = 20 和 y = true 都是正确的赋值表达式,赋值运算符的优先级较低,是14级,结合方向右到左。

赋值表达式的值就是"="左面变量的值。例如,假如 a、b 是2个 int 型变量,那么表达式"b = 12"和"a = b = 100"的值分别是12和100。

注意不要将赋值运算符"="与等号逻辑运算符"=="混淆,比如,"12 = 12"是非法的表达式,而表达式"12 == 12"的值是 true。

3.1.7 位运算符

整型数据在内存中以二进制的形式表示,比如一个 int 型变量在内存中占 4 个字节共 32 位,int 型数据 7 的二进制表示是:

00000000 00000000 00000000 00000111

左面最高位是符号位,最高位是 0 表示正数,是 1 表示负数。负数采用补码表示,比如 -8 的补码表示是:

11111111 11111111 1111111 11111000

这样就可以对两个整型数据实施位运算,即对两个整型数据对应的位进行运算得到一个新的整型数据。

1. "按位与"运算

"按位与"运算符"&"是双目运算符,对两个整型数据 a、b 按位进行运算,运算结果是一个整型数据 c。运算法则是:如果 a、b 两个数据对应位都是 1,则 c 的该位是 1;否则是 0。如果 b 的精度高于 a,那么结果 c 的精度和 b 相同。

例如:

```
  a: 00000000 00000000 00000000 00000111
& b: 10000001 10100101 11110011 10101011
  ─────────────────────────────────────
  c: 00000000 00000000 00000000 00000011
```

2. "按位或"运算

"按位或"运算符"|"是二目运算符,对两个整型数据 a、b 按位进行运算,运算结果是一个整型数据 c。运算法则是:如果 a、b 两个数据对应位都是 0,则 c 的该位是 0;否则是 1。如果 b 的精度高于 a,那么结果 c 的精度和 b 相同。

3. "按位非"运算

"按位非"运算符"~"是单目运算符,对一个整型数据 a 按位进行运算,运算结果是一个整型数据 c。运算法则是:如果 a 对应位是 0,则 c 的该位是 1;否则是 0。

4. "按位异或"运算

"按位异或"运算符"^"是二目运算符,对两个整型数据 a、b 按位进行运算,运算结果是一个整型数据 c。运算法则是:如果 a、b 两个数据对应位相同,则 c 的该位是 0;否则是 1。如果 b 的精度高于 a,那么结果 c 的精度和 b 相同。

由异或运算法可知:

a^a = 0,
a^0 = a.

因此,如果 c＝a^b,那么 a＝c^b,也就是说,"^"的逆运算仍然是"^",即 a^b^b 等于 a。
位运算符也可以操作逻辑型数据,法则是:

当 a、b 都是 true 时,a&b 是 true;否则 a&b 是 false。

当 a、b 都是 false 时,a|b 是 false;否则 a|b 是 true。

当 a 是 true 时,~a 是 false;当 a 是 false 时,~a 是 true。

位运算符在操作逻辑型数据时,与逻辑运算符 &&、||、! 不同的是:位运算符要计算完 a 和 b 的之后再给出运算的结果。比如,x 的初值是 1,那么经过下列逻辑比较运算后,

((y=1)==0))&&((x=6)==6));

x 的值仍然是 1,但是如果经过下列位运算之后,

((y=1)==0))&((x=6)==6));

x 的值将是 6。

在下面的例子 1 中,利用"异或"运算的性质,对几个字符进行加密并输出密文,然后再解密,运行效果如图 3.1 所示。

图 3.1 异或运算

【例子 1】

Example3_1.java

```java
public class Example3_1 {
    public static void main(String args[]) {
        char a1 = '十',a2 = '点',a3 = '进',a4 = '攻';
        char secret = 'A';
        a1 = (char)(a1^ secret);
        a2 = (char)(a2^ secret);
        a3 = (char)(a3^ secret);
        a4 = (char)(a4^ secret);
        System.out.println("密文:" + a1 + a2 + a3 + a4);
        a1 = (char)(a1^ secret);
        a2 = (char)(a2^ secret);
        a3 = (char)(a3^ secret);
        a4 = (char)(a4^ secret);
        System.out.println("原文:" + a1 + a2 + a3 + a4);
    }
}
```

3.1.8 instanceof 运算符

instanceof 运算符是二目运算符,左面的操作元是一个对象,右面是一个类。当左面的对象是右面的类或子类创建的对象时,该运算符运算的结果是 true;否则是 false(有关细节见第 5.3.2 小节)。

3.1.9 运算符综述

Java 的表达式就是用运算符连接起来的符合 Java 规则的式子。运算符的优先级决定了表达式中运算执行的先后顺序。例如,x<y&&!z 相当于(x<y)&&(!z)。没有必

要去记忆运算符的优先级别,在编写程序时尽量使用括号运算符号来实现想要的运算次序,以免产生难以阅读或含混不清的计算顺序。运算符的结合性决定了并列的相同级别运算符的先后顺序,例如,加减的结合性是从左到右,8－5＋3 相当于(8－5)＋3;逻辑否运算符!的结合性是右到左,!!x 相当于!(!x)。表 3.4 是 Java 所有运算符的优先级和结合性,有些运算符和 C 语言类同,不再赘述。

表 3.4 运算符的优先级和结合性

优先级	描　　述	运算符	结合性
1	分隔符	[ ]　( )　.　,　;	
2	对象归类,自增、自减运算,逻辑非	instanceof　＋＋　－－　!	右到左
3	"算术乘除"运算	*　/　%	左到右
4	"算术加减"运算	＋　－	左到右
5	"移位"运算	≫　≪　⋙	左到右
6	"大小关系"运算	<　<=　>　>=	左到右
7	"相等关系"运算	==　!=	左到右
8	"按位与"运算	&	左到右
9	"按位异或"运算	^	左到右
10	"按位或"运算	|	左到右
11	"逻辑与"运算	&&	左到右
12	"逻辑或"运算	||	左到右
13	"三目条件"运算	? :	左到右
14	"赋值"运算	=	右到左

3.2　语句概述

Java 里的语句可分为以下 6 类。

1. 方法调用语句

如:

```
System.out.println("Hello");
```

2. 表达式语句

由一个表达式构成一个语句,即表示式尾加上分号。比如赋值语句:

```
x = 23;
```

3. 复合语句

可以用{ }把一些语句括起来构成复合语句,如:

```
{ z = 123 + x;
System.out.println("How are you");
}
```

4. 空语句

一个分号也是一条语句,称做空语句。

5. 控制语句

控制语句分为条件分支语句、开关语句和循环语句,将在后面的第 3.3、3.4 和 3.5 节介绍。

6. package 语句和 import 语句

package 语句和 import 语句与类、对象有关,将在第 4 章讲解。

3.3 if 条件分支语句

if 条件分支语句按着语法格式可细分为三种形式,以下是这三种形式的详细讲解。

3.3.1 if 语句

if 语句是单条件、单分支语句,即根据一个条件来控制程序执行的流程。

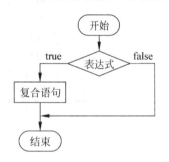

图 3.2 if 单条件、单分支语句

if 语句的语法格式:

```
if(表达式){
    若干语句 //if 操作
}
```

if 语句的流程图如图 3.2 所示。在 if 语句中,关键字 if 后面的一对小括号:()内的表达式的值必须是 boolean 类型,当值为 true 时,则执行紧跟着的复合语句(执行 if 操作),结束当前 if 语句的执行;如果表达式的值为 false,则结束当前 if 语句的执行。

在下面的例子 2 中,将变量 a、b、c 内存中的数值按大小顺序进行互换(从小到大排列)。

【例子 2】

Example3_2.java

```java
public class Example3_2 {
    public static void main(String args[]) {
        int a = 9,b = 5,c = 7,t = 0;
        if(b < a) {
            t = a;
            a = b;
            b = t;
        }
        if(c < a) {
            t = a;
            a = c;
            c = t;
```

```
        }
        if(c < b) {
            t = b;
            b = c;
            c = t;
        }
        System.out.println("a = " + a + ",b = " + b + ",c = " + c);
    }
}
```

3.3.2 if-else 语句

if-else 语句是单条件、双分支语句,即根据一个条件来控制程序执行的流程。

if-else 语句的语法格式:

```
if(表达式) {
    若干语句      //if 操作
}
else {
    若干语句      //else 操作
}
```

if-else 语句的流程图如图 3.3 所示。在 if-else 语句中,关键字 if 后面的一对小括号:()内的表达式的值必须是 boolean 型,当值为 true 时,则执行紧跟着的复合语句(执行 if 操作),结束当前 if-else 语句的执行;如果表达式的值为 false,则执行关键字 else 后面的复合语句(执行 else 操作),结束当前 if-else 语句的执行。

下列是有语法错误的 if-else 语句:

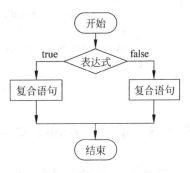

图 3.3 if-else 单条件、双分支语句

```
if(x > 0)
    y = 10;
    z = 20;
else
    y = -100;
```

正确的写法是:

```
if(x > 0){
    y = 10;
    z = 20;
}
else
    y = 100;
```

需要注意的是,在 if 和 if-else 语句中,其中的复合语句中如果只有一条语句,{ }可以省略不写,但为了增强程序的可读性最好不要省略(这是一个很好的编程风格)。

例子 3 中有两条 if-else 语句,其作用是根据成绩输出相应的信息,运行效果如图 3.4 所示。

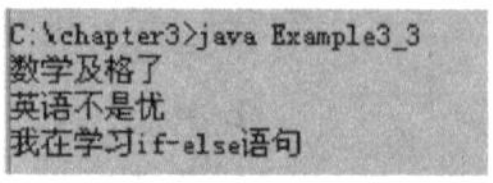

图 3.4　使用 if-else 语句

【例子 3】

Example3_3.java

```
public class Example3_3 {
    public static void main(String args[]) {
        int math = 65 ,English = 85;
        if(math > 60) {
            System.out.println("数学及格了");
        }
        else {
            System.out.println("数学不及格");
        }
        if(english > 90) {
            System.out.println("英语是优");
        }
        else {
            System.out.println("英语不是优");
        }
        System.out.println("我在学习 if - else 语句");
    }
}
```

3.3.3　if-else if-else 语句

if-else if-else 语句是多条件、多分支语句,即根据多个条件来控制程序执行的流程。

if-else if-else 语句的语法格式:

```
if(表达式) {
    若干语句
}
else if(表达式) {
    若干语句
}
…
else {
    若干语句
}
```

if-else if-else 语句的流程图如图 3.5 所示。

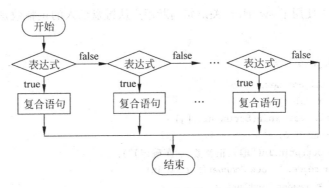

图 3.5　if-else if-else 多条件、多分支语句

3.4　switch 开关语句

switch 语句是单条件、多分支的开关语句,它的一般格式定义如下(其中 break 语句是可选的)。

```
switch(表达式)
{
    case 常量值 1：
            若干个语句
            break;
    case 常量值 2：
            若干个语句
            break;
    …
    case 常量值 n：
            若干个语句
            break;
    default：
        若干语句
}
```

switch 开关语句中"表达式"的值可以为 byte、short、int、char 型(不可以是 long 型数据);"常量值 1"到"常量值 n"可以是 byte、short、int、char 型,而且要互不相同。

switch 开关语句首先计算表达式的值,如果表达式的值和某个 case 后面的常量值相等,就执行该 case 里的若干个语句直到遇到 break 语句为止。如果某个 case 中没有使用 break 语句,一旦表达式的值和该 case 后面的常量值相等,程序不仅执行该 case 里的若干个语句,而且继续执行后继的 case 里的若干个语句,直到遇到 break 语句为止。若 switch 开关语句中的表达式的值不与任何 case 的常量值相等,则执行 default 后面的若干个语句。switch 开关语句中的 default 是可选的,如果它不存在,并且 switch 语句中表达式的值不与任何 case 的常量值相等,那么 switch 开关语句就不会进行任何处理。

下面的例子 4 使用了 switch 开关语句判断用户从键盘输入的正整数是否为中奖号码。
【例子 4】

Example3_4.java

```java
import java.util.Scanner;
public class Example3_4{
    public static void main(String args[]) {
        int number = 0;
        System.out.println("输入正整数(回车确定)");
        Scanner reader = new Scanner(System.in);
        number = reader.nextInt();
        switch(number) {
            case 9 :
            case 131 :
            case 12 : System.out.println(number + "是三等奖");
                    break;
            case 209 :
            case 596 :
            case 27 : System.out.println(number + "是二等奖");
                    break;
            case 875 :
            case 316 :
            case 59 : System.out.println(number + "是一等奖");
                    break;
            default: System.out.println(number + "未中奖");
        }
    }
}
```

3.5 循环语句

循环语句是根据条件,要求程序反复执行某些操作,直到程序"满意"为止的语句。

3.5.1 for 循环语句

for 循环语句的语法格式：

for (表达式 1; 表达式 2; 表达式 3) {
若干语句
}

for 循环语句由关键字 for、一对小括号中用分号分割的三个表达式,以及一个复合语句组成,其中的"表达式 2"必须是一个求值为 boolean 型数据的表达式,而复合语句称为循环体。循环体只有一条语句时,大括号可以省略,但最好不要省略,以便增加程序的可读性。"表达式1"负责完成变量的初始化;"表达式2"是值为 boolean 型的表达式,称为循环条件;"表达式3"用来修整变量,改变循环条件。for 循环语句执行流程如图 3.6 所示,执行流程是:

(1) 计算"表达式1",完成必要的初始化工作;

(2) 判断"表达式2"的值,若"表达式2"的值为 true,则进行(3),否则进行(4);

(3) 执行循环体,然后计算"表达式3",以便改变循环条件,进行(2);

(4) 结束 for 循环语句的执行。

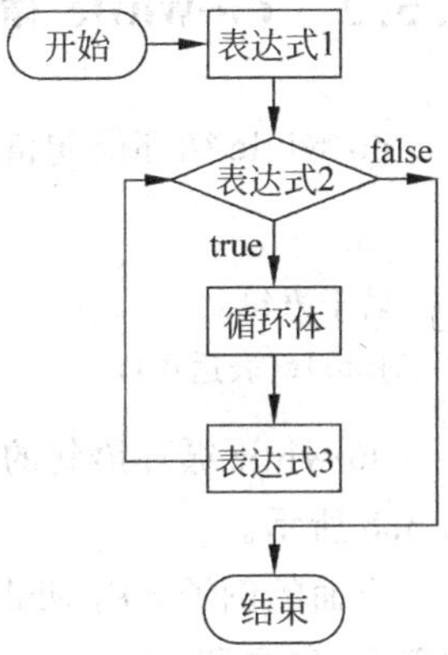

下面的例子 5 计算 8+88+888+8888+…的前 12 项和。

【例子 5】

Example3_5.java

```
public class Example3_5 {
    public static void main(String args[]) {
        long sum = 0,a = 8,item = a,n = 12,I = 1;
        for(i = 1;i <= n;i++) {
            sum = sum + item;
            item = item * 10 + a;
        }
        System.out.println(sum);
    }
}
```

图 3.6 for 循环语句

3.5.2 while 循环语句

while 循环语句的语法格式:

while(表达式) {
若干语句
}

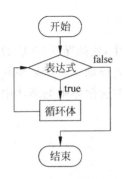

图 3.7 while 循环语句

while 循环语句由关键字 while、一对括号中的一个求值为 boolean 型数据的表达式和一个复合语句组成,其中的复合语句称为循环体,循环体只有一条语句时,大括号可以省略,但最好不要省略,以便增加程序的可读性。表达式称为循环条件。while 循环语句执行流程如图 3.7 所示,执行流程是:

(1) 计算表达式的值,如果该值是 true 时,就进行(2),否则执行(3);

(2) 执行循环体,再进行(1);

(3) 结束 while 循环语句的执行。

3.5.3 do-while 循环语句

do-while 循环语句格式如下：

do{
若干语句
}while(表达式);

do-while 循环语句的循环体至少被执行一次，执行流程如图 3.8 所示。

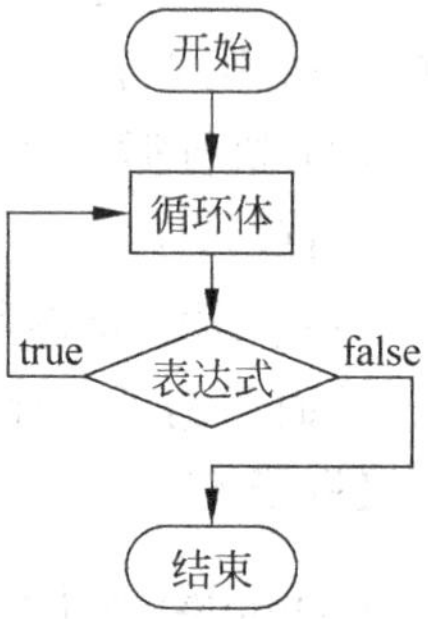

下面的例子 6 用 while 语句计算 $1+1/2!+1/3!+1/4!+\cdots$ 的前 20 项之和。

【例子 6】

图 3.8 do-while 循环语句

Example3_6.java

```java
public class Example3_6 {
    public static void main(String args[]) {
        double sum = 0, item = 1;
        int i = 1, n = 20;
        while(i<=n) {
            sum = sum + item;
            i = i + 1;
            item = item*(1.0/i);
        }
        System.out.println("sum = " + sum);
    }
}
```

3.6 break 和 continue 语句

break 和 continue 语句是用关键字 break 或 continue 加上分号构成的语句，例如，

break;

在循环体中可以使用 break 语句和 continue 语句。在一个循环中，比如循环 50 次的循环语句中，如果在某次循环中执行了 break 语句，那么整个循环语句就结束。如果在某次循环中执行了 continue 语句，那么本次循环就结束，即不再执行本次循环中循环体中 continue 语句后面的语句，转而进行下一次循环。

下面的例子 7 使用了 break 语句和 continue 语句。

【例子 7】

Example3_7.java

```java
public class Example3_7 {
```

```java
    public static void main(String args[]) {
        int sum = 0,i,j;
        for( i = 1;i <= 10;i++) {
            if(i % 2 == 0) {              //计算1+3+5+7+9
                continue;
            }
            sum = sum + i;
        }
        System.out.println("sum = " + sum);
        for(j = 2;j <= 100;j++) {         //求100以内的素数
            for( i = 2;i <= j/2;i++) {
                if(j % i == 0)
                    break;
            }
            if(i > j/2) {
                System.out.println("" + j + "是素数");
            }
        }
    }
}
```

3.7 for 语句与数组

JDK 1.5 对 for 语句的功能给予扩充、增强,以便更好地遍历数组。语法格式如下:

```
for(声明循环变量: 数组的名字){
    …
}
```

其中,声明的循环变量的类型必须和数组的类型相同。这种形式的 for 语句类似自然语言中的 for each 语句,为了便于理解上述 for 语句,可以将这种形式的 for 语句翻译成"对于循环变量依次取数组的每一个元素的值"。

下面的例子 8 分别使用 for 语句的传统方式和改进方式遍历数组。

【例子 8】

Example3_8.java

```java
public class Example3_8 {
    public static void main(String args[]) {
        int a[ ] = {1,2,3,4};
        char b[ ] = {'a','b','c','d'};
        for( int n = 0;n < a.length;n++) {    //传统方式
            System.out.println(a[n]);
        }
        for( int n = 0;n < b.length;n++) {    //传统方式
            System.out.println(b[n]);
        }
        for(int i:a) {    //循环变量 i 依次取数组 a 的每一个元素的值(改进方式)
```

```
        System.out.println(i);
    }
    for(char ch:b) {    //循环变量 ch 依次取数组 b 的每一个元素的值(改进方式)
        System.out.println(ch);
    }
  }
}
```

需要特别注意的是:

for(声明循环变量:数组的名字)

中的"声明循环变量"必须是变量声明,不可以使用已经声明过的变量。例如,上述例子 8 中的第一个 for 语句不可以如下分开写成一条变量声明和一条 for 语句:

```
int i = 0;      //变量声明
for(i:a) {      //for 语句
   System.out.println(i);
}
```

3.8　枚举类型与 for、switch 语句

在第 2 章我们学习了枚举类型,例如,

```
enum WeekDay
{  sun,mon,tue,wed,thu,fri,sat
}
```

声明了一个枚举类型后,就可以用该枚举类型声明一个枚举变量,该枚举变量只能取值枚举类型中的常量。通过使用枚举名和"."运算符获得枚举类型中的常量。例如,

```
WeekDay day = WeekDay.mon;
```

枚举类型可以用以下形式返回一个数组:

枚举类型的名字.values();

该数组元素的值和该枚举类型中常量依次相对应。例如,

```
WeekDay a[] = WeekDay.values();
```

那么,a[0]到 a[6]的值依次为 sun、mon、tue、wed、thu、fri、sat。

在第 3.6 节中,我们已经学习了怎样用 for 语句遍历数组,因此,可以使用 for 语句遍历枚举类型中的常量。在下面的例子 9 中,输出从红、蓝、绿、黄、黑颜色中取出 3 种颜色排列的各种排法。

【例子 9】

```
enum Color
{   red,blue,green,yellow,black
```

```
}
public class Example3_9 {
    public static void main(String args[]) {
        for(Color a:Color.values())
            for(Color b:Color.values())
                for(Color c:Color.values()) {
                    if(a!=b&&a!=c&&b!=c)
                        System.out.println(a+","+b+","+c);
                }
    }
}
```

允许 switch 开关语句中表达式的值是枚举类型。下面的例子 10 中的 switch 开关语句使用了枚举类型。

【例子 10】

```
enum Fruit {
    苹果,梨,香蕉,西瓜,芒果
}
public class Example3_10 {
    public static void main(String args[]) {
        double price = 0;
        boolean show = false;
        for(Fruit fruit:Fruit.values()) {
            switch(fruit)
            {   case 苹果: price = 1.5;
                          show = true;
                          break;
                case 芒果: price = 6.8;
                          show = true;
                          break;
                case 香蕉: price = 2.8;
                          show = true;
                          break;
                default:  show = false;
            }
            if(show)
                System.out.println(fruit+"500 克的价格: "+price+"元");
        }
    }
}
```

3.9 小　　结

(1) Java 提供了丰富的运算符,如算术运算符、关系运算符、逻辑运算符、位运算符等。
(2) Java 语言常用的控制语句和 C 语言的很类似。
(3) Java 提供了遍历数组的循环语句。

习 题 3

(1) 下列程序的输出结果是什么？

```java
public class E
{   public static void main (String args[ ])
    {   int x = 10, y = 5, z = 100;
        if(x > y)
            x = z;
        else
            y = x;
        z = y;
        System.out.println(" " + (x + y + z));
    }
}
```

(2) 下列程序的输出结果是什么？

```java
public class E {
    public static void main (String args[ ]) {
        char c = '\0';
        for(int i = 1; i <= 4; i++) {
            switch(i)
            {   case 1: c = 'b';
                        System.out.print(c);
                case 2: c = 'e';
                        System.out.print(c);
                        break;
                case 3: c = 'p';
                        System.out.print(c);
                default: System.out.print("!");
            }
        }
    }
}
```

(3) 编写一个应用程序，用 for 循环语句输出俄文的"字母表"。

(4) 编写一个应用程序求 1!＋2!＋…＋20!。

(5) 编写一个应用程序求 100 以内的全部素数。

(6) 分别用 while 和 for 循环语句计算 1＋1/2!＋1/3!＋1/4!…的前 20 项之和。

(7) 一个数如果恰好等于它的因子之和，这个数就称为"完数"。编写一个应用程序求 1000 之内的所有完数。

(8) 编写应用程序，计算两个非零正整数的最大公约数和最小公倍数，要求两个非零正整数从键盘输入。

(9) 求满足 1＋2!＋3!＋…＋n!≤9999 的最大整数 n。

第 4 章 类与对象

主要内容
- 封装
- 类
- 构造方法与对象的创建
- 参数传值
- 对象的组合
- 实例成员与类成员
- 方法重载
- this 关键字
- 包
- import 语句
- 访问权限
- 基本类型的类包装
- 反编译

面向对象语言有 3 个重要特性：封装、继承和多态。学习面向对象编程要掌握怎样通过抽象得到类，继而学习怎样编写类的子类来体现继承和多态。本章主要讲述类和对象，即学习面向对象的第一个特性：封装，第 5 章学习与继承和多态有关的子类和接口。

4.1 封　　装

4.1.1 一个简单的问题

在本章正式给出类的定义之前，让我们观察一个简单的例子 1：一个能输出圆的面积的 Java 应用程序。

【例子 1】

Example4_1.java

```
public class ComputerCircleArea {
```

```java
    public static void main(String args[]) {
        double radius;                    //半径
        double area;                      //面积
        radius = 163.160;
        area = 3.14 * radius * radius;    //计算面积
        System.out.printf("半径是%5.3f的圆的面积:\n%5.3f\n",radius,area);
    }
}
```

上述 Java 应用程序输出半径为 163.160 的圆的面积,将上述 Java 源文件保存在 C:\ch4 中,编译、运行的效果如图 4.1 所示。

图 4.1 计算圆面积

通过运行上述 Java 应用程序注意到这样一个事实:如果其他 Java 应用程序也想计算圆的面积,同样需要知道计算圆的面积的算法,即也需要编写和这里同样多的代码。现在提出以下问题:

能否将和圆有关的数据以及计算圆的面积的代码进行封装,使得需要计算圆的面积的 Java 应用程序的主类无须编写计算面积的代码就可以计算出圆的面积呢?

4.1.2 简单的 Circle 类

面向对象的一个重要思想就是通过抽象得到类,即将某些数据以及针对这些数据上的操作封装在一个类中,也就是说,抽象的关键点有两点:一是数据;二是数据上的操作。

对圆做以下抽象:

- 圆具有半径之属性;
- 可以使用半径计算出圆的面积。

现在根据以上的抽象,编写出以下的 Circle 类。

```java
class Circle {
    double radius;                        //圆的半径
    double getArea() {                    //计算面积的方法
        double area = 3.14 * radius * radius;
        return area;
    }
}
```

上述代码第一行中的 class Circle 称做类声明,Circle 是类名。类声明之后的一对大括号"{"、"}"以及它们之间的内容称做类体,大括号之间的内容称做类体的内容。将上述 Circle.java 保存到 C:\ch4 中,并编译得到 Circle.class 字节码文件。Circle 类不是主类,因为 Circle 类没有 main 方法。Circle 类好比是生活中电器设备需要的一个电阻,如果没有电器设备使用它,电阻将无法体现其价值。

4.1.3 使用 Circle 类创建对象

以下将在一个 Java 应用程序的主类中使用 Circle 类创建对象,该对象可以完成计算圆的面积的任务,而使用该对象的 Java 应用程序的主类,无须知道计算圆的面积的算法就可以计算出圆的面积。

类是从具体的实例中抽取共有属性(数据)和行为(操作)形成的一种数据类型,因此可以使用类来声明一个变量,那么,在Java语言中,用类声明的变量就称为一个对象,例如用Circle声明一个名字为circle的对象的代码如下:

Circle circle;

程序声明对象后,需要为所声明的对象分配变量,这样该对象才可以被程序使用。为上述Circle类声明的circle对象分配变量(分配半径radius)的代码如下:

circle = new Circle();

对象通过使用"."运算符操作自己的变量和调用方法。对象操作自己的变量的格式为:

对象.变量;

例如,

circle.radius = 100;

调用方法的格式为:

对象.方法;

例如,

circle.getArea();

下面的例子2中的Example4_2.java需保存在C:\ch4中(因为Circle.java编译得到的Circle类的字节码文件Circle.class在C:\ch4中),Example4_2类中的main方法使用Circle类创建了Cirlce对象,只需让这个对象计算面积即可(主类不必知道计算圆的面积的算法),这样我们就解决了第4.1.1小节中提出的问题。程序运行效果如图4.2所示。　图4.2　使用对象计算圆的面积

【例子2】

Example4_2.java
```
public class Example4_2{
    public static void main(String args[]){
        Circle circle;                    //声明对象
        circle = new Circle();            //创建对象
        circle.radius = 163.160;
        double area = circle.getArea();
        System.out.printf("半径是%5.3f的圆的面积:\n%5.3f\n",circle.radius,area);
    }
}
```

4.2　类

本节以矩形为例,讲解和类有关的基本语法。对矩形做以下抽象(为了便于教学上的描述,只列出最重要的数据和操作):

- 矩形具有宽和高之属性；
- 可以使用宽和高计算出矩形的面积。

类的实现包括两部分：类声明和类体。基本格式为：

```
class 类名 {
    类体的内容
}
```

class 是关键字，用来定义类。"class 类名"是类的声明部分，类名必须是合法的 Java 标识符。两个大括号以及它们之间的内容是类体。

4.2.1 类声明

为了给出 Rectangle 类，需要进行类声明，例如：

```
class Rectangle {
    ...
}
```

其中的 class Rectangle 称做类声明；Rectangle 是类名。类的名字要符合标识符规定，即名字可以由字母、下画线、数字或美元符号组成，并且第一个字符不能是数字（这是语法所要求的）。给类命名时，遵守下列编程风格（这不是语法要求的，但应当遵守）。

(1) 如果类名使用拉丁字母，那么名字的首字母使用大写字母，如 Hello、Time 等。

(2) 类名最好容易识别、见名知意。当类名由几个"单词"复合而成时，每个单词的首字母使用大写，如 BeijingVehicle、AmericanVehicle、HelloChina 等。

4.2.2 类体

写类的目的是根据抽象描述一类事物共有的属性（数据）和行为（操作），给出用于创建具体实例的一种数据类型，描述过程由类体来实现。类声明之后的一对大括号以及它们之间的内容称做类体，大括号之间的内容称做类体的内容。

类体的内容由两部分构成：一部分是变量的声明，用来刻画属性；另一部分是方法的定义，用来刻画行为。

下面是一个类名为 Rectangle 的类，类体内容的变量声明部分给出了两个 double 类型的变量 width 和 height；方法定义部分定义了 getArea() 方法。

```
class Rectangle {
    double width;              //变量声明部分,矩形的宽
    double height;             //变量声明部分,矩形的高
    double getArea() {         //定义计算面积的方法
        return width * height;
    }
}
```

4.2.3 成员变量

类体分为两部分：一部分是变量的声明；另一部分是方法的定义。变量声明部分所声明的变量被称做域变量或成员变量。

1. 成员变量的类型

成员变量的类型可以是 Java 中的任何一种数据类型，包括基本类型：整型、浮点型、字符型；引用类型：数组、对象和接口(对象和接口见后续内容)。例如：

```
class Factory {
    float a[];
    Workman zhang;
}
class Workman {
    double x;
}
```

Factory 类的成员变量 a 是类型为 float 的数组，zhang 是 Student 类声明的变量，即对象。

2. 成员变量的有效范围

成员变量在整个类内都有效，其有效性与它在类体中书写的先后位置无关，例如，前述的 Rectangle 类也可以写成：

```
class Rectangle {
    double getArea() {            //定义计算面积的方法
        return width* height;
    }
    double width;                 //变量声明部分,矩形的宽
    double height;                //变量声明部分,矩形的高
}
```

不提倡把成员变量分散地写在方法之间或类体的最后，习惯先介绍属性再介绍行为。

3. 编程风格

(1) 一行只声明一个变量。我们已经知道，尽管可以使用一种数据的类型，并用逗号分隔来声明若干个变量，例如：

```
double height,width;
```

但是在编码时却不提倡这样做(本书中某些代码可能没有严格遵守这个风格，其原因是减少代码行数，降低书的成本)，其原因是不利于给代码增添注释内容，提倡的风格是：

```
double height;                    //矩形的高
double width;                     //矩形的宽
```

(2) 变量的名字除了符合标识符规定外，名字的首单词的首字母使用小写；如果变量的名字由多个单词组成，从第 2 个单词开始的其他单词的首字母使用大写。

（3）变量名字见名知意，避免使用诸如 m1、n1 等作为变量的名字，尤其是名字中不要将小写的英文字母 l 和数字 1 相连接，人们很难区分"l1"和"11"。

4.2.4 方法

我们已经知道一个类的类体由两部分组成：变量的声明和方法的定义。方法的定义包括两部分：方法声明和方法体。一般格式为：

```
方法声明部分 {
    方法体的内容
}
```

1. 方法声明

最基本的方法声明包括方法名和方法的返回类型，如：

```
double getArea() {
    return width* height;
}
```

根据程序的需要，方法返回的数据的类型可以是 Java 中的任何数据类型之一，当一个方法不需要返回数据时，返回类型必须是 void。很多的方法声明中都给出方法的参数，参数是用逗号隔开的一些变量声明。方法的参数可以是任意的 Java 数据类型。

方法的名字必须符合标识符规定，给方法起名字的习惯和给变量起名字的习惯类似。比如，名字如果使用拉丁字母，首写字母使用小写；如果名字由多个单词组成，则从第 2 个单词开始的其他单词的首写字母使用大写。

2. 方法体

方法声明之后的一对大括号以及它们之间的内容称做方法的方法体。方法体的内容包括局部变量的声明和 Java 语句，即方法体内可以对成员变量和该方法体中声明的局部变量进行操作。在方法体中声明的变量和方法的参数被称做局部变量，如：

```
int getSum( int n) {              //参数变量 n 是局部变量
    int sum = 0;                  // 声明局部变量 sum
    for(int i = 1;i < = n;i++) {  // for 循环语句
        sum = sum + i;
    }
    return sum;                   // return 语句
}
```

和类的成员变量不同的是，局部变量只在声明它的方法内有效，而且与其声明的位置有关。方法的参数在整个方法内有效，方法内的局部变量从声明它的位置之后开始有效。如果局部变量的声明是在一个复合语句中，那么该局部变量的有效范围是该复合语句，即仅在该复合语句中有效；如果局部变量的声明是在一个循环语句中，那么该局部变量的有效范围是该循环语句，即仅在该循环语句中有效。例如：

```
public class A {
```

```
void f() {
    int m = 10, sum = 0;              //成员变量,在整个类中有效
    if(m > 9) {
        int z = 10;                   //z仅仅在该复合语句中有效
        z = 2 * m + z;
    }
    for(int i = 0; i < m; i++) {
        sum = sum + i;                // i仅仅在该循环语句中有效
    }
    m = sum;                          //合法,因为m和sum有效
    z = i + sum;                      //非法,因为i和z已无效
}
```

写一个方法和C语言中写一个函数完全类似,只不过在面向对象语言中称做方法,因此如果有比较好的C语言基础,编写方法的方法体已不再是难点。

3. 区分成员变量和局部变量

如果局部变量的名字与成员变量的名字相同,则成员变量被隐藏,即这个成员变量在这个方法内暂时失效。例如:

```
class Tom {
    int x = 10, y;
    void f() {
        int x = 5;
        y = x + x;    //y得到的值是10,不是20;如果方法f中没有"int x = 5;",则y的值将是20
    }
}
```

方法中的局部变量的名字如果与成员变量的名字相同,那么方法就隐藏了成员变量,如果想在该方法中使用被隐藏的成员变量,必须使用关键字this(在第4.8节还会详细讲解this关键字),例如:

```
class Tom {
    int x = 10, y;
    void f() {
        int x = 5;
        y = x + this.x;               //y得到的值是15
    }
}
```

4.2.5 需要注意的问题

对成员变量的操作只能放在方法中,方法可以对成员变量和该方法体中声明的局部变量进行操作。在声明成员变量时可以同时赋予初值,例如:

```
class A {
    int a = 12;
```

```
        float b = 12.56f;
}
```

但是不可以这样做:

```
class A {
    int a;
    float b;
    a = 12;              //非法,这是赋值语句(语句不是变量的声明,只能出现在方法体中)
    b = 12.56f;          //非法
}
```

4.2.6 类的 UML 类图

UML(Unified Modeling Language)图属于结构图,常被用于描述一个系统的静态结构。一个 UML 中通常包含有类(Class)的 UML 图、接口(Interface)的 UML 图,以及泛化关系(Generalization)的 UML 图、关联关系(Association)的 UML 图、依赖关系(Dependency)的 UML 图和实现关系(Realization)的 UML 图。

本小节介绍类的 UML 图,后续章节会结合相应的内容介绍其余的 UML 图。

在类的 UML 图中,使用一个长方形描述一个类的主要构成,将长方形垂直地分为三层。

顶部第 1 层是名字层,如果类的名字是常规字形,表明该类是具体类;如果类的名字是斜体字形,表明该类是抽象类(抽象类在第 5 章讲述)。

第 2 层是变量层,也称属性层,列出类的成员变量及类型,格式是"变量名字:类型"。在用 UML 表示类时,可以根据设计的需要只列出最重要的成员变量的名字。

第 3 层是方法层,也称操作层,列出类中的方法,格式是"方法名字(参数列表):类型"。在用 UML 表示类时,可以根据设计的需要只列出最重要的方法。

图 4.3 是后面例子 3 中 Rectangle 类的 UML 图。

4.2.7 类与 Java 应用程序的基本结构

一个 Java 应用程序(也称为一个工程)是由若干个类所构成,这些类可以在一个源文件中,也可以分布在若干个源文件中,如图 4.4 所示。

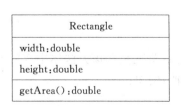

图 4.3 Rectangle 类的 UML 图

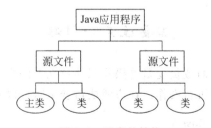

图 4.4 程序的结构

Java 允许在一个 Java 源文件中编写多个类,但其中的多个类至多只能有一个类使用 public 修饰。如果源文件中有多个类,但没有 public 类,那么源文件的名字只要和某个类的名字相同,并且扩展名是.java 就可以了;如果有一个类是 public 类,那么源文件的名字必须与这个类的名字完全相同,扩展名是.java。编译源文件将生成多个扩展名为.class 的字节码文件,每个字节码文件的名字与源文件中对应的类的名字相同,这些字节码文件被存放在与源文件相同的目录中。

Java 应用程序有一个主类,即含有 main 方法的类,Java 应用程序从主类的 main 方法开始执行。在编写一个 Java 应用程序时,可以编写若干个 Java 源文件,每个源文件编译后产生类的字节码文件。因此,经常需要进行以下的操作。

- 将应用程序涉及的 Java 源文件保存在相同的目录中,分别编译通过,得到 Java 应用程序所需要的字节码文件。
- 运行主类。

当使用解释器运行一个 Java 应用程序时,Java 虚拟机将 Java 应用程序需要的字节码文件加载到内存,然后再由 Java 的虚拟机解释执行,因此,可以事先单独编译一个 Java 应用程序所需要的其他源文件,并将得到的字节码文件和主类的字节码文件存放在同一目录中(有关细节在第 4.10 节讨论)。如果应用程序的主类的源文件和其他的源文件在同一目录中,也可以只编译主类的源文件,Java 系统会自动地先编译主类需要的其他源文件。

在下面的例子 3 中,一共有两个 Java 源文件:Example4_3.java 和 Rectangle.java(需要打开记事本两次,分别编辑、保存这两个 Java 源文件),其中 Rectangle.java 含有 Rectangle 类、Example4_3.java 含有 Circle 类和主类。程序运行结果如图 4.5 所示。

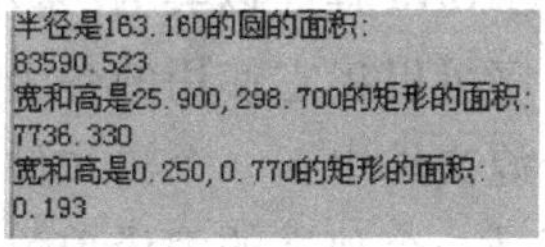

图 4.5 使用对象计算面积

【例子 3】

Example4_3.java

```
class Circle {
    double radius;
    double getArea() {
        double area = 3.14 * radius * radius;
        return area;
    }
}
public class Example4_3 {        //主类
    public static void main(String args[]){
        Circle circle;
        circle = new Circle();
        circle.radius = 163.16;
        double area = circle.getArea();
        System.out.printf("半径是%5.3f 的圆的面积:\n%5.3f\n",circle.radius,area);
        Rectangle rectOne,rectTwo;
        rectOne = new Rectangle();
```

```
            rectOne.width = 25.9;
            rectOne.height = 298.7;
            area = rectOne.getArea();
            System.out.printf("宽和高是%5.3f,%5.3f 的矩形的面积:\n%5.3f\n",
                                 rectOne.width,rectOne.height,area);
            rectTwo = new Rectangle();
            rectTwo.width = 0.25;
            rectTwo.height = 0.77;
            area = rectTwo.getArea();
            System.out.printf("宽和高是%5.3f,%5.3f 的矩形的面积:\n%5.3f\n",
                                 rectTwo.width,rectTwo.height,area);
        }
    }
```

Rectangle.java
```
    public class Rectangle {
        double width;
        double height;
        double getArea() {
            return width * height;
        }
    }
```

  Java 程序以类为"基本单位",即一个 Java 程序就是由若干个类所构成。一个 Java 程序可以将它使用的各个类分别存放在不同的源文件中,也可以将它使用的类存放在一个源文件中。一个源文件中的类可以被多个 Java 程序使用,从编译角度看,每个源文件都是一个独立的编译单位,当程序需要修改某个类时,只需要重新编译该类所在的源文件即可,不必重新编译其他类所在的源文件,这非常有利于系统的维护。从软件设计角度看,Java 语言中的类是可复用代码,编写具有一定功能的可复用代码是软件设计中非常重要的工作。

4.3 构造方法与对象的创建

  类是面向对象语言中最重用的一种数据类型,那么就可以用它来声明变量。在面向对象语言中,用类声明的变量被称做对象。和基本数据类型不同,在用类声明对象后,还必须要创建对象,即为声明的对象分配(成员)变量,当使用一个类创建一个对象时,也称给出了这个类的一个实例。通俗地讲,类是创建对象的"模板",没有类就没有对象。
  构造方法和对象的创建密切相关,以下将详细讲解构造方法和对象的创建。

4.3.1 构造方法

  构造方法是类中的一种特殊方法,当程序用类创建对象时需使用它的构造方法。类中的构造方法的名字必须与它所在的类的名字完全相同,而且没有类型。允许一个类中编写若干个构造方法,但必须保证它们的参数不同,即参数的个数不同,或者是参数的类型不同。

需要注意的是,如果类中没有编写构造方法,系统会默认该类只有一个构造方法,该默认的构造方法是无参数的,且方法体中没有语句,例如,例子 3 中的 Rectangle 类就有一个默认的构造方法:

```
Rectangle() {
}
```

如果类里定义了一个或多个构造方法,那么 Java 不提供默认的构造方法,例如,下列"梯形"类有两个构造方法。

```
class 梯形 {
    float 上底,下底,高;
    梯形() {                        //构造方法
        上底 = 60;
        下底 = 100;
        高 = 20;
    }
    梯形(float x,int y,float h) {    //构造方法
        上底 = x;
        下底 = y;
        高 = h;
    }
}
```

4.3.2 创建对象

创建一个对象包括对象的声明和为声明的对象分配变量两个步骤。

1. 对象的声明

一般格式为:

类的名字 对象名字;

例如:

```
Rectangle rectOne;
```

这里 Rectangle 是一个类的名字,rectOne 是声明的对象的名字。

2. 为声明的对象分配变量

使用 new 运算符和类的构造方法为声明的对象分配变量,即创建对象。如果类中没有构造方法,系统会调用默认的构造方法,例如:

```
rectOne = new Rectangle();
```

3. 对象的内存模型

使用例子 3 中的 Rectangle 类创建对象来说明对象的内存模型。

(1) 声明对象时的内存模型

当用 Rectangle 类声明变量 rectOne，即对象 rectOne 时，rectOne 的内存中还没有任何数据，内存模型如图 4.6 所示。这时的 rectOne 是空对象，空对象不能使用，因为它还没有得到任何"实体"。必须再进行为对象分配变量的步骤，即为对象分配实体。

(2) 为对象分配变量后的内存模型

类是一种数据类型，系统根据类的结构来构造该类所声明的变量，即对象。当系统见到

```
rectOne = new Rectangle();
```

时，就会做以下两件事：

① Rectangle 类中的成员变量 width 和 height 被分配内存空间，然后执行构造方法中的语句。如果成员变量在声明时没有指定初值，所使用的构造方法也没有对成员变量进行初始化操作，那么，对于整型变量，默认初值是 0；对于浮点型，默认初值是 0.0；对于 boolean 型，默认初值是 false；对于引用型，默认初值是 null。

② 给出一个信息，确保对象 rectOne 被分配了名字为 width 和 height 的变量。为了做到这一点，new 运算符在为变量 width 和 height 分配内存后，将得到一个引用，引用就是一个十六进制数，包含有给这些成员变量所分配的内存位置等重要信息，如果将该引用赋值到对象变量 rectOne 中（rectOne = new Rectangle()），就确保 rectOne 得到了名字为 width 和 height 的变量。不妨就认为引用就是 rectOne 在内存里的名字，而且这个名字（引用）是 Java 系统确保分配给 rectOne 的变量将由 rectOne 负责"操作管理"。

为对象 rectOne 分配变量后，rectOne 的内存模型由声明对象时的模型（见图 4.6），变成如图 4.7 所示，箭头所给示意是对象可以操作这些属于它的变量。

图 4.6　未分配变量的对象　　　　图 4.7　为对象分配变量后的内存模型

4. 创建多个不同的对象

一个类通过使用 new 运算符可以创建多个不同的对象，不同对象被分配的变量占有着不同的内存空间，因此，改变其中一个对象的变量不会影响其他对象的变量，即改变其中一个对象的状态不会影响其他对象的状态。例如，如果再创建对象 rectTwo：

```
rectTwo = new Rectangle();
```

那么 Rectangle 类中的成员变量 width 和 height 会再一次被分配内存空间，并返回一个引用给 rectTwo。分配给 rectTwo 的变量所占据的内存空间和分配给 rectOne 的变量所占据的内存空间是互不相同的位置。rectOne 和 rectTwo 的内存模型如图 4.8 所示。

注：在声明对象时可同时创建该对象，例如 Rectangle rect= new Rectangle();。

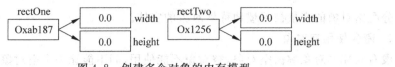

图 4.8 创建多个对象的内存模型

4.3.3 使用对象

抽象的目的是产生类,而类的目的是创建具有属性和功能的对象。对象不仅可以操作自己的变量改变状态,而且能调用类中的方法产生一定的行为。

通过使用运算符".",对象可以实现对自己的变量访问和方法的调用。

1. 对象操作自己的变量(对象的属性)

对象创建之后,就有了自己的变量,即对象的实体。通过使用运算符".",对象可以实现对自己的变量的访问,访问格式为:

对象.变量;

2. 对象调用类中的方法(对象的功能)

对象创建之后,可以使用运算符"."调用创建它的类中的方法,从而产生一定的行为功能,调用格式为:

对象.方法;

3. 体现封装

当对象调用方法时,方法中出现的成员变量就是指分配给该对象的变量。在讲述类的时候我们讲过:类中的方法可以操作成员变量。当对象调用方法时,方法中出现的成员变量就是指分配给该对象的变量。例如,上述例子 3 中,执行代码:

rectOne.getArea();

时,getArea()方法中出现的 width 和 height 就是分配给 rectOne 的成员变量,其值分别是 25.9 和 298.7。执行代码:

rectTwo.getArea();

时,getArea()方法中出现的 width 和 height 就是分配给 rectTwo 的成员变量,其值分别是 0.25 和 0.77。

注:当对象调用方法时,方法中的局部变量被分配内存空间。方法执行完毕,局部变量即刻释放内存。需要注意的是,局部变量声明时如果没有初始化,就没有默认值,因此在使用局部变量之前,要事先为其赋值。

4.3.4 对象的引用和实体

通过前面的学习我们已经知道,类是体现封装的一种数据类型,类声明的变量称做对象,对象中负责存放引用,以确保对象可以操作分配给该对象的变量以及调用类中的方法。分配给对象的变量被习惯地称做对象的实体。

1. 避免使用空对象

没有实体的对象称做空对象,空对象不能使用,即不能让一个空对象去调用方法产生行为。假如程序中使用了空对象,程序在运行时会出现异常:NullPointerException。由于对象是动态地分配实体,所以 Java 的编译器对空对象不做检查。因此,在编写程序时要避免使用空对象。

2. 垃圾收集

一个类声明的两个对象如果具有相同的引用,那么二者就具有完全相同的实体,而且 Java 有所谓"垃圾收集"机制,这种机制周期地检测某个实体是否已不再被任何对象所拥有(引用),如果发现这样的实体,就释放实体占有的内存。

再以例 3 中的 Rectangle 类为例,假如某个应用中,分别使用 Rectangle 类创建了两个对象 carOne 和 carTwo。

```
Rectangle rect1 = new Rectangle();
Rectangle rect2 = new Rectangle();
```

并且让 rect1 和 rect2 分别改变了各自的 width 和 height,即各自改变了分配给自己的成员变量的值:

```
rect1.width = 100;
rect1.height = 200;
rect2.width = 66;
rect2.height = 88;
```

那么内存模型如图 4.9 所示。

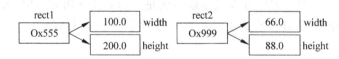

图 4.9　对象各自改变自己成员变量的值

假如在程序中使用了以下的赋值语句:

```
rect1 = rect2
```

即把 rect2 中的引用赋值给了 rect1,因此 rect1 和 rect2 本质上是一样的。虽然在源程序中 rect1 和 rect2 是两个名字,但在系统看来它们的名字是一个:0x999,系统将取消原来分配给 rect1 的变量(如果这些变量没有其他对象继续引用)。这时如果输出 rect1.width 的结果将是 66.0,而不是 100.0。即 rect1 和 rect2 有相同的实体。内存模型由图 4.9 变成如图 4.10 所示。

和 C++不同的是,在 Java 语言中,类有构造方法,但没有析构方法,Java 运行环境有"垃圾收集"机制,因此不必像 C++程序员那样,要时刻自己检查哪些对象应该使用析构方法释放内存。因此 Java 很少出现"内存泄漏",即由于程序忘记释放内存所导致的内存溢出。

注：如果希望 Java 虚拟机立刻进行"垃圾收集"操作，可让 Sysytem 类调用 gc( ) 方法。

请读者仔细阅读下面例子 4，并注意分析程序的运行结果（见图 4.11）。

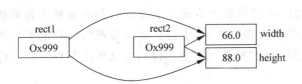

图 4.10　rect1 和 rect2 具有同样的引用　　　图 4.11　对象的引用与实体

【例子 4】

Example4_4. java

```
class Point {
    int x,y;
    void setXY(int m,int n) {
        x = m;
        y = n;
    }
}
public class E {
    public static void main(String args[ ]) {
        Point p1,p2;
        p1 = new Point();
        p2 = new Point();
        System.out.println("p1 的引用:" + p1);
        System.out.println("p2 的引用:" + p2);
        p1.setXY(1111,2222);
        p2.setXY( - 100, - 200);
        System.out.println("p1 的 x,y 坐标:" + p1.x + "," + p1.y);
        System.out.println("p2 的 x,y 坐标:" + p2.x + "," + p2.y);
        p1 = p2;
        System.out.println("将 p2 的引用赋给 p1 后：");
        System.out.println("p1 的引用:" + p1);
        System.out.println("p2 的引用:" + p2);
        System.out.println("p1 的 x,y 坐标:" + p1.x + "," + p1.y);
        System.out.println("p2 的 x,y 坐标:" + p2.x + "," + p2.y);
    }
}
```

4.4　参　数　传　值

方法的参数属于局部变量，当对象调用方法时，参数被分配内存空间，并要求调用者向参数传递值，即方法被调用时，参数变量必须有具体的值。

4.4.1 传值机制

在 Java 中,方法的所有参数都是"传值"的,也就是说,方法中参数变量的值是调用者指定的值的复制。例如,如果向方法的 int 型参数 x 传递一个 int 值,那么参数 x 得到的值是传递的值的复制。因此,方法如果改变参数的值,不会影响向参数"传值"的变量的值;反之亦然。参数得到的值类似生活中的"原件"的"复印件",那么改变"复印件"不印象"原件";反之亦然。

4.4.2 基本数据类型参数的传值

对于基本数据类型的参数,向该参数传递的值的级别不可以高于该参数的级别,比如,不可以向 int 型参数传递一个 float 值,但可以向 double 型参数传递一个 float 值。

在前面的例子 3 中有,对象调用 setXY(int m,int n)设置自己的 x、y 坐标值,因此,对象在调用 setXY(int m,int n)方法时,必须向方法的参数 m 和 n 传递值。

4.4.3 引用类型参数的传值

Java 的引用型数据包括前面刚刚学习的对象,以及后面将要学习的数组和接口。当参数是引用类型时,"传值"传递的是变量中存放的"引用",而不是变量所引用的实体。

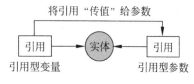

图 4.12 引用类型参数的传值

需要注意的是,对于两个同类型的引用型变量,如果具有同样的引用,就会用同样的实体,因此,如果改变参数变量所引用的实体,就会导致原变量的实体发生同样的变化;但是,改变参数中存放的"引用"不会影响向其传值的变量中存放的"引用";反之亦然,如图 4.12 所示。

下面的例子 5 模拟收音机使用电池。例子 5 中使用的主要类如下。

- Radio 类负责创建一个"收音机"对象(Radio 类在 Radio.java 中)。
- Battery 类负责创建"电池"对象(Battery 类在 Battery.java 中)。
- Radio 类创建的"收音机"对象调用 openRadio(Battery battery)方法时,需要将一个 Battery 类创建"电池"对象传递给该方法的参数 battery,即模拟收音机使用电池。
- 在主类中将 Battery 类创建"电池"对象 nanfu,传递给 openRadio(Battery battery)方法的参数 battery,该方法消耗了 battery 的储电量(打开收音机会消耗电池的储电量),那么 nanfu 的储电量就发生了同样的变化。

例子 5 收音机使用电池的示意图以及程序的运行效果分别如图 4.13(a)和(b)所示。

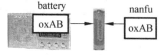

(a) 收音机使用电池

南孚电池的储电量是:100
收音机开始使用南孚电池
目前南孚电池的储电量是:90

(b) 收音机消耗电池的电量

图 4.13 程序示意图及运行效果

【例子 5】

Battery.java
```java
public class Battery {
    int electricityAmount;
    Battery(int amount){
        electricityAmount = amount;
    }
}
```

Radio.java
```java
public class Radio {
    void openRadio(Battery battery){
        battery.electricityAmount = battery.electricityAmount - 10;
                            //消耗了 10 个单位的电量
    }
}
```

Example4_5.java
```java
public class Example4_5 {
    public static void main(String args[]) {
        Battery nanfu = new Battery(100);        //创建电池对象
        System.out.println("南孚电池的储电量是:" + nanfu.electricityAmount);
        Radio radio = new Radio();               //创建收音机对象
        System.out.println("收音机开始使用南孚电池");
        radio.openRadio(nanfu);                  //打开收音机
        System.out.println("目前南孚电池的储电量是:" + nanfu.electricityAmount);
    }
}
```

4.5 对象的组合

类的成员变量可以是 Java 允许的任何数据类型,因此,一个类可以把对象作为自己的成员变量,如果用这样的类创建对象,那么该对象中就会有其他对象,也就是说,该对象将其他对象作为自己的组成部分(这就是人们常说的 Has-A)。

4.5.1 圆锥体

现在,让我们对圆锥体作一个抽象。
- 属性:底圆,高。
- 功能:计算体积。

那么圆锥体的底圆应当是一个对象,比如 Circle 类声明的对象;圆锥体的高可以是 double 型的变量,即圆锥体将 Circle 类的对象作为自己的成员。

下面例子 6,Circular.java 中的 Circular 类负责创建"圆锥体"对象,Example4_6.java

是主类。在主类的 main 方法中使用 Circle 类创建一个"圆"对象 circle、使用 Circular 类创建一个"圆锥"对象,然后"圆锥"对象调用 setBottom(Circle c)方法将 circle 的引用传递给圆锥对象的成员变量 bottom。程序运行效果如图 4.14 所示。

图 4.14　圆锥组合了"圆"对象

【例子 6】

Circular.java

```java
class Circle {
    double radius;
    double getArea() {
        double area = 3.14 * radius * radius;
        return area;
    }
}
public class Circular {                    //圆锥类
    Circle bottom;
    double height;
    void setBottom(Circle c) {
        bottom = c;
    }
    void setHeight(double h) {
        height = h;
    }
    double getVolme() {
        return bottom.getArea() * height/3.0;
    }
}
```

Example4_6.java

```java
public class Eample4_6 {
    public static void main(String args[]) {
        Circle circle = new Circle();
        circle.radius = 100;
        Circular circular = new Circular();
        circular.setBottom(circle);   //将 circle 的引用传递给圆锥对象的成员变量 bottom
        circular.setHeight(6.66);
        System.out.printf("圆锥的体积:%5.3f\n",circular.getVolme());
    }
}
```

在上述例子 6 的主类中,当执行代码:

`Circle circle = new Circle(10);`

后,内存中诞生了一个 circle 对象(圆),circle 的 radius(半径)是 100。内存中对象的模型如图 4.15 所示。

执行代码:

```
Circular circular = new Circular(circle,20);
```

后,内存中又诞生了一个 circular 对象(圆锥),然后执行代码:

```
circular.setBottom(circle);
```

将 circle 对象的引用以"传值"方式传递给 circular 对象的 bottom(底),因此,bottom 对象和 circle 对象就有同样的实体(radius)。内存中对象的模型如图 4.16 所示。

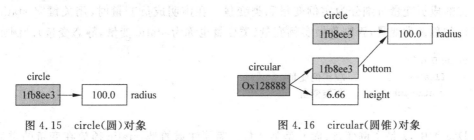

图 4.15　circle(圆)对象　　　　　　图 4.16　circular(圆锥)对象

4.5.2　关联关系和依赖关系的 UML 图

1. 关联关系

如果 A 类中成员变量是用 B 类声明的对象,那么 A 和 B 的关系是关联关系,称 A 关联于 B 或 A 组合了 B。如果 A 关联于 B,那么 UML 通过使用一个实线连接 A 和 B 的 UML 图,实线的起始端是 A 的 UML 图,终点端是 B 的 UML 图,但终点端使用一个指向 B 的 UML 图的方向箭头表示实线的结束。

图 4.17 是例子 6 中 Circular 类关联于 Circle 类的 UML 图。

2. 依赖关系

如果 A 类中某个方法的参数是用 B 类声明的对象或某个方法返回的数据类型是 B 类对象,那么 A 和 B 的关系是依赖关系,称 A 依赖于 B。如果 A 依赖于 B,那么 UML 通过使用一个虚线连接 A 和 B 的 UML 图,虚线的起始端是 A 的 UML 图,终点端是 B 的 UML 图,但终点端使用一个指向 B 的 UML 图的方向箭头表示虚线的结束。

图 4.18 是例子 5 中 Radio 依赖于 Battery 的 UML 图。

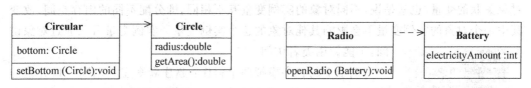

图 4.17　关联关系的 UML 图　　　　　　图 4.18　依赖关系的 UML 图

注:在 Java 中,习惯上将 A 关联于 B 也称做 A 依赖于 B,当需要强调 A 是通过方法参数依赖于 B 时,就在 UML 图中使用虚线连接 A 和 B 的 UML 图。

4.6 实例成员与类成员

4.6.1 实例变量和类变量的声明

类的成员变量可细分为实例变量和类变量。在声明成员变量时,用关键字 static 给予修饰的称做类变量,否则称做实例变量(类变量也称为 static 变量,静态变量)。例如:

```
class Dog {
    float x;              //实例变量
    static int y;         //类变量
}
```

Dog 类中,x 是实例变量,而 y 是类变量。需要注意的是,static 须放在变量的类型的前面,以下讲解实例变量和类变量的区别。

4.6.2 实例变量和类变量的区别

1. 不同对象的实例变量互不相同

一个类通过使用 new 运算符可以创建多个不同的对象,这些对象将被分配不同的实例成员变量,因此,改变其中一个对象的实例变量不会影响其他对象的实例变量。

2. 所有对象共享类变量

如果类中有类变量,当使用 new 运算符创建多个不同的对象时,分配给这些对象的这个类变量占有相同的一处内存,改变其中一个对象的这个类变量会影响其他对象的这个类变量。也就是说对象共享类变量。

3. 通过类名直接访问类变量

类变量是与类相关联的数据变量,也就是说,类变量是和该类创建的所有对象相关联的变量,改变其中一个对象的这个类变量就同时改变了其他对象的这个类变量。因此,类变量不仅可以通过某个对象访问,也可以直接通过类名访问。实例变量仅仅是和相应的对象关联的变量,也就是说,不同对象的实例变量互不相同,即分配不同的内存空间,改变其中一个对象的实例变量不会影响其他对象的这个实例变量。实例变量可以通过对象访问,不能使用类名访问。

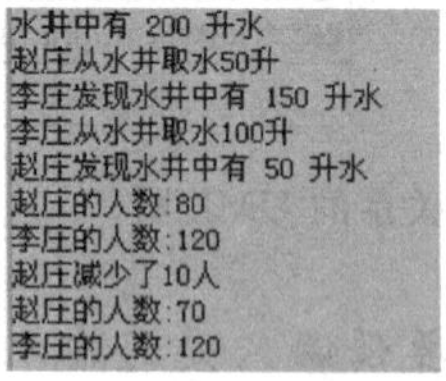

例子 7 的程序模拟两个村庄:赵庄和李庄共用同一口井里的水。Village 类有一个静态的 int 型成员变量 waterAmount,用于模拟井水的水量。主类 Land 的 main 方法中创建两个对象(模拟赵庄和李庄):zhaoZhuang、liZhuang,一个对象改变了 waterAmount 的值,另一个对象查看 waterAmount 的值。程序运行效果如图 4.19 所示。

图 4.19 共饮一口井里的水

【例子 7】

Land. java
```java
class Village {
    static int waterAmount;              //模拟水井的水量
    int peopleNumber;                    //模拟村庄的人数
}
public class Land {
    public static void main(String args[]) {
        Village.waterAmount = 200;       //水井中有 200 升水
        System.out.println("水井中有 " + Village.waterAmount + " 升水");
        Village zhaoZhuang = new Village() , liZhuang = new Village();
        int m = 50;
        System.out.println("赵庄从水井取水" + m + "升");
        zhaoZhuang.waterAmount = zhaoZhuang.waterAmount - m;
        System.out.println("李庄发现水井中有 " + liZhuang.waterAmount + " 升水");
        m = 100;
        System.out.println("李庄从水井取水" + m + "升");
        liZhuang.waterAmount = liZhuang.waterAmount - m;
        System.out.println("赵庄发现水井中有 " + zhaoZhuang.waterAmount + " 升水");
        zhaoZhuang.peopleNumber = 80;
        liZhuang.peopleNumber = 120;
        System.out.println("赵庄的人数:" + zhaoZhuang.peopleNumber);
        System.out.println("李庄的人数:" + liZhuang.peopleNumber);
        m = 10;
        System.out.println("赵庄减少了" + m + "人");
        zhaoZhuang.peopleNumber = zhaoZhuang.peopleNumber - m;
        System.out.println("赵庄的人数:" + zhaoZhuang.peopleNumber);
        System.out.println("李庄的人数:" + liZhuang.peopleNumber);
    }
}
```

4.6.3 实例方法和类方法的定义

类中的方法也可分为实例方法和类方法。方法声明时，方法类型前面不加 static 关键字修饰的是实例方法、加 static 关键字修饰的是类方法(静态方法)。例如：

```java
class A {
    int a;
    float max(float x,float y) {         //实例方法
        …
    }
    static float jerry() {               //类方法
        …
    }
    static void speak(String s) {        //类方法
        …
```

        }
    }

A 类中的 jerry() 方法和 speak() 方法是类方法，max() 方法是实例方法。需要注意的是，static 需放在方法的类型的前面。以下讲解实例方法和类方法的区别。

4.6.4 实例方法和类方法的区别

1. 对象调用实例方法

实例方法不仅可以操作实例变量，也可以操作类变量。当对象调用实例方法时，该方法中出现的实例变量就是分配给该对象的实例变量；该方法中出现的类变量也是分配给该对象的变量，只不过这个变量和所有的其他对象共享而已。

2. 类名调用类方法

和实例方法不同的是，类方法不可以操作实例变量，只可以操作类变量。如果一个方法不需要操作实例成员变量就可以实现某种功能，就可以考虑将这样的方法声明为类方法。这样做的好处是，避免创建对象浪费内存。

在下面的例子 8 中，Sum 类中的 getContinueSum() 方法是类方法。

【例子 8】

Example4_8.java

```
class Sum {
    static int getContinueSum(int start, int end) {
        int sum = 0;
        for(int i = start; i <= end; i++) {
            sum = sum + i;
        }
        return sum;
    }
}
public class Example4_8 {
    public static void main(String args[]) {
        int result = Sum.getContinueSum(0,100);
        System.out.println(result);
    }
}
```

4.7 方法重载

方法重载的意思是：一个类中可以有多个方法具有相同的名字，但这些方法的参数必须不同，即或者是参数的个数不同，或者是参数的类型不同。方法的返回类型和参数的名字不参与比较，也就是说如果两个方法的名字相同，即使类型不同，也必须保证参数不同。

下面例子 9 的 A 类中的 computer()方法是重载方法。

【例子 9】

Example4_9.java
```java
class A {
    int computer(int a, int b) {
        return a + b;
    }
    double computer(double a, int b) {
        return a * b;
    }
}
public class E {
    public static void main(String args[]) {
        A a = new A();
        System.out.println(a.computer(10,26));      //输出结果是 36
        System.out.println(a.computer(10.0,26));    //输出结果是 260.0
    }
}
```

4.8 this 关键字

this 是 Java 的一个关键字,表示某个对象。this 可以出现在实例方法中,但不可以出现在类方法中。实例方法只能通过对象来调用,不能用类名来调用,因此当 this 关键字出现在实例方法中时,代表正在调用该方法的当前对象。

实例方法可以操作类的成员变量,当实例成员变量在实例方法中出现时,默认的格式是:

this.成员变量.

当 static 成员变量在实例方法中出现时,默认的格式是:

类名.成员变量.

例如:

```java
class A {
    int x;
    static int y;
    void f() {
        this.x = 100;
        A.y = 200;
    }
}
```

上述 A 类中的实例方法 f 中出现了 this,this 就代表使用 f 的当前对象。所以,"this.x"就表示当前对象的变量 x,当对象调用方法 f 时,将 100 赋给该对象的变量 x。因此,当一个对象调用方法时,方法中的实例成员变量就是指分配给该对象的实例成员变量,而 static 变量和其他对象共享。因此,通常情况下,可以省略实例成员变量名字前面的"this.",以及 static 变量前面的"类名."。

例如:

```
class A {
    int x;
    static int y;
    void f() {
        x = 100;
        y = 200;
    }
}
```

但是,当实例成员变量的名字和局部变量的名字相同时,成员变量前面的"this."或"类名."就不可以省略(见第 4.2.4 小节)。

4.9 包

包是 Java 语言中有效地管理类的一个机制。不同 Java 源文件中可能出现名字相同的类,如果想区分这些类,就需要使用包名。包名的目的是有效地区分名字相同的类,不同 Java 源文件中两个类名字相同时,它们可以通过隶属不同的包来相互区分。

4.9.1 包语句

通过关键字 package 声明包语句。package 语句作为 Java 源文件的第一条语句,指明该源文件定义的类所在的包,即为该源文件中声明的类指定包名。package 语句的一般格式为:

package 包名;

如果源程序中省略了 package 语句,源文件中所定义命名的类被隐含地认为是无名包的一部分,只要这些类的字节码被存放在相同的目录中,那么它们就属于同一个包,但没有包名。

包名可以是一个合法的标识符,也可以是若干个标识符加"."分割而成,例如:

package sunrise;
package sun.com.cn;

4.9.2 有包名的类的存储目录

如果一个类有包名,那么就不能在任意位置存放它,否则虚拟机将无法加载这样的类。

程序如果使用了包语句,例如:

```
package tom.jiafei;
```

那么存储文件的目录结构中必须包含以下的结构

```
...\tom\jiafei
```

例如

```
C:\1000\tom\jiafei
```

并且要将源文件编译得到的类的字节码文件保存在目录 C:\1000\tom\jiafei 中(源文件可以任意存放)。

当然,可以将源文件保存在 C:\1000\tom\jiafe 中,然后进入 tom\jiafei 的上一层目录 1000 中编译源文件

```
C:\1000 > javac tom\jiafei\源文件
```

那么得到的字节码文件默认地保存在当前目录 C:\1000\tom\jiafe 中。

4.9.3 运行有包名的主类

如果主类的包名是 tom.jiafei,那么主类的字节码一定存放在...\tom\jiefei 目录中,那么必须到 tom\jiafei 的上一层(即 tom 的父目录)目录中去运行主类。假设 tom\jiafei 的上一层目录是 1000,那么必须用以下格式来运行:

```
C:\1000 > java tom.jiafei.主类名
```

即运行时,必须写主类的全名。因为使用了包名,主类全名是:"包名.主类名"(就好比大连的全名是:"中国.辽宁.大连")。

下面的例子 10 中的 Student.java 和 Example4_10.java 使用了包语句。

【例子 10】

Student.java

```java
package tom.jiafei;
public class Student{
   int number;
   Student(int n){
       number = n;
   }
   void speak(){
       System.out.println("Student 类的包名是 tom.jiafei,我的学号: " + number);
   }
}
```

Example4_10.java

```java
package tom.jiafei;
public class Example4_10 {
```

```
    public static void main(String args[]){
        Student stu = new Student(10201);
        stu.speak();
        System.out.println("主类的包名也是tom.jiafei");
    }
}
```

由于 Example4_10.java 用到了同一包中的 Student 类,所以在编译 Example4_10.java 时,需在包的上一层目录使用 javac 来编译 Example4_10.java。以下说明怎样编译和运行例子 10。

1. 编译

将上述两个源文件保存到 C:\1000\tom\jiafei 中,然后进入 tom\jiafei 的上一层目录 1000 中编译两个源文件:

C:\1000 > javac tom\jiafei\Student.java
C:\1000 > javac tom\jiafei\Example4_10.java

编译通过后,C:\1000\tom\jiafei 目录中就会有相应的字节码文件:Student.class 和 Example4_11.class。

也可以进入 C:\1000\tom\jiafei 目录中,使用通配符"*"编译全部的源文件:

C:\1000\tom\jiafei > javac *.java

2. 运行

运行程序时必须到 tom\jiafei 的上一层目录 1000 中来运行,如:

C:\1000 > java tom.jiafei.Example4_10

例子 10 的编译、运行效果如图 4.20 所示。

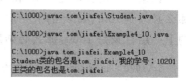

图 4.20 运行有包名的主类

4.10 import 语句

一个类可能需要另一个类声明的对象作为自己的成员或方法中的局部变量,如果这两个类在同一个包中,当然没有问题,比如,前面的许多例子中涉及的类都是无名包,只要存放在相同的目录中,它们就是在同一包中;对于包名相同的类,如前面的例子 10,它们必然按着包名的结构存放在相应的目录中。但是,如果一个类想要使用的那个类和它不在一个包中,它怎样才能使用这样的类呢? 这正是 import 语句要帮助完成的使命。以下详细讲解 import 语句。

4.10.1 引入类库中的类

用户编写的类肯定和类库中的类不在一个包中。如果用户需要类库中的类就必须使用 import 语句。使用 import 语句可以引入包中的类。在编写源文件时,除了自己编写类外,经常需要使用 Java 提供的许多类,这些类可能在不同的包中。在学习 Java 语言时,使用已经存在的类,避免一切从头做起,这是面向对象编程的一个重要方面。

为了能使用 Java 提供的类,可以使用 import 语句引入包中类。在一个 Java 源程序中可以有多个 import 语句,它们必须写在 package 语句(假如有 package 语句)和源文件中类的定义之间。Java 提供了大约 140 个包(在后续的章节我们将需要使用一些重要包中的类),例如:

javax.swing	包含抽象窗口工具集中的图形、文本、窗口 GUI 类(见第 11 章)
java.io	包含所有的输入/输出类(见第 9 章)
java.util	包含实用类(见第 8 章)
java.sql	包含操作数据库的类(见第 10 章)
java.net	包含所有实现网络功能的类(见第 14 章)

如果要引入一个包中的全部类,则可以用通配符号:星号(*)来代替,例如:

import java.util.*;

表示引入 java.util 包中所有的类,而

import java.util.Date;

只是引入 java.util 包中的 Date 类。

例如,如果用户编写一个程序,并想使用 java.util 中的 Date 类创建对象来显示本地的时间,那么就可以使用 import 语句引入 java.util 中的 Date 类。下面的例子 11 中的 Example4_11.java 使用了 import 语句,运行效果如图 4.21 所示。

图 4.21 引入类库中的类

【例子 11】

Example4_11.java

```
import java.util.Date;
public class Example4_11 {
    public static void main(String args[]) {
        Date date = new Date();
        System.out.println("本地机器的时间:");
        System.out.println(date);
    }
}
```

注:① java.lang 包是 Java 语言的核心类库,它包含了运行 Java 程序必不可少的系统类,系统自动为程序引入 java.lang 包中的类(比如 System 类、Math 类等),因此不需要再使用 import 语句引入该包中的类。

② 如果使用 import 语句引入了整个包中的类,那么可能会增加编译时间。但绝对不会影响程序运行的性能,因为当程序执行时,只是将你真正使用的类的字节码文件加载到内存。

4.10.2 引入自定义包中的类

假设用户程序想使用自定义包 tom.jiafei 中的类,那么可以在当前应用程序所在的目录下建立和包相对应的子目录结构,比如用户程序所在目录是 C:\ch4,该类想使用 import 语句 tom.jiafei 包中的类,那么根据包名建立以下的目录结构:

C:\ch4\tom\jiafei

下面的例子 12 中的 Rect.java 含有一个 Rect 类,该类可以创建"矩形"对象,一个需要矩形的用户,可以使用 import 语句引入 Rect 类。将例子 12 中的 Rect.java 源文件保存到 C:\1000\tom\jiafei 中,并编译通过,以便使得 1000 目录下的类能使用 import 语句引入 Rect 类。

【例子 12】

Rect.java

```
package tom.jiafei;
public class Rect {
    double width,height;
    public double getArea() {
        return width* height;
    }
    public void setWidth(double w) {
        width = w;
    }
    public void setHeight(double h) {
        height = h;
    }
}
```

下面例子 13 中的 Example4_13.java 中的主类(无包名)使用 import 语句引如 tom.jiafei 包中的 Rect 类,以便创建矩形,并计算矩形的面积。将 Example4_13.java 保存在 C:\1000 目录中(因为目录 1000 下有 tom\jiafei 子目录)。程序运行效果如图 4.22 所示。

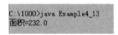

图 4.22 引入自定义包中的类

【例子 13】

Example4_13.java

```
import tom.jiafei.*;
public class Example4_13 {
    public static void main(String args[]) {
        Rect rect = new Rect();
        rect.setWidth(29);
        rect.setHeight(8);
        System.out.println("面积 = " + rect.getArea());
    }
}
```

4.10.3 使用无包名的类

在第 4.10 节之前,我们在源文件中一直没有使用包语句,因此各个源文件得到的类都没有包名。如果一个源文件中的类想使用无名包中的类,只要将这个无包名的类的字节码和当前类保存在同一目录中即可(之前章节的许多例子都是这样做的)。

下面的例子 14 涉及两个源文件,A.java 和 Example4_14.java。A.java 省略了包语句,Example4_14.java 和 A.java 存放在同一目录中。首先编译 A.java,然后编译、运行 Example4_14.java。

【例子 14】

A.java
```
public class A {
   public void hello() {
       System.out.println("Hello");
   }
}
```

Example4_14.java
```
public class Example4_14 {
    public static void main(String args[]) {
        A a = new A();
        a.hello();
    }
}
```

4.11 访问权限

当用一个类创建了一个对象之后,该对象可以通过"."运算符操作自己的变量、使用类中的方法,但对象操作自己的变量和使用类中的方法是有一定限制的。

4.11.1 何谓访问权限

所谓访问权限是指对象是否可以通过"."运算符操作自己的变量或通过"."运算符使用类中的方法。访问限制修饰符有 private、protected 和 public,都是 Java 的关键字,用来修饰成员变量或方法。以下来说明这些修饰符的具体作用。

需要特别注意的是,在编写类的时候,类中的实例方法总是可以操作该类中的实例变量和类变量;类方法总是可以操作该类中的类变量,与访问限制符没有关系。

4.11.2 私有变量和私有方法

用关键字 private 修饰的成员变量和方法称为私有变量与私有方法。例如:

```
class Tom {
```

```
        private float weight;                    //weight 是 private 的 float 型变量
        private float f(float a,float b) {       //方法 f 是 private 方法
            return a + b;
        }
    }
```

当在另外一个类中用类 Tom 创建了一个对象后,该对象不能访问自己的私有变量和私有方法。例如:

```
class Jerry {
    void g() {
        Tom cat = new Tom();
        cat.weight = 23f;              //非法
        float sum = cat.f(3,4);        //非法
    }
}
```

如果 Tom 类中的某个成员是私有类变量(静态成员变量),那么在另外一个类中,也不能通过类名 Tom 来操作这个私有类变量。如果 Tom 类中的某个方法是私有的类方法,那么在另外一个类中,也不能通过类名 Tom 来调用这个私有的类方法。

当我们用某个类在另外一个类中创建对象后,如果不希该对象直接访问自己的变量,即通过"."运算符来操作自己的成员变量,就应当将该成员变量访问权限设置为 private。面向对象编程提倡对象应当调用方法来改变自己的属性,类应当提供操作数据的方法,这些方法可以经过精心的设计,使得对数据的操作更加合理,如下面的例子 15 所示。

【例子 15】

Yuan. java

```
public class Yuan {
    private double radius;
    public void setRadius(double r) {
        if(r > = 0) {
            radius = r;
        }
    }
    public double getRadius() {
        return radius;
    }
    double getArea() {
        return 3.14 * radius * radius;
    }
}
```

Example4_15. java

```
public class Example4_15 {
    public static void main(String args[]) {
        Yuan circle = new Yuan();
        circle.setRadius(123);
        System.out.println("circle 的半径: " + circle.getRadius());
```

```
        //circle.radius = -523;是非法的,因为 circle 不在 Yuan 类中
        circle.setRadius(-523);
        System.out.println("circle 的半径: " + circle.getRadius());
    }
}
```

4.11.3 共有变量和共有方法

用 public 修饰的成员变量和方法被称为共有变量和共有方法,例如:

```
class Tom {
    public float weight;                    //weight 是 public 的 float 型变量
    public float f(float a,float b) {       //方法 f 是 public 方法
        return a + b;
    }
}
```

当我们在任何一个类中用类 Tom 创建了一个对象后,该对象能访问自己的 public 变量和类中的 public 方法。例如:

```
class Jerry {
    void g() {
        Tom cat = new Tom();
        cat.weight = 23f;                   //合法
        float sum = cat.f(3,4);             //合法
    }
}
```

如果 Tom 类中的某个成员是 public 类变量,那么在另外一个类中,也可以通过类名 Tom 来操作 Tom 的这个成员变量。如果 Tom 类中的某个方法是 public 类方法,那么我们在另外一个类中,也可以通过类名 Tom 来调用 Tom 类中的这个 public 类方法。

4.11.4 友好变量和友好方法

不用 private、public、protected 修饰符的成员变量和方法被称为友好变量和友好方法,例如:

```
class Tom {
    float weight;                           //weight 是友好的 float 型变量
    float f(float a,float b) {              //方法 f 是友好方法
        return a + b;
    }
}
```

当在另外一个类中用类 Tom 创建了一个对象后,如果这个类与 Tom 类在同一个包中,那么该对象能访问自己的友好变量和友好方法。在任何一个与 Tom 同一包中的类

中,也可以通过 Tom 类的类名访问 Tom 类的类友好变量和类友好方法。

假如 Jerry 与 Tom 是同一个包中的类,那么,下述 Jerry 类中的 cat.weight、cat.f(3,4)都是合法的。例如:

```
class Jerry {
    void g() {
        Tom cat = new Tom();
        cat.weight = 23f;              //合法
        float sum = cat.f(3,4);        //合法
    }
}
```

在源文件中编写命名的类总是在同一包中的。如果源文件使用 import 语句引入了另外一个包中的类,并用该类创建了一个对象,那么该类的这个对象将不能访问自己的友好变量和友好方法。

4.11.5 受保护的成员变量和方法

用 protected 修饰的成员变量和方法被称为受保护的成员变量和方法,例如:

```
class Tom {
    protected float weight;                      //weight 是 protected 的 float 型变量
    protected float f(float a,float b) {         //方法 f 是 protected 方法
        return a + b;
    }
}
```

当在另外一个类中用类 Tom 创建了一个对象后,如果这个类与类 Tom 在同一个包中,那么该对象能访问自己的 protected 变量和 protected 方法。在任何一个与 Tom 同一包中的类中,也可以通过 Tom 类的类名访问 Tom 类的 protected 类变量和 protected 类方法。

假如 Jerry 与 Tom 是同一个包中的类,那么,Jerry 类中的 cat.weight、cat.f(3,4)都是合法的。例如:

```
class Jerry {
    void g() {
        Tom cat = new Tom();
        cat.weight = 23f;              //合法
        float sum = cat.f(3,4);        //合法
    }
}
```

注:在后面讲述子类时,将讲述"受保护(protected)"和"友好"之间的区别。

4.11.6 public 类与友好类

类声明时,如果在关键字 class 前面加上 public 关键字,就称这样的类是一个 public 类,例如:

```
public class A
{ …
}
```

可以在任何另外一个类中,使用 public 类创建对象。如果一个类不加 public 修饰,例如:

```
class A
{ …
}
```

这样的类被称做友好类,那么另外一个类中使用友好类创建对象时,要保证它们是在同一个包中。

注:① 不能用 protected 和 private 修饰类。

② 访问限制修饰符按访问权限从高到低的排列顺序是:public、protected、友好的、private。

4.12 基本类型的类包装

Java 的基本数据类型包括:byte、int、short、long、float、double、char。Java 同时也提供了基本数据类型相关的类,实现了对基本数据类型的封装。这些类在 java.lang 包中,分别是:Byte、Integer、Short、Long、Float、Double 和 Character 类。

4.12.1 Double 和 Float 类

Double 类和 Float 类实现了对 double 和 float 基本型数据的类包装。

可以使用 Double 类的构造方法:

```
Double(double num)
```

创建一个 Double 类型的对象;使用 Float 类的构造方法:

```
Float(float num)
```

创建一个 Float 类型的对象。Double 对象调用 doubleValue()方法可以返回该对象含有的 double 型数据;Float 对象调用 floatValue()方法可以返回该对象含有的 float 型数据。

4.12.2 Byte、Short、Integer、Long 类

下述构造方法分别可以创建 Byte、Short、Integer 和 Long 类型的对象:

```
Byte(byte num)
Short(short num)
Integer(int num)
```

Long(long num)

Byte、Short、Integer 和 Long 对象分别调用 byteValue()、shortValue()、intValue() 和 longValue()方法返回该对象含有的基本型数据。

4.12.3 Character 类

Character 类实现了对 char 基本型数据的类包装。
可以使用 Character 类的构造方法：

Character(char c)

创建一个 Character 类型的对象。Character 对象调用 charValue()方法可以返回该对象含有的 char 型数据。

4.13 反 编 译

使用 JDK 提供的反编译器 javap.exe 可以将字节码反编译为源码,查看源码类中的 public 方法名字和 public 成员变量的名字。例如：

javap java.util.Date

将列出 Date 中的 public 方法和 public 成员变量。下列命令

javap - privae javax.swing.JButton

将列出 JButton 中的全部方法和成员变量。

4.14 小 结

(1) 类是组成 Java 源文件的基本元素,一个源文件是由若干个类组成的。
(2) 类体可以有两种重要的成员：成员变量和方法。
(3) 成员变量分为实例变量和类变量。类变量被该类的所有对象共享；不同对象的实例变量互不相同。
(4) 除构造方法外,其他方法分为实例方法和类方法。类方法不仅可以由该类的对象调用,也可以用类名调用；而实例方法必须由对象来调用。
(5) 实例方法既可以操作实例变量也可以操作类变量。类方法只能操作类变量。
(6) 在编写 Java 源文件时,可以使用 import 语句引入有包名的类。

习 题 4

(1) 类中的实例变量在什么时候会被分配内存空间？
(2) 什么叫方法的重载？构造方法可以重载吗？

(3) 类中的实例方法可以操作类变量吗？类方法可以操作实例变量吗？
(4) 类中的实例方法可以用类名直接调用吗？
(5) 请说出 A 类中 System.out.println 的输出结果。

```java
class B {
    int x = 100, y = 200;
    public void setX(int x) {
        x = x;
    }
    public void setY(int y) {
        this.y = y;
    }
    public int getXYSum() {
        return x + y;
    }
}
public class A {
    public static void main(String args[]) {
        B b = new B();
        b.setX(-100);
        b.setY(-200);
        System.out.println("sum = " + b.getXYSum());
    }
}
```

(6) 请说出 A 类中 System.out.println 的输出结果。

```java
class B {
    int n;
    static int sum = 0;
    void setN(int n) {
        this.n = n;
    }
    int getSum() {
        for(int i = 1; i <= n; i++)
            sum = sum + i;
        return sum;
    }
}
public class A {
    public static void main(String args[]) {
        B b1 = new B(), b2 = new B();
        b1.setN(3);
        b2.setN(5);
        int s1 = b1.getSum();
        int s2 = b2.getSum();
        System.out.println(s1 + s2);
    }
}
```

第 5 章　子类与继承

主要内容
- 子类与父类
- 子类的继承性
- 成员变量的隐藏和方法重写
- super 关键字
- final 关键字
- 对象的上转型对象
- 继承与多态
- abstract 类和 abstract 方法
- 面向抽象编程
- 开-闭原则

在第 4 章学习了怎样从抽象得到类，体现了面向对象最重要的一个方面：数据的封装。本章将讲述面向对象另外两方面的重要内容：继承与多态。

5.1　子类与父类

在生活中我们向他人介绍一个大学生的基本情况时可能不想一切从头说起，比如介绍大学生所具有的人的属性等，因为人们已经知道大学生肯定是一个人，已经具有人的属性，我们只要介绍大学生独有的属性就可以了。

当准备编写一个类的时候，发现某个类已经有了所需要的成员变量和方法，并想复用这个类中的成员变量和方法，即在所编写的类中不用声明成员变量就相当于有了这个成员变量，不用定义方法就相当于有了这个方法，那么可以将编写的类声明为这个类的子类。

在类的声明中，通过使用关键字 extends 来声明一个类的子类，格式如下：

```
class 子类名 extends 父类名 {
}
```

例如：

```
class Student extends People {
}
```

把 Student 类声明为 People 类的子类、People 类是 Student 类的父类。

如果一个类的声明中没有使用 extends 关键字，则这个类被系统默认为是 Object 的子类。Object 是 java.lang 包中的类。

5.2 子类的继承性

编写子类时可以声明成员变量和方法，但有一些成员不用声明就相当于声明了一样，有一些方法不用声明就相当于声明了一样，那么这些成员变量和方法正是从父类继承来的。那么，什么叫继承呢？所谓子类继承父类的成员变量作为自己的一个成员变量，就好像它们是在子类中直接声明一样，可以被子类中自己定义的任何实例方法操作；所谓子类继承父类的方法作为子类中的一个方法，就像它们是在子类中直接定义了一样，可以被子类中自己定义的任何实例方法调用。也就是说，如果子类中定义的实例方法不能操作父类的某个成员变量或方法，那么该成员变量或方法就没有被子类继承。

子类不仅可以从父类继承成员变量和方法，而且根据需要还可以声明它自己的新成员变量、定义新的方法。

5.2.1 子类和父类在同一个包中的继承性

子类和父类在同一个包中时，子类继承父类中的除 private 访问权限以外的其他成员变量作为子类的成员变量、继承父类中的除 private 访问权限以外的其他方法作为子类的方法。

下面的例子 1 中有 4 个类：People.java、Student.java、UniverStudent.java 和 Example5_1.java，这些类都没有包名（需要分别打开文本编辑器编写、保存这些类的源文件，比如保存到 C:\ch5 目录中）。UniverStudent.java 是 Student.java 的子类，Student.java 是 People.java 的子类。程序运行效果如图 5.1 所示。

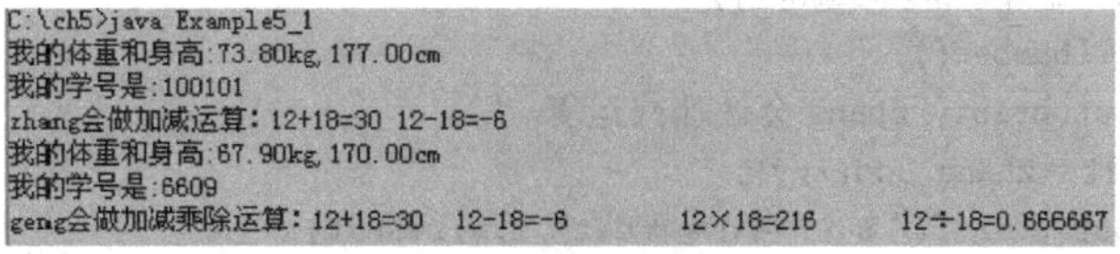

```
C:\ch5>java Example5_1
我的体重和身高:73.80kg, 177.00cm
我的学号是:100101
zhang会做加减运算：12+18=30  12-18=-6
我的体重和身高:67.90kg, 170.00cm
我的学号是:6609
geng会做加减乘除运算：12+18=30   12-18=-6        12×18=216       12÷18=0.666667
```

图 5.1 子类的继承性

【例子 1】

People.java
```java
public class People {
    double height = 170, weight = 67.9;
    protected void tellHeightAndWeight() {
        System.out.printf("我的体重和身高:%2.2fkg,%2.2fcm\n",weight,height);
    }
}
```

Student.java

```java
public class Student extends People {
    int number;
    void tellNumber() {
        System.out.println("我的学号是:" + number);
    }
    int add(int x, int y) {
        return x + y;
    }
    int sub(int x, int y) {
        return x - y;
    }
}
```

UniverStudent.java

```java
public class UniverStudent extends Student {
    int multi(int x, int y) {
        return x * y;
    }
    double div(double x, double y) {
        return x/y;
    }
}
```

Example5_1.java

```java
public class Example5_1 {
    public static void main(String args[]) {
        int x = 12, y = 18;
        Student zhang = new Student();
        zhang.weight = 73.8;
        zhang.height = 177;
        zhang.number = 100101;
        zhang.tellHeightAndWeight();
        zhang.tellNumber();
        System.out.print("zhang 会做加减运算: ");
        int result = zhang.add(x, y);
        System.out.printf(" %d + %d = %d\t", x, y, result);
        result = zhang.sub(x, y);
        System.out.printf(" %d - %d = %d\n", x, y, result);
        UniverStudent geng = new UniverStudent();
        geng.number = 6609;
        geng.tellHeightAndWeight();
        geng.tellNumber();
        System.out.print("geng 会做加减乘除运算: ");
        result = geng.add(x, y);
        System.out.printf(" %d + %d = %d\t", x, y, result);
        result = geng.sub(x, y);
        System.out.printf(" %d - %d = %d\t", x, y, result);
        result = geng.multi(x, y);
```

```
            System.out.printf("%d× %d = %d\t",x,y,result);
            double re = geng.div(x,y);
            System.out.printf("%d÷ %d = %f\n",x,y,re);
       }
   }
```

需要注意的是,子类对象调用从父类继承的方法可以操作未继承的变量。下面的例子2中,子类对象调用继承的方法操作未被子类继承的变量 x。程序运行效果如图 5.2 所示。

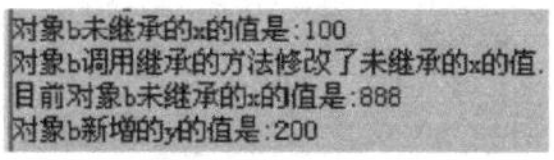

图 5.2 子类对象调用继承的方法

【例子 2】

Example5_2.java

```
class A {
    private int x = 100;
    public int getX() {
        return x;
    }
    public void setX(int x) {
        this.x = x;
    }
}
class B extends A {
    int y = 200;
}
public class Example5_2 {
    public static void main(String args[]) {
        B b = new B();
        System.out.println("对象 b 未继承的 x 的值是:" + b.getX());
        //b.x = 888;非法,子类未继承 x
        b.setX(888);                          //合法,调用继承的 setX()方法
        System.out.println("对象 b 调用继承的方法修改了未继承的 x 的值.");
        System.out.println("目前对象 b 未继承的 x 的值是:" + b.getX());
        System.out.println("对象 b 新增的 y 的值是:" + b.y);
    }
}
```

5.2.2 子类和父类不在同一个包中的继承性

子类和父类不在同一个包中时,父类中的 private 和友好访问权限的成员变量不会被子类继承,也就是说,子类只继承父类中的 protected 和 public 访问权限的成员变量作为子类的成员变量;同样,子类只继承父类中的 protected 和 public 访问权限的方法作为子类的方法。

5.2.3 继承关系(Generalization)的 UML 图

如果一个类是另一个类的子类,那么 UML 通过使用一个实线连接两个类的 UML 图来表示两者之间的继承关系,实线的起始端是子类的 UML 图,终点端是父类的 UML

图,但终点端使用一个空心的三角形表示实线的结束。

图 5.3 是例子 1 中 People 类和 Student 类之间的继承关系的 UML 图。

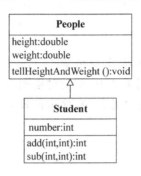

图 5.3 继承关系的 UML 图

5.3 成员变量的隐藏和方法重写

5.3.1 成员变量的隐藏

编写子类时如果所声明的成员变量的名字和从父类继承来的成员变量的名字相同(声明的类型可以不同),子类就会隐藏掉所继承的成员变量,即子类对象以及子类自己声明定义的方法操作与父类同名的成员变量是指子类重新声明定义的这个成员变量。需要注意的是,子类对象仍然可以调用从父类继承的方法操作隐藏的成员变量。

在下面的例子 3 中,A 类有一个名字为 n 的 double 型成员变量,本来子类 B 可以继承这个成员变量,但是子类 B 又重新声明了一个 int 型的名字为 n 的成员变量,这样就隐藏了继承的 double 型的名字为 n 的成员变量。但是,子类对象可以调用从父类继承的方法操作隐藏的 double 型成员变量 n。程序运行效果如图 5.4 所示。

图 5.4 子类隐藏继承的成员变量

【例子 3】

Example5_3.java

```
class A {
    public double n = 3.98;
    public double getHiddenN() {
        return n;
    }
}
class B extends A {
    public int n;
    public int getN(){
        return n;
    }
}
```

```
}
public class Example5_3 {
   public static void main(String args[]) {
      B b = new B();
      //b.n = 198.98; 是非法的,因为子类对象的变量 n 已经不是 double 型
      b.n = 18;
      System.out.println("对象 b 的 n 的值是:" + b.getN());
      System.out.println("对象 b 隐藏的 n 的值是:" + b.getHiddenN());
   }
}
```

5.3.2 方法重写(Override)

子类通过重写可以隐藏已继承的实例方法(方法重写也被称为方法覆盖)。

1. 重写的语法规则

如果子类可以继承父类的某个实例方法,那么子类就有权利重写这个方法。方法重写是指:子类中定义一个方法,这个方法的类型和父类的方法的类型一致或者是父类的方法的类型的子类型(所谓子类型是指:如果父类的方法的类型是"类",那么允许子类的重写方法的类型是"子类"),并且这个方法的名字、参数个数、参数的类型和父类的方法完全相同。子类如此定义的方法称做子类重写的方法(不属于新增的方法)。

2. 重写的目的

子类通过方法的重写可以隐藏继承的方法,子类通过方法的重写可以把父类的状态和行为改变为自身的状态和行为。如果父类的方法 f 可以被子类继承,子类就有权利重写 f,一旦子类重写了父类的方法 f,就隐藏了继承的方法 f,那么子类对象调用方法 f 一定是调用的是重写方法 f。重写方法既可以操作继承的成员变量、调用继承的方法,也可以操作子类新声明的成员变量、调用新定义的其他方法,但无法操作被子类隐藏的成员变量和方法。如果子类想使用被隐藏的方法或成员变量,则必须使用关键字 super(将在第 5.4 节讲述其用法)。

比如,高考入学考试课程为三门,每门满分为 100 分。在高考招生时,大学录取规则:录取最低分数线是 200 分;而重点大学重写录取规则:录取最低分数线是 245 分。

在下面的例子 4 中,ImportantUniversity.java 是 University.java 类的子类,并重写了父类的 enterRule()方法(需要分别打开文本编辑器编写、保存这些类的源文件,比如保存到 C:\ch5 目录中)。运行效果如图 5.5 所示。

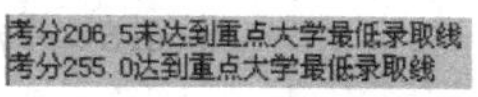

图 5.5 重写录取规则

【例子 4】

University.java

```
public class University {
    void enterRule(double math,double english,double chinese) {
        double total = math + english + chinese;
        if(total >= 200)
```

```java
            System.out.println("考分" + total + "达到大学最低录取线");
        else
            System.out.println("考分" + total + "未达到大学最低录取线");
    }
}
```

ImportantUniversity.java

```java
public class ImportantUniversity extends University{
    void enterRule(double math,double english,double chinese) {
        double total = math + english + chinese;
        if(total >= 245)
            System.out.println("考分" + total + "达到重点大学最低录取线");
        else
            System.out.println("考分" + total + "未达到重点大学最低录取线");
    }
}
```

Example5_4.java

```java
public class Example5_4 {
    public static void main(String args[]) {
        double math = 64,english = 76.5,chinese = 66;
        ImportantUniversity univer = new ImportantUniversity();
        univer.enterRule(math,english,chinese);      //调用重写的方法
        math = 89;
        english = 80;
        chinese = 86;
        univer = new ImportantUniversity();
        univer.enterRule(math,english,chinese);      //调用重写的方法
    }
}
```

重写父类的方法时,不可以降低方法的访问权限。下面的代码中,子类重写父类的方法 f,该方法在父类中的访问权限是 protected 级别,子类重写时不允许级别低于 protected,例如:

```java
class A {
    protected float f(float x,float y) {
        return x - y;
    }
}
class B extends A {
    float f(float x,float y) {                     //非法,因为降低了访问权限
        return x + y ;
    }
}
class C extends A {
    public float f(float x,float y) {              //合法,因为提高了访问权限
        return x * y ;
    }
}
```

5.4 super 关键字

5.4.1 用 super 操作被隐藏的成员变量和方法

子类一旦隐藏了继承的成员变量,那么子类创建的对象就不再拥有该变量,该变量将归关键字 super 所拥有,同样子类一旦隐藏了继承的方法,那么子类创建的对象就不能调用被隐藏的方法,该方法的调用由关键字 super 负责。因此,如果在子类中想使用被子类隐藏的成员变量或方法就需要使用关键字 super。比如 super.x、super.play()就是访问和调用被子类隐藏的成员变量 x 和方法 play()。

假设银行已经有了按整年 year 计算利息的一般方法,其中 year 只能取正整数。比如按整年计算的方法:

```
double computerInterest() {
    interest = year * 0.35 * savedMoney;
    return interest;
}
```

中国建设银行准备隐藏继承的成员变量 year 和重写计算利息的方法,即自己声明一个 double 型的 year 变量,比如,当 year 取值是 5.216 时,表示要计算 5 年零 216 天的利息,但希望首先按银行的方法计算出 5 整年的利息,然后再自己计算 216 天的利息。那么,中国建设银行就必须把 5.216 的整数部分赋给隐藏的 n,并让 super 调用隐藏的、按整年计算利息的方法。

在下面的例子 5 中,ConstructionBank.java 是 Bank.java 类的子类,ConstructionBank.java 使用 super 调用隐藏的成员变量和方法,运行效果如图 5.6 所示。

图 5.6 super 调用隐藏的方法

【例子 5】

Bank.java

```
public class Bank {
    int savedMoney;
    int year;
    double interest;
    public double computerInterest() {
        interest = year * 0.035 * savedMoney;
        return interest;
    }
}
```

ConstructionBank.java

```
public class ConstructionBank extends Bank {
    double year;
    public double computerInterest() {
```

```
            super.year = (int)year;
            double remainNumber = year - (int)year;
            int day = (int)(remainNumber * 1000);
            interest = super.computerInterest() + day * 0.0001 * savedMoney;
            System.out.printf("%d元存%d年零%d天\n",savedMoney,super.year,day);
            return interest;
        }
    }
```

Example5_5.java

```
public class Example5_5 {
    public static void main(String args[]) {
        int amount = 8000;
        ConstructionBank bank = new ConstructionBank();
        bank.savedMoney = amount;
        bank.year = 5.216;
        double interest = bank.computerInterest();
        System.out.printf("利息是%5.3f元\n",interest);
    }
}
```

5.4.2 使用super调用父类的构造方法

当用子类的构造方法创建一个子类的对象时,子类的构造方法总是先调用父类的某个构造方法,也就是说,如果子类的构造方法没有明显地指明使用父类的哪个构造方法,子类就调用父类的不带参数的构造方法。如果在子类的构造方法中,没有明显地写出super关键字来调用父类的某个构造方法,那么默认地有:

```
super();
```

子类不继承父类的构造方法,因此,子类在其构造方法中需使用super来调用父类的构造方法,而且super必须是子类构造方法中的头一条语句。

图5.7 使用super调用父类的构造方法

在下面的例子6中,Card(贺卡)类有title(标题)成员变量,该title的值可以是"新年好"、"工作顺利"等内容。Car类的子类ChristmasCard新增加了content成员变量。ChristmasCard类在创建对象时首先调用父类的构造方法设置title的值,然后再设置自己独有的content的值,运行效果如图5.7所示。

【例子6】

Example5_6.java

```
class Card {
    String title;
    Card() {
        title = "Happy New Year";
    }
```

```java
    Card(String title) {
        this.title = title;
    }
    public String getTitle() {
        return title;
    }
}
class ChristmasCard extends Card {
    String content;                        //子类新增的 content
    ChristmasCard(String title,String content) {
        super(title);                      //调用父类的构造方法,即执行 Card(title)
        this.content = content;
    }
    public void showCard() {
        System.out.println("\t" + getTitle());
        System.out.printf("%s",content);
    }
}
public class Example5_6 {
    public static void main(String args[]) {
        String title = "恭贺新年";
        String content = "\t岁岁平安\n\t身体健康\n\t万事如意\n";
        ChristmasCard card = new ChristmasCard(title,content);
        card.showCard();
    }
}
```

如果类里定义了一个或多个构造方法,那么 Java 不提供默认的构造方法(不带参数的构造方法),因此,当在父类中定义多个构造方法时,应当包括一个不带参数的构造方法(如上述例子 6 中的 Card 类),以防子类省略 super 时出现错误。

5.5 final 关键字

final 关键字可以修饰类、成员变量和方法中的局部变量。

5.5.1 final 类

可以使用 final 将类声明为 final 类。final 类不能被继承,即不能有子类。例如:

```
final class A {
    …
}
```

A 就是一个 final 类,将不允许任何类声明成 A 的子类。有时候是出于安全性的考虑,将一些类修饰为 final 类。例如,Java 提供的 String 类,它对于编译器和解释器的正常运行有很重要的作用,对它不能轻易改变,它被修饰为 final 类。

5.5.2 final 方法

如果用 final 修饰父类中的一个方法,那么这个方法不允许子类重写,也就是说,不允许子类隐藏可以继承的 final 方法(老老实实继承,不许做任何篡改)。

5.5.3 常量

如果成员变量或局部变量被修饰为 final 的,就是常量。常量在声明时没有默认值,所以在声明常量时必须指定该常量的值,而且不能再发生变化。

下面的例子 7 使用了 final 关键字。

【例子 7】

Example5_7.java

```
class A {
    final double PI = 3.1415926;         // PI 是常量
    public double getArea(final double r) {
        return PI*r*r;
    }
    public final void speak() {
        System.out.println("您好,How's everything here ?");
    }
}
public class Example5_7 {
    public static void main(String args[]) {
        A a = new A();
        System.out.println("面积: " + a.getArea(100));
        a.speak();
    }
}
```

5.6 对象的上转型对象

我们经常说"美国人是人"、"中国人是人"和"法国人是人"等,这样说当然正确,但是,当说"美国人是人"或"中国人是人"时,是在有意强调人的属性和功能,忽略美国人或中国人独有的属性和功能,比如忽略美国人具有的说英语的行为或中国人具有的说汉语的行为。从人的思维方式上看,说"美国人是人"属于上溯思维方式,以下就讲解和这种思维方式很类似的 Java 语言中的对象的上转型对象。

假设 People 类是 American 类的父类,当用子类创建一个对象,并把这个对象的引用放到父类的对象中时,例如:

```
People person;
person = new American ();
```

或

```
People person;
American anAmerican = new American ();
person = anAmerican;
```

这时,称对象 person 是对象 anAmerican 的上转型对象(好比说:"美国人是人")。

对象的上转型对象的实体是子类负责创建的,但上转型对象会失去原对象的一些属性和行为。上转型对象具有以下特点(如图 5.8 所示)。

图 5.8 上转型对象示意图

(1) 上转型对象不能操作子类新增的成员变量(失掉了这部分属性);不能调用子类新增的方法(失掉了一些功能)。

(2) 上转型对象可以访问子类继承或隐藏的成员变量,也可以调用子类继承的方法或子类重写的实例方法。上转型对象操作子类继承的方法或子类重写的实例方法,其作用等价于子类对象去调用这些方法。因此,如果子类重写了父类的某个实例方法后,当对象的上转型对象调用这个实例方法时一定是调用了子类重写的实例方法。

注:不可以将父类创建的对象的引用赋值给子类声明的对象(不能说:"人是美国人")。

下面的例子 8 中,People 类声明的对象是 American 类创建的对象和 Chinese 类创建的对象的上转型对象,运行效果如图 5.9 所示。

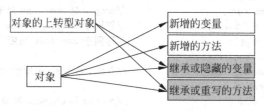

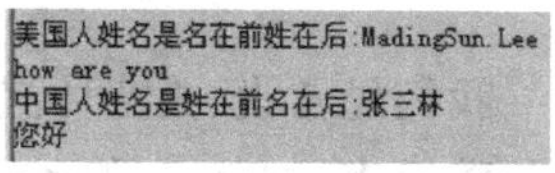

图 5.9 使用上转型对象

【例子 8】

Example5_8.java

```java
class People {
    String name;
    void showName() {
        System.out.println("*** \n");
    }
}
class American extends People {
    void showName() {
        System.out.println("美国人姓名是名在前姓在后:" + name);
    }
    void speakEnglish() {
        System.out.println("how are you");
    }
}
```

```
}
class Chinese extends People {
    void showName() {
        System.out.println("中国人姓名是姓在前名在后:" + name);
    }
    void speakChinese() {
        System.out.println("您好");
    }
}
public class E {
    public static void main(String args[]) {
        People people = null;
        American american = new American();
        people = american ;                         //people 是 american 对象的上转型对象.
        people.name = "MadingSun.Lee";              //等同于 american.name = "MadingSun.Lee";
        people.showName();                          //等同于 american 调用重写的 showName()方法
        american.speakEnglish();
        //people.speakEnglish();                    //非法,因为 speakEnglish()是子类新增的方法
        Chinese chinese = new Chinese();
        people = chinese ;                          //people 是 chinese 对象的上转型对象.
        people.name = "张三林";                      //等同于 chinese.name = "张三林";
        people.showName();                          //等同于 chinese 调用重写的 showName()方法
        chinese.speakChinese();
        //people.speakChinese();                    //非法,因为 speakChinese()是子类新增的方法
    }
}
```

注：如果子类重写了父类的静态方法,那么子类对象的上转型对象不能调用子类重写的静态方法,只能调用父类的静态方法。

5.7 继承与多态

我们经常说:"特种汽车有各式各样的警示声",比如,警车、救护车和消防车都有各自的警示声,这就是警示声的多态。

当一个类有很多子类时,并且这些子类都重写了父类中的某个实例方法。那么当我们把子类创建的对象的引用放到一个父类的对象中时,就得到了该对象的一个上转型对象,那么这个上转型对象在调用这个实例方法时就可能具有多种形态,因为不同的子类在重写父类的实例方法时可能产生不同的行为。多态性就是指父类的某个实例方法被其子类重写时,可以各自产生自己的功能行为。

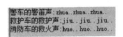

图 5.10 多态

例子 9 展示了警示声的多态,运行效果如图 5.10 所示。

【例子 9】

Example5_9.java

```
class EspecialCar {
    void cautionSound() {
    }
```

```
    }
    class PoliceCar extends EspecialCar {
        void cautionSound() {
            System.out.println("警车的警笛声:" + "zhua..zhua..zhua..");
        }
    }
    class AmbulanceCar extends EspecialCar {
        void cautionSound() {
            System.out.println("救护车的救护声:" + "jiu..jiu..jiu..");
        }
    }
    class FireCar extends EspecialCar {
        void cautionSound() {
            System.out.println("消防车的救火声:" + "huo..huo..huo..");
        }
    }
    public class Example5_9 {
        public static void main(String args[]) {
            EspecialCar car = new PoliceCar();         //car 是警车的上转型对象
            car.cautionSound();
            car = new AmbulanceCar();                  //car 是救护车的上转型对象
            car.cautionSound();
            car = new FireCar();                       //car 是消防车的上转型对象
            car.cautionSound();
        }
    }
```

5.8 abstract 类和 abstract 方法

用关键字 abstract 修饰的类称为 abstract 类(抽象类)。如：

```
abstract class A {
}
```

用关键字 abstract 修饰的方法称为 abstract 方法(抽象方法),对于 abstract 方法,只允许声明,不允许实现,而且不允许使用 final 和 abstract 同时修饰一个方法,例如：

```
abstract int min(int x, int y);
```

1. abstract 类中可以有 abstract 方法

和普通的类相比,abstract 类可以有 abstract 方法(抽象方法)也可以有非 abstract 方法。

下面的 A 类中的 min()方法是 abstract 方法,max()方法是普通方法。

```
abstract class A {
    abstract int min(int x, int y);
    int max(int x, int y) {
        return x > y?x:y;
```

```
        }
    }
```

2. abstract 类不能用 new 运算创建对象

对于 abstract 类,我们不能使用 new 运算符创建该类的对象。如果一个非抽象类是某个抽象类的子类,那么它必须重写父类的抽象方法,给出方法体,这就是为什么不允许使用 final 和 abstract 同时修饰一个方法的原因。

注:abstract 类也可以没有 abstract 方法。如果一个 abstract 类是 abstract 类的子类,那么它可以重写父类的 abstract 方法,也可以继承这个 abstract 方法。

下面的例子 10 使用了 abstract 类。

【例子 10】

Example5_10.java

```java
abstract class A {
    abstract int sum(int x,int y);
    int sub(int x,int y) {
        return x - y;
    }
}
class B extends A {
    int sum(int x,int y) {                    //子类必须重写父类的 sum()方法
        return x + y;
    }
}
public class Example5_10 {
    public static void main(String args[]) {
        B b = new B();
        int sum = b.sum(30,20);               //调用重写的方法
        int sub = b.sub(30,20);               //调用继承的方法
        System.out.println("sum = " + sum);   //输出结果为 sum = 50
        System.out.println("sum = " + sub);   //输出结果为 sum = 10
    }
}
```

5.9 面向抽象编程

在设计程序时,经常会使用 abstract 类,其原因是,abstract 类只关心操作,但不关心这些操作具体实现的细节,可以使程序的设计者把主要精力放在程序的设计上,而不必拘泥于细节的实现(将这些细节留给子类的设计者),即避免设计者把大量的时间和精力花费在具体的算法上。在设计一个程序时,可以通过在 abstract 类中声明若干个 abstract 方法,表明这些方法在整个系统设计中的重要性,方法体的内容细节由它的非 abstract 子类去完成。

使用多态进行程序设计的核心技术之一是使用上转型对象,即将 abstract 类声明对象作为其子类的上转型对象,那么这个上转型对象就可以调用子类重写的方法。

所谓面向抽象编程,是指当设计一个类时,不让该类面向具体的类,而是面向抽象类,即所设计类中的重要数据是抽象类声明的对象,而不是具体类声明的对象。

以下通过一个简单的问题来说明面向抽象编程的思想。比如,我们已经有了一个 Circle 类,该类创建的对象 circle 调用 getArea() 方法可以计算圆的面积,Circle 类的代码如下:

Circle.java

```java
public class Circle {
    double r;
    Circle(double r){
        this.r = r;
    }
    public double getArea() {
        return(3.14 * r * r);
    }
}
```

现在要设计一个 Pillar 类(柱类),该类的对象调用 getVolume() 方法可以计算柱体的体积,Pillar 类的代码如下:

Pillar.java

```java
public class Pillar {
    Circle bottom;                          //bottom 是用具体类 Circle 声明的对象
    double height;
    Pillar (Circle bottom,double height) {
        this.bottom = bottom;this.height = height;
    }
    public double getVolume() {
        return bottom.getArea() * height;
    }
}
```

上述 Pillar 类中,bottom 是用具体类 Circle 声明的对象,如果不涉及用户需求的变化,上面 Pillar 类的设计没有什么不妥,但是在某个时候,用户希望 Pillar 类能创建出底是三角形的柱体。显然上述 Pillar 类无法创建出这样的柱体,即上述设计的 Pillar 类不能应对用户的这种需求。

现在我们重新来设计 Pillar 类。首先,我们注意到柱体计算体积的关键是计算出底面积,一个柱体在计算底体积时不应该关心它的底是怎样形状的具体图形,应该只关心这种图形是否具有计算面积的方法。因此,在设计 Pillar 类时不应当让它的底是某个具体类声明的对象,一旦这样做,Pillar 类就依赖该具体类,缺乏弹性,难以应对需求的变化。

下面我们面向抽象重新设计 Pillar 类。首先编写一个抽象类 Geometry,该抽象类中定义了一个抽象的 getArea() 方法,Geometry 类如下:

Geometry.java

```java
public abstract class Geometry {
```

```
    public abstract double getArea();
}
```

现在 Pillar 类的设计者可以面向 Geometry 类编写代码，即 Pillar 类应当把 Geometry 对象作为自己的成员，该成员可以调用 Geometry 的子类重写的 getArea()方法。这样一来，Pillar 类就可以将计算底面积的任务指派给 Geometry 类的子类的实例。

以下 Pillar 类的设计不再依赖具体类，而是面向 Geometry 类，即 Pillar 类中的 bottom 是用抽象类 Geometry 声明的对象，而不是具体类声明的对象。重新设计的 Pillar 类的代码如下：

Pillar.java

```java
public class Pillar {
    Geometry bottom;                    //bottom 是用抽象类 Geometry 声明的对象
    double height;
    Pillar(Geometry bottom,double height) {
        this.bottom = bottom; this.height = height;
    }
    public double getVolume() {
        return bottom.getArea()* height;   //bottom 可以调用子类重写的 getArea()方法
    }
}
```

下列 Circle 和 Rectangle 类都是 Geometry 的子类，两者都必须重写 Geometry 类的 getArea()方法来计算各自的面积。

Circle.java

```java
public class Circle extends Geometry {
    double r;
    Circle(double r) {
        this.r = r;
    }
    public double getArea() {
        return(3.14* r* r);
    }
}
```

Rectangle.java

```java
public class Rectangle extends Geometry {
    double a,b;
    Rectangle(double a,double b) {
        this.a = a;
        this.b = b;
    }
    public double getArea() {
        return a* b;
    }
}
```

现在,我们就可以用 Pillar 类创建出具有矩形底或圆形底的柱体了,如下列 Application.java 所示,程序运行效果如图 5.11 所示。

图 5.11 计算柱体体积

Application.java
```
public class Application{
    public static void main(String args[]){
        Pillar pillar;
        Geometry bottom;
        bottom = new Rectangle(12,22);
        pillar = new Pillar (bottom,58);   //pillar 是具有矩形底的柱体
        System.out.println("矩形底的柱体的体积" + pillar.getVolume());
        bottom = new Circle(10);
        pillar = new Pillar (bottom,58);   //pillar 是具有圆形底的柱体
        System.out.println("圆形底的柱体的体积" + pillar.getVolume());
    }
}
```

通过面向抽象来设计 Pillar 类,使得该 Pillar 类不再依赖具体类,因此每当系统增加新的 Geometry 的子类时,比如增加一个 Triangle 子类,那么我们不需要修改 Pillar 类的任何代码,就可以使用 Pillar 创建出具有三角形底的柱体。

5.10 开-闭原则

所谓"开-闭原则"(Open-Closed Principle)就是让设计的系统应当对扩展开放,对修改关闭。怎么理解对扩展开放,对修改关闭呢?实际上这句话的本质是指当系统中增加新的模块时,不需要修改现有的模块。在设计系统时,应当首先考虑到用户需求的变化,将应对用户变化的部分设计为对扩展开放,而设计的核心部分是经过精心考虑之后确定下来的基本结构,这部分应当是对修改关闭的,即不能因为用户的需求变化而再发生变化,因为这部分不是用来应对需求变化的。如果系统的设计遵守了"开-闭原则",那么这个系统一定是易维护的,因为在系统中增加新的模块时,不必去修改系统中的核心模块。比如,在 5.9 节给出的设计中有 4 个类,UML 类图如 5.12 所示。

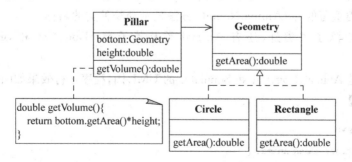

图 5.12 UML 类图

该设计中的 Geometry 和 Pillar 类就是系统中对修改关闭的部分,而 Geometry 的子类是对扩展开放的部分。当向系统再增加任何 Geometry 的子类时(对扩展开放),不必修改 Pillar 类,就可以使用 Pillar 创建出具有 Geometry 的新子类指定的底的柱体。

通常无法让设计的每个部分都遵守"开-闭原则",甚至不应当这样去做,应当把主要精力集中在应对设计中最有可能因需求变化而需要改变的地方,然后想办法应用"开-闭原则"。

当设计某些系统时,经常需要面向抽象来考虑系统的总体设计,不要考虑具体类,这样就容易设计出满足"开-闭原则"的系统,在系统设计好后,首先对 abstract 类的修改关闭,否则,一旦修改 abstract 类,将可能导致它的所有子类都需要做出修改;应当对增加 abstract 类的子类开放,即再增加新子类时,不需要修改其他面向抽象类而设计的重要类。

为了进一步了解"开-闭原则",我们给出问题:设计一个动物声音"模拟器",希望所设计的模拟器可以模拟许多动物的叫声。

1. 问题的分析

如果设计的创建模拟器类中用某个具体动物,比如狗类,声明了对象,那么模拟器就缺少弹性,无法模拟各种动物的声音,因为一旦用户需要模拟器模仿猫的声音,就需要修改模拟器类的代码,比如增加用猫类声明的成员变量。

如果每当用户有新的需求,就会导致修改类的某部分代码,那么就应当将这部分代码从该类中分割出去,使它和类中其他稳定的代码之间是松耦合关系(否则系统缺乏弹性、难以维护),即将每种可能的变化对应地交给抽象类的子类去负责完成。

2. 设计抽象类

根据以上对问题的分析,首先设计一个抽象类 Animal,该抽象类有 2 个抽象方法 cry() 和 getAnimaName(),那么 Animal 的子类必须实现 cry() 和 getAnimalName() 方法,即要求各种具体的动物给出自己的叫声和种类名称。

3. 设计模拟器类

然后设计 Simulator 类(模拟器),该类有一个 playSound(Animal animal)方法,该方法的参数是 Animal 类型。显然,参数 animal 可以是抽象类 Animal 的任何一个子类对象的上转型对象,即参数 animal 可以调用 Animal 的子类重写的 cry()方法播放具体动物的声音、调用子类重写的 getAnimalName()方法显示动物种类的名称。

例子 11 中除了主类外,还有 Animal 类及其子类:Dog、Cat 和 Simulator(模拟器)类。

图 5.13 是 Animal、Dog、Cat 和 Simulator 的 UML 图,程序运行效果如图 5.14 所示。

【例子 11】

Animal. java
```
public abstract class Animal {
    public abstract void cry();
    public abstract String getAnimalName();
}
```

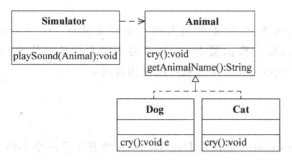

图 5.13　UML 类图　　　　　　　　　　　图 5.14　体现"开-闭原则"

Simulator.java

```
public class Simulator {
    public void playSound(Animal animal) {
        System.out.print("现在播放" + animal.getAnimalName() + "类的声音:");
        animal.cry();
    }
}
```

Dog.java

```
public class Dog extends Animal {
    public void cry() {
        System.out.println("汪汪……汪汪");
    }
    public String getAnimalName() {
        return "狗";
    }
}
```

Cat.java

```
public class Cat extends Animal {
    public void cry() {
        System.out.println("喵喵……喵喵");
    }
    public String getAnimalName() {
        return "猫";
    }
}
```

Application.java

```
public class Application {
    public static void main(String args[]) {
        Simulator simulator = new Simulator();
        simulator.playSound(new Dog());
        simulator.playSound(new Cat());
    }
}
```

4. 满足"开-闭原则"

在例子 11 中，如果再增加一个 Java 源文件（对扩展开放），该源文件有一个 Animal 的子类 Tiger（负责模拟老虎的声音），那么模拟器 Simulator 类不需要做任何修改（对 Simulator 类的修改关闭），应用程序 Application.java 就可以使用代码：

```
simulator.playSound(new Tiger());
```

模拟老虎的声音。

如果将例子 11 中的 Animal 类、Simulator 类以及 Dog 类和 Cat 类看作是一个小的开发框架，将 Application.java 看作是使用该框架进行应用开发的用户程序，那么框架满足"开-闭原则"，该框架相对用户的需求就比较容易维护，因为，当用户程序需要模拟老虎的声音时，系统只需简单的扩展框架，即在框架中增加一个 Animal 的 Tiger 子类，而无须修改框架中的其他类，如图 5.15 所示。

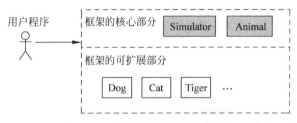

图 5.15　满足"开-闭原则"的框架

5.11　小　　结

（1）继承是一种由已有的类创建新类的机制。利用继承，我们可以先创建一个共有属性的一般类，然后根据该一般类再创建具有特殊属性的新类。

（2）所谓子类继承父类的成员变量作为自己的一个成员变量，就好像它们是在子类中直接声明一样，可以被子类中自己声明的任何实例方法操作。

（3）所谓子类继承父类的方法作为子类中的一个方法，就像它们是在子类中直接声明一样，可以被子类中自己声明的任何实例方法调用。

（4）子类可以体现多态，即子类可以根据各自的需要重写的父类的某个方法，子类通过方法的重写可以把父类的状态和行为改变为自身的状态和行为。

（5）开-闭原则就是让设计的系统应当对扩展开放，对修改关闭。对修改关闭部分主要由抽象类和面向抽象类所设计的类组成，扩展开放由抽象类的子类组成。

习　题　5

（1）子类将继承父类的哪些成员变量和方法？子类在什么情况下隐藏父类的成员变量和方法？

（2）父类的 final 方法可以被子类重写吗？

（3）什么类中可以有 abstract 方法？

(4) 什么叫对象的上转型对象？

(5) 下列叙述哪些是正确的？（　　）

　　A. final 类不可以有子类

　　B. abstract 类中只可以有 abstract 方法

　　C. abstract 类中可以有非 abstract 方法，但该方法不可以用 final 修饰

　　D. 不可以同时用 final 和 abstract 修饰一个方法

(6) 请说出 E 类中 System.out.println 的输出结果。

```
class A {
    double f(double x, double y) {
        return x + y;
    }
}
class B extends A {
    double f(int x, int y) {
        return x * y;
    }
}
public class E {
    public static void main(String args[]) {
        B b = new B();
        System.out.println(b.f(3,5));
        System.out.println(b.f(3.0,5.0));
    }
}
```

(7) 请说出 E 类中 System.out.println 的输出结果。

```
class A {
    double f(double x, double y) {
        return x + y;
    }
    static int g(int n) {
        return n * n;
    }
}
class B extends A {
    double f(double x, double y) {
        double m = super.f(x,y);
        return m + x * y;
    }
    static int g(int n) {
        int m = A.g(n);
        return m + n;
    }
}
public class E {
    public static void main(String args[]) {
        B b = new B();
        System.out.println(b.f(10.0,8.0));
        System.out.println(b.g(3));
    }
}
```

第 6 章 接口与多态

主要内容
- 接口
- 接口回调
- 面向接口编程

第 5 章主要学习了子类和继承的有关知识,其重点是讨论了方法的重写、对象的上转型对象,以及和继承有关的多态,尤其强调了面向抽象编程的思想。本章将讲介绍 Java 语言中另一种重要的数据类型:接口以及和接口有关的多态。

6.1 接 口

Java 除了与平台无关的特点外,从语言的角度看,Java 的接口是该语言的又一特色。Java 舍弃了 C++语言中多重继承的机制,使得编写的代码更加健壮和便于维护,因为,多继承不符合人的思维模式,就像生活中,人只有一个父亲,而不是多个,尽管多继承可以使编程者更灵活地设计程序,但程序难以阅读和维护。

Java 不支持多继承性,即一个类只能有一个父类。单继承性使得 Java 简单,易于管理和维护。Java 的接口更加符合人的思维方式,比如,人们常说,计算机实现了鼠标接口、USB 接口等,而不是说计算机是鼠标、计算机是 USB 等(C++语言可以这样说)。

6.1.1 接口的声明与使用

使用关键字 interface 来定义一个接口。接口的定义和类的定义很相似,分为接口声明和接口体。

1. 接口声明

接口通过使用关键字 interface 来声明,格式为:

interface 接口的名字

2. 接口体

接口体中包含常量的声明(没有变量)和方法定义两部分。接口体中只有抽象方法,没有普通的方法,而且接口体中所有的常量的访问权限一定都是 public(允许省略 public、final 修饰符)、所有的抽象方法的访问权限一定都是 public(允许省略 public、abstract 修饰符),例如,

```
interface Printable {
    public final int MAX = 100;                    //等价写法: int MAX = 100;
    public abstract void add();                    //等价写法: void add();
    public abstract float sum(float x ,float y);
}
```

3. 接口的使用

就像鼠标接口由计算机来使用一样,在 Java 语言中,接口由类去实现以便使用接口中的方法。一个类可以实现多个接口,类通过使用关键字 implements 声明自己实现一个或多个接口。如果实现多个接口,用逗号隔开接口名,如 A 类实现 Printable 和 Addable 接口:

```
class A implements Printable,Addable
```

再比如 Animal 的子类 Dog 类实现 Eatable 和 Sleepable 接口:

```
class Dog extends Animal implements Eatable,Sleepable
```

如果一个类实现了某个接口,那么这个类必须重写该接口的所有方法。需要注意的是,重写接口的方法时,接口中的方法一定是 public abstract 方法,所以类在重写接口方法时不仅要去掉 abstract 修饰给出方法体,而且方法的访问权限一定要明显地用 public 来修饰(否则就降低了访问权限,这是不允许的)。

实现接口的类一定要重写接口的方法,因此也称这个类实现了接口中的方法。

Java 提供的接口都在相应的包中,通过 import 语句不仅可以引入包中的类,也可以引入包中的接口,例如,

```
import java.io.*;
```

不仅引入了 java.io 包中的类,也同时引入了该包中的接口。

我们也可以自己定义接口,一个 java 源文件就是由类和接口组成的。

下面的例子 1 中 Animal.java 中定义了一个接口。程序运行效果如图 6.1 所示。

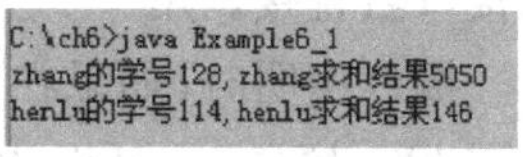

图 6.1 接口的使用

【例子 1】

Animal.java
```
public interface Computable {
    int MAX = 100;
    int f(int x);
}
```

China.java
```
public class China implements Computable {        //China 类实现 Computable 接口
```

```
        int number;
        public int f(int x) {                    //不要忘记 public 关键字
            int sum = 0;
            for(int i = 1; i <= x; i++) {
                sum = sum + i;
            }
            return sum;
        }
    }
```

Japan.java

```
    public class Japan implements Computable {    //Japan 类实现 Computable 接口
        int number;
        public int f(int x) {
            return 46 + x;
        }
    }
```

Example6_1.java

```
    public class Example6_1 {
        public static void main(String args[]) {
            China zhang;
            Japan henlu;
            zhang = new China();
            henlu = new Japan();
            zhang.number = 28 + Computable.MAX;
            henlu.number = 14 + Computable.MAX;
            System.out.println("zhang的学号" + zhang.number + ",zhang求和结果" + zhang.f(100));
            System.out.println("henlu的学号" + henlu.number + ",henlu求和结果" + henlu.f(100));
        }
    }
```

  类重写的接口方法以及接口中的常量可以被类的对象调用,而且常量也可以用类名或接口名直接调用。

  接口声明时,如果在关键字 interface 前面加上 public 关键字,就称这样的接口是一个 public 接口。public 接口可以被任何一个类实现。如果一个接口不加 public 修饰,就称做友好接口类,友好接口类可以被与该接口在同一个包中的类实现。

  如果父类实现了某个接口,那么子类也就自然实现了该接口,子类不必再显示地使用关键字 implements 声明实现这个接口。

  接口也可以被继承,即可以通过关键字 extends 声明一个接口是另一个接口的子接口。由于接口中的方法和常量都是 public 的,子接口将继承父接口中的全部方法和常量。

  注:如果一个类声明实现一个接口,但没有重写接口中的所有方法,那么这个类必须是 abstract 类,例如,

```
    interface Computable {
```

```
        final int MAX = 100;
        void speak(String s);
        int f(int x);
        float g(float x,float y);
}
abstract class A implements Computable {
    public int f(int x) {
        int sum = 0;
        for(int i = 1;i <= x;i++) {
            sum = sum + i;
        }
        return sum;
    }
}
```

6.1.2 理解接口

1. 定义标准

可以将接口中的抽象方法理解为标准行为。为了规定类，比如画电视机、手机的类等必须提供名字为 on 的标准行为，那么就可以定义一个包含有名字为 on 的方法的接口，然后要求类实现该接口即可。也就是说，接口的目的是规定一些重要的方法，即将一些重要的方法封装在接口中，但接口只关心行为的结果（方法的类型）、行为的标识（方法的名字）和执行该行为需要的消息（方法的参数），但不关心行为的具体动作（方法体），即接口中的方法都是抽象方法。

2. 符合标准的类

当一个类实现了某个接口，那么该类必须要实现该接口规定的标准行为，即必须重写接口的抽象方法。那么该类创建的对象就具有接口所规定的标准行为。当一个类实现了某个接口，那么称该类的实例（对象）是具有接口规定的标准行为的对象。

不同的类可以实现相同的接口，同一个类也可以实现多个接口。比如，各式各样的商品，它们可能隶属不同的公司，工商部门要求各式各样的商品都必须具有显示商标的行为，因此工商部门可以将显示商标的行为作为一个抽象方法封装在一个接口中，然后要求商品类必须要实现该接口，即要求商标的具体制作由各个公司去实现。

6.1.3 接口的 UML 图

表示接口的 UML 图和表示类的 UML 图类似，使用一个长方形描述一个接口的主要构成，将长方形垂直地分为三层。

顶部第 1 层是名字层，接口的名字必须是斜体字，而且需要用≪interface≫修饰名字，并且该修饰和名字分列在两行。

第 2 层是常量层，列出接口中的常量及类型，格式是"常量名字：类型"。

第 3 层是方法层，也称操作层，列出接口中的方法及返回类型，格式是"方法名字（参数列表）：类型"。

图 6.2 是接口 Creator 的 UML 图。

如果一个类实现了一个接口，那么类和接口的关系是实现关系，称类实现接口。UML 通过使用虚线连接类和它所实现的接口，虚线起始端是类，虚线的终点端是它实现的接口，但终点端使用一个空心的三角形表示虚线的结束。

图 6.3 是 ClassOne 和 ClassTwo 类实现 Create 接口的 UML 图。

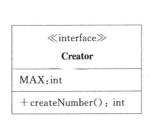

图 6.2 接口 UML 图

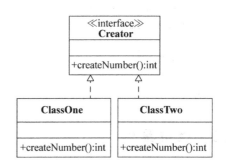

图 6.3 实现关系的 UML 图

6.2 接口回调

6.2.1 接口变量与回调机制

和类一样，接口也是 Java 中一种重要数据类型，用接口声明的变量称做接口变量。那么接口变量中可以存放怎样的数据呢？

接口属于引用型变量，接口变量中可以存放实现该接口的类的实例引用。比如，假设 Com 是一个接口，那么就可以用 Com 声明一个变量：

```
Com com;
```

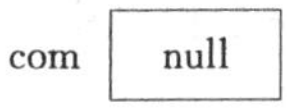

内存模型如图 6.4 所示。称此时的 com 是一个空接口，因为 com 变量中还没有存放实现该接口的类的实例引用。

图 6.4 空接口的内存模型

假设 ImpleCom 类是实现 Com 接口的类，用 ImpleCom 创建名字为 object 的对象，那么 object 对象不仅可以调用 ImpleCom 类中原有的方法，而且也可以调用 ImpleCom 类实现的接口方法，如图 6.5 所示。

```
ImpleCom object = new ImpleCom();
```

"接口回调"一词是借用了 C 语言中指针回调的术语，表示一个变量的地址在某一个时刻存放在一个指针变量中，那么指针变量可间接访问变量中存放的数据。

在 Java 语言中，接口回调是指：可以把实现某一接口的类创建的对象的引用赋给该接口声明的接口变量中，那么该接口变量就可以调用被类实现的接口方法。实际上，当接口变量调用被类实现的接口方法时,就是通知相应的对象调用这个方法。

比如,将上述 object 的对象的引用赋值给 com 接口,那么内存模型如图 6.6 所示,箭头示意接口 com 变量可以调用(称做接口回调)类实现的接口方法。

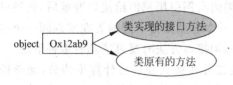
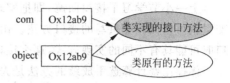

图 6.5 对象调用方法的内存模型　　　　图 6.6 接口回调用接口方法的内存模型

接口回调非常类似我们在 5.6 节介绍的上转型对象调用子类的重写方法。

注:接口无法调用类中的其他非接口方法。

下面的例子 2 使用了接口的回调技术,程序运行效果如图 6.7 所示。

图 6.7 接口回调

【例子 2】

Example6_2. java

```
interface ShowMessage {
    void 显示商标(String s);
}
class TV implements ShowMessage {
    public void 显示商标(String s) {
        System.out.println("*******");
        System.out.println(s);
        System.out.println("*******");
    }
}
class PC implements ShowMessage {
    public void 显示商标(String s) {
        System.out.println("@@@@@@@");
        System.out.println(s);
        System.out.println("@@@@@@@");
    }
}
public class Example6_2 {
    public static void main(String args[]) {
        ShowMessage sm;                         //声明接口变量
        sm = new TV();                          //接口变量中存放对象的引用
        sm.显示商标("金鑫牌电视机");              //接口回调
        sm = new PC();                          //接口变量中存放对象的引用
        sm.显示商标("高速牌计算机");              //接口回调
    }
}
```

6.2.2 接口与多态

上一小节学习了接口回调,即把实现接口的类的实例引用赋值给接口变量后,该接口变量就可以回调类重写的接口方法。由接口产生的多态就是指不同的类在实现同一个接口时可能具有不同的实现方式,那么接口变量在回调接口方法时就可能具有多种形态。

体操比赛计算选手成绩的办法是去掉一个最高分和最低分后再计算平均分,而学校考查一个班级的某科目的考试情况时,是计算全班同学的平均成绩。在下面的例子 3 中,Gymnastics 类和 School 类都实现了 ComputerAverage 接口,但实现的方式不同。程序运行效果如图 6.8 所示。

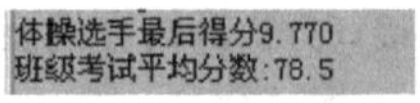

图 6.8 接口与多态

【例子 3】

Example6_3.java

```
interface CompurerAverage {
    public double average(double [ ] x);
}
class Gymnastics implements CompurerAverage {
    public double average(double [ ] x) {
        int count = x.length;
        double aver = 0, temp = 0;
        for(int i = 0; i < count; i++) {
            for(int j = i; j < count; j++) {
                if(x[j] < x[i]) {
                    temp = x[j];
                    x[j] = x[i];
                    x[i] = temp;
                }
            }
        }
        for(int i = 1; i < count - 1; i++) {
            aver = aver + x[i];
        }
        if(count > 2)
            aver = aver/(count - 2);
        else
            aver = 0;
        return aver;
    }
}
class School implements CompurerAverage {
    public double average(double [ ] x) {
        int count = x.length;
        double aver = 0;
        for(double param:x) {
            aver = aver + param;
```

```
        }
            aver = aver/count;
            return aver;
        }
    }
    public class E {
        public static void main(String args[]) {
            CompurerAverage computer;
            computer = new Gymnastics();
            double a[] = {9.29,9.76,9.99,9.62,9.87,9.83};
            double result =  computer.average(a);
            System.out.printf("体操选手最后得分 %5.3f\n",result);
            computer = new School();
            double b[] = {87,99,56,89,98,77,66,69,57,87};
            result = computer.average(b);
            System.out.println("班级考试平均分数:" + result);
        }
    }
```

6.2.3 abstract 类与接口的比较

接口和 abstract 类的比较如下。

(1) abstract 类和接口都可以有 abstract 方法。

(2) 接口中只可以有常量，不能有变量；而 abstract 类中既可以有常量也可以有变量。

(3) abstract 类中也可以有非 abstract 方法，接口不可以。

在设计程序时应当根据具体的分析来确定是使用抽象类还是接口。abstract 类除了提供重要的需要子类重写的 abstract 方法外，也提供了子类可以继承的变量和非 abstract 方法。如果某个问题需要使用继承才能更好地解决，比如，子类除了需要重写父类的 abstract 方法外，还需要从父类继承一些变量或继承一些重要的非 abstract 方法，就可以考虑用 abstract 类。如果某个问题不需要继承，只是需要若干个类给出某些重要的 abstract 方法的实现细节，就可以考虑使用接口。

6.3 面向接口编程

在第 5.9 节曾介绍了面向抽象编程的思想，主要是涉及怎样面向抽象类去思考问题。由于抽象类最本质的特性就是可以包含有抽象方法，这一点和接口类似，只不过接口中只有抽象方法而已。抽象类将其抽象方法的实现交给其子类，而接口将其抽象方法的实现交给实现该接口的类。

本节的思想和 5.9 节中的类似，在设计程序时，学习怎样面向接口去设计程序。

接口只关心操作，但不关心这些操作的具体实现细节，可以使我们把主要精力放在程序的设计上，而不必拘泥于细节的实现。也就是说，可以通过在接口中声明若干个

abstract 方法,表明这些方法的重要性(见 6.1.2 小节),方法体的内容细节由实现接口的类去完成。使用接口进行程序设计的核心思想是使用接口回调,即接口变量存放实现该接口的类的对象引用,从而接口变量就可以回调类实现的接口方法。

利用接口也可以体现程序设计的"开-闭原则"(见 5.10 节),即对扩展开放,对修改关闭。比如,程序的主要设计者可以设计出如图 6.9 所示的一种结构关系。

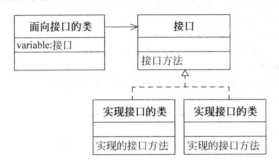

图 6.9　UML 类图

从该图可以看出,当程序再增加实现接口的类(由其他设计者去实现),接口变量 variable 所在的类不需要做任何修改,就可以回调类重写的接口方法。

当然,在程序设计好后,首先应当对接口的修改"关闭",否则,一旦修改接口,比如,为它再增加一个 abstract 方法,那么实现该接口的类都需要做出修改。但是,程序设计好后,应当对增加实现接口的类"开放",即在程序中再增加实现接口的类时,不需要修改其他重要的类。可以将接口看作生产产品的标准(行为),实现接口的类的实例看作是符合标准的组件产品,面向接口设计的产品看作是商业产品。一旦指定好标准后,就可以按着标准设计商业产品,当有了符合标准的组件产品后,商业产品就可以使用符合标准的组件产品。每当增加新的符合标准的组件产品后,商业产品不需要做任何修改就可以使用新的符合标准的组件产品。

为了进一步了解面向接口编程,我们给出问题:设计一个汽车类,希望所设计的汽车类的实例可以使用型号是 17 寸的轮胎。

1. 问题的分析

如果我们设计的汽车类中用某个具体品牌的轮胎,比如 Puliston,声明了对象,那么我们选择就缺少弹性,因为一旦用户需要汽车使用其他品牌的轮胎,就需要修改汽车类的代码,比如用 Miqilin 声明成员变量。

如果每当用户有新的需求,就会导致修改类的某部分代码,那么就应当将这部分代码从该类中分割出去,使它和类中其他稳定的代码之间是松耦合关系(否则系统缺乏弹性、难以维护),即将每种可能的变化对应地交给实现接口的类(或抽象类的子类,见 5.9 节)去负责完成。

2. 设计接口

根据以上对问题的分析,首先设计一个接口 TyresStandard,该接口有两个方法:turnWheel()、getTyresName()和一个常量,那么实现 TyresStandard 接口的类必须重写

turnWheel()和 getTyresName()方法。

3．设计汽车类

然后我们设计 Car 类（汽车），该类有一个 use(TyresStandard tyres)方法,该方法的参数 tyres 是 TyresStandard 接口类型(就像人们常说的,汽车对外留有接口)。显然,该参数 tyres 可以存放任何实现 TyresStandard 接口的类的对象的引用,并回调类重写的接口方法 turnWheel()转动轮胎、回调类重写的接口方法 getTyresName()来显示轮胎的名称。

下面的例子 4 中除了主类外,还有 TyresStandard 接口及实现该接口的 Puliston 和 Miqilin 类,以及面向接口的 Car 类(汽车)。程序运行效果如图 6.10 所示。

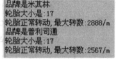

图 6.10 体现"开-闭原则"

【例子 4】

TyresStandard.java

```
public interface TyresStandard {               //接口
    public final int size = 17;
    public void turnWheel();
    public String getTyresName();
}
```

Car.java

```
publicclass Car {                              //负责创建汽车
    public void useTyres (TyresStandard tyres) {
        System.out.println(tyres.getTyresName());
        tyres.getTyresName();                  //接口回调
        tyres.turnWheel();                     //接口回调
    }
}
```

Miqilin.java

```
class Miqilin implements TyresStandard {       //实现 TyresStandard 接口
    public void turnWheel() {
        System.out.println("轮胎大小是:" + TyresStandard.size);
        System.out.println("轮胎正常转动,最大转数:2888/m");
    }
    public String getTyresName() {
        return "品牌是米其林";
    }
}
```

Puliston.java

```
class Puliston implements TyresStandard {      //实现 TyresStandard 接口
    public void turnWheel() {
        System.out.println("轮胎大小是:" + TyresStandard.size);
        System.out.println("轮胎正常转动,最大转数:2567/m");
    }
    public String getTyresName() {
```

```
            return "品牌是普利司通";
        }
    }
```

Example6_4.java

```
public class Example6_4 {
    public static void main(String args[]) {
        Car car = new Car();
        car.useTyres(new Miqilin());
        car.useTyres(new Puliston());
    }
}
```

如果将例子 4 中的 TyresStandard 接口、Car 类 Miqilin 和 Puliston 类看作是一个小的开发框架,将 Example6_4 看作是使用该框架的用户程序,那么框架满足"开-闭原则",该框架相对用户的需求就比较容易维护,因为,当用户程序需要汽车使用新的品牌轮胎时,只需简单地扩展框架,即在框架中增加一个实现 TyresStandard 接口类,无须修改框架中的其他类,如图 6.11 所示。

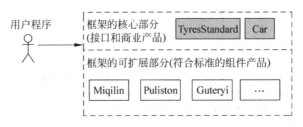

图 6.11 满足"开-闭原则"的框架

6.4 小　　结

(1) 接口的接口体中只可以有常量和 abstract 方法。

(2) 当接口变量中存放了实现接口的类的对象引用后,接口变量就可以调用类实现的接口方法,这一过程被称为接口回调。

(3) 和子类体现多态类似,由接口产生的多态就是指不同的类在实现同一个接口时可能具有不同的实现方式。

习　题　6

(1) 接口中能声明变量吗?
(2) 接口中能定义非抽象方法吗?
(3) 什么叫接口的回调?
(4) 请说出 E 类中 System.out.println 的输出结果。

```
interface Com {
    int add(int a, int b);
}
abstract class A {
    abstract int add(int a, int b);
}
class B extends A implements Com{
    public int add(int a, int b) {
        return a + b;
    }
}
public class E {
public static void main(String args[]) {
    B b = new B();
    Com com = b;
    System.out.println(com.add(12,6));
    A a = b;
    System.out.println(a.add(10,5));
}
}
```

第 7 章 内部类与异常类

主要内容

- 内部类
- 匿名类
- 异常类

7.1 内 部 类

我们已经知道，类可以有两种重要的成员：成员变量和方法，实际上 Java 还允许类可以有一种成员：内部类。

Java 支持在一个类中声明另一个类，这样的类称做内部类，而包含内部类的类称为内部类的外嵌类。

内部类和外嵌类之间的重要关系如下。

- 内部类的外嵌类的成员变量在内部类中仍然有效，内部类中的方法也可以调用外嵌类中的方法。
- 内部类的类体中不可以声明类变量和类方法。外嵌类的类体中可以用内部类声明对象，作为外嵌类的成员。
- 内部类仅供它的外嵌类使用，其他类不可以用某个类的内部类声明对象。

内部类的外嵌类的成员变量在内部类中有效，使得内部类和外嵌类的交互更加方便。

某种类型的农场饲养了一种特殊种类的牛，但不希望其他农场饲养这种特殊种类的牛，那么这种类型的农场就可以将创建这种特殊种类的牛的类作为自己的内部类。

```
我是红牛,身高:150cm 体重:112kg,生活在红牛农场
我是红牛,身高:150cm 体重:112kg,生活在红牛农场
```

图 7.1 使用内部类

下面的例子 1 中有一个 RedCowForm(红牛农场)类，该类中有一个名字为 RedCow(红牛)的内部类。程序运行效果如图 7.1 所示。

【例子 1】

RedCowForm. java

```
public class RedCowForm {
    static String formName;
```

```java
        RedCow cow;                              //内部类声明对象
        RedCowForm() {
        }
        RedCowForm(String s) {
            cow = new RedCow(150,112,5000);
            formName = s;
        }
        public void showCowMess() {
            cow.speak();
        }
        class RedCow {                           //内部类的声明
            String cowName = "红牛";
            int height,weight,price;
            RedCow(int h,int w,int p){
                height = h;
                weight = w;
                price = p;
            }
            void speak() {
                System.out.println("我是" + cowName + ",身高:" + height + "cm 体重:" +
                                    weight + "kg,生活在" + formName);
            }
        }                                        //内部类结束
}                                                //外嵌类结束
```

Example7_1.java
```java
public class Example7_1 {
    public static void main(String args[]) {
        RedCowForm form = new RedCowForm("红牛农场");
        form.showCowMess();
        form.cow.speak();
    }
}
```

需要特别注意的是,Java 编译器生成的内部类的字节码文件的名字和通常的类不同,内部类对应的字节码文件的名字格式是"外嵌类名＄内部类名",例如,例子 1 中内部类的字节码文件是 RedCowForm＄RedCow.class。因此,当需要把字节码文件复制给其他开发人员时,不要忘记了内部类的字节码文件。

内部类可以被修饰为 static 内部类,例如,例子 1 中的内部类声明可以是 static class RedCow。类是一种数据类型,那么 static 内部类就是外嵌类中的一种静态数据类型,这样一来,程序就可以在其他类中使用 static 内部类来创建对象了。但需要注意的是,static 内部类不能操作外嵌类中的实例成员变量。

假如将例子 1 中的内部类 RedCow 更改成 static 内部类,就可以在例子 1 的 Example7_1 主类的 main()方法中增加以下的代码:

```java
RedCowForm.RedCow redCow = new RedCowForm.RedCow(180,119,6000);
redCow.speak();
```

注:非内部类不可以是 static 类。

7.2 匿 名 类

7.2.1 和子类有关的匿名类

假如没有显式地声明一个类的子类,而又想用子类创建一个对象,那么该如何实现这一目的呢? Java 允许我们直接使用一个类的子类的类体创建一个子类对象,也就是说,创建子类对象时,除了使用父类的构造方法外还有类体,此类体被认为是一个子类去掉类声明后的类体,称做匿名类。匿名类就是一个子类,由于无名可用,所以不可能用匿名类声明对象,但却可以直接用匿名类创建一个对象。

假设 Bank 是类,那么下列代码就是用 Bank 的一个子类(匿名类)创建对象:

```
new Bank() {
    匿名类的类体
};
```

匿名类有以下特点。
- 匿名类可以继承父类的方法也可以重写父类的方法。
- 使用匿名类时,必然是在某个类中直接用匿名类创建对象,因此匿名类一定是内部类。
- 匿名类可以访问外嵌类中的成员变量和方法,匿名类的类体中不可以声明 static 成员变量和 static 方法。
- 由于匿名类是一个子类,但没有类名,所以在用匿名类创建对象时,要直接使用父类的构造方法。

尽管匿名类创建的对象没有经过类声明步骤,但匿名对象的引用可以传递给一个匹配的参数。

例如,用户程序中有以下方法:

```
void f(A a){
}
```

该方法的参数类型是 A 类,用户希望向方法传递 A 的子类对象,但系统没有提供符合要求的子类,那么用户在编写代码时就可以考虑使用匿名类。

下面的例子 2 中,抽象类 InputAlphabet 有 input( )方法,而且该类有一个 InputEnglish 子类,这个子类重写的 input()方法可以输出英文字母表。

例子 2 中的 ShowBoard 类的 showMess(InputAlphabet show)方法的参数是 InputAlphabet 类型的对象,用户在编写程序时,希望使用 ShowBoard 类的对象调用 showMess(InputAlphabet show)输出英文字母表和希腊字母表,但系统没有提供输出希腊字母表的子类(只提供了输出英文字母表的子类),因此用户在主类的 main()方法中,向 showMess 方法的参数传递了一个匿名类的对象,该匿名类的对象负责输出希腊字母表。运行效果如图 7.2 所示。

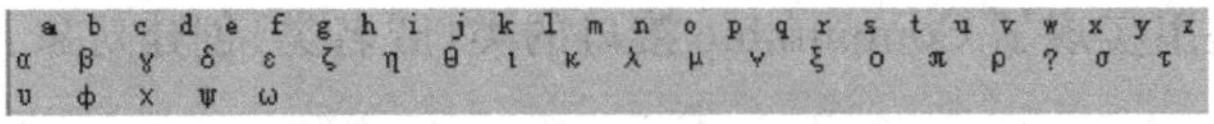

图 7.2 和子类有关的匿名类

【例子 2】

InputAlphabet.java

```
abstract class InputAlphabet {
   public abstract void input();
}
```

InputEnglish.java

```
public class InputEnglish extends InputAlphabet {   //输出英文字母的子类
   public void input() {
      for(char c = 'a';c <= 'z';c++) {
         System.out.printf("%3c",c);
      }
   }
}
```

ShowBoard.java

```
public class ShowBoard {
   void showMess(InputAlphabet show) {          //参数 show 是 InputAlphabet 类型的对象
      show.input();
   }
}
```

Example7_2.java

```
public class Example7_2 {
   public static void main(String args[]) {
      ShowBoard board = new ShowBoard();
      board.showMess(new InputEnglish());   //向参数传递 InputAlphabet 的子类 InputEnglish
                                            //的对象
      board.showMess(new InputAlphabet()   //向参数传递 InputAlphabet 的匿名子类的对象
                    { public void input()
                       { for(char c = 'α';c <= 'ω';c++)        //输出希腊字母
                            System.out.printf("%3c",c);
                       }
                    }
                    );                       //请注意分号在这里
   }
}
```

7.2.2 和接口有关的匿名类

假设 Computable 是一个接口,那么,Java 允许直接用接口名和一个类体创建一个匿名对象,此类体被认为是实现了 Computable 接口的类去掉类声明后的类体,称做匿名类。下列代码就是用实现了 Computable 接口的类(匿名类)创建对象：

```
new Computable() {
    实现接口的匿名类的类体
};
```

如果某个方法的参数是接口类型,那么可以使用接口名和类体组合创建一个匿名对象传递给方法的参数,类体必须要重写接口中的全部方法。例如,对于

```
void f(ComPutable x)
```

其中的参数 x 是接口,那么在调用 f 时,可以向 f 的参数 x 传递一个匿名对象,例如：

```
f(new ComPutable() {
    实现接口的匿名类的类体
})
```

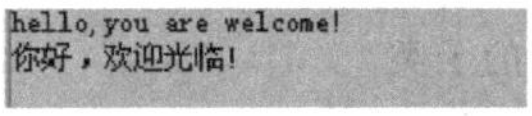

图 7.3 和接口有关的匿名类

在下面的例子 3 中,演示了和接口有关的匿名类的用法,运行效果如图 7.3 所示。

【例子 3】

Example7_3.java

```java
interface SpeakHello {
       void speak();
}
class HelloMachine {
    public void turnOn(SpeakHello hello) {
         hello.speak();
    }
}
public class Example7_3 {
    public static void main(String args[]) {
       HelloMachine machine = new HelloMachine();
       machine.turnOn( new SpeakHello() {           //和接口 SpeakHello 有关的匿名类
                          public void speak() {
                              System.out.println("hello,you are welcome!");
                          }
                       }
                     );
       machine.turnOn( new SpeakHello() {           //和接口 SpeakHello 有关的匿名类
                          public void speak() {
                              System.out.println("你好,欢迎光临!");
                          }
                       }
                     );
   }
}
```

7.3 异 常 类

所谓异常就是程序运行时可能出现的一些错误,比如试图打开一个根本不存在的文件等,异常处理将会改变程序的控制流程,让程序有机会对错误做出处理。这一节将对异常给出初步的介绍,而 Java 程序中出现的具体异常问题在相应的章节中还将讲述。

Java 使用 throw 关键字抛出一个 Exception 的子类的实例表示异常发生。例如,java.lang 包中的 Integer 类调用其类方法:

```
public static int parseInt(String s)
```

可以将"数字"格式的字符串,如"6789",转化为 int 型数据。但是当试图将字符串"ab89"转换成数字时,例如:

```
int number = Integer.parseInt("ab89");
```

方法 parseInt()在执行过程中就会抛出 NumberFormatException 对象(使用 throws 关键字抛出一个 NumberFormatException 对象),即程序运行出现 NumberFormatException 异常。

Java 允许定义方法时声明该方法调用过程中可能出现的异常,即允许方法调用过程中抛出异常对象,终止当前方法的继续执行。例如,流对象在调用 read()方法读取一个不存在的文件时,就会抛出 IOException 异常对象(见第 10 章)。

异常对象可以调用以下方法得到或输出有关异常的信息:

```
public String getMessage();
public void printStackTrace();
public String toString();
```

7.3.1 try~catch 语句

Java 使用 try~catch 语句来处理异常,将可能出现的异常操作放在 try~catch 语句的 try 部分,一旦 try 部分抛出异常对象,或调用某个可能抛出异常对象的方法,并且该方法抛出了异常对象,那么 try 部分将立刻结束执行,而转向执行相应的 catch 部分。所以程序可以将发生异常后的处理放在 catch 部分。try~catch 语句可以由几个 catch 组成,分别处理发生的相应异常。

try~catch 语句的格式如下:

```
try {
    包含可能发生异常的语句
}
catch(ExceptionSubClass1 e) {
    …
}
```

```
        catch(ExceptionSubClass2 e) {
            ...
        }
```

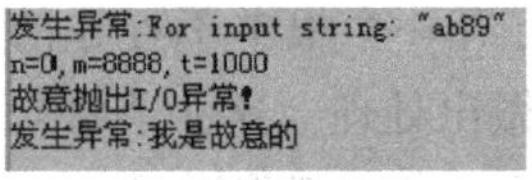

图 7.4 处理异常

各个 catch 参数中的异常类都是 Exception 的某个子类，表明 try 部分可能发生的异常，这些子类之间不能有父子关系，否则保留一个含有父类参数的 catch 即可。

下面的例子 4 给出了 try～catch 语句的用法，程序运行效果如图 7.4 所示。

【例子 4】

Example7_4.java

```java
public class Example7_4 {
    public static void main(String args[ ]) {
        int n = 0, m = 0, t = 1000;
        try{ m = Integer.parseInt("8888");
            n = Integer.parseInt("ab89");              //发生异常,转向 catch
            t = 7777;                                   //t 没有机会被赋值
        }
        catch(NumberFormatException e) {
            System.out.println("发生异常:" + e.getMessage());
        }
        System.out.println("n = " + n + ",m = " + m + ",t = " + t);
        try{ System.out.println("故意抛出 I/O 异常!");
            throw new java.io.IOException("我是故意的");    //故意抛出异常
            System.out.println("这个输出语句肯定没有机会执行,必须注释,否则编译出错");
        }
        catch(java.io.IOException e) {
            System.out.println("发生异常:" + e.getMessage());
        }
    }
}
```

7.3.2 自定义异常类

在编写程序时可以扩展 Exception 类定义自己的异常类，然后根据程序的需要来规定哪些方法产生这样的异常。一个方法在声明时可以使用 throws 关键字声明要产生的若干个异常，并在该方法的方法体中具体给出产生异常的操作，即用相应的异常类创建对象，并使用 throw 关键字抛出该异常对象，导致该方法结束执行。程序必须在 try～catch 块语句中调用能发生异常的方法，其中 catch 的作用就是捕获 throw 关键字抛出的异常对象。

注：throw 是 Java 的关键字，该关键字的作用就是抛出异常。throw 和 throws 是两个不同的关键字。

通常情况下，计算两个整数之和的方法不应当有任何异常发生，但是，对某些特殊应用程序,可能不允许同号的整数做求和运算,比如当一个整数代表收入,一个整数代表支出时,这两个整数就不能是同号。下面的例子 5 中,Bank 类中有一个 income(int in,int out)方法,对象调用该方法时,必须向参数 in 传递正数、向参数 out 传递负数,并且 in+out 必须大于等于 0,否则该方法就抛出异常。因此,Bank 类在声明 income(int in,int out)方法时,使用 throws 关键字声明要产生的异常。程序运行效果如图 7.5 所示。

图 7.5 自定义异常

【例子 5】

BankException.java

```
public class BankException extends Exception {
    String message;
    public BankException(int m,int n) {
        message = "入账资金" + m + "是负数或支出" + n + "是正数,不符合系统要求.";
    }
    public String warnMess() {
        return message;
    }
}
```

Bank.java

```
public class Bank {
    private int money;
    public void income(int in,int out) throws BankException {
        if(in <= 0||out >= 0||in + out <= 0) {
            throw new BankException(in,out); //方法抛出异常,导致方法结束
        }
        int netIncome = in + out;
        System.out.printf("本次计算出的纯收入是:%d 元\n",netIncome);
        money = money + netIncome;
    }
    public int getMoney() {
        return money;
    }
}
```

Example7_5.java

```
public class Example7_5 {
    public static void main(String args[]) {
        Bank bank = new Bank();
        try{ bank.income(200, -100);
            bank.income(300, -100);
            bank.income(400, -100);
            System.out.printf("银行目前有%d 元\n",bank.getMoney());
            bank.income(200, 100);
            bank.income(99999, -100);
```

```
        }
        catch(BankException e) {
            System.out.println("计算收益的过程出现如下问题:");
            System.out.println(e.warnMess());
        }
        System.out.printf("银行目前有 %d 元\n",bank.getMoney());
    }
}
```

7.3.3 finally 子语句

在某些情况下可以在 try～catch 语句中增加 finally 子语句,语法格式如下:

```
try{}
catch(ExceptionSubClass e){ }
finally{}
```

其执行机制是:在执行 try～catch 语句后,执行 finally 子语句,也就是说,无论在 try 部分是否发生过异常,finally 子语句都会被执行。

但需要注意以下两种特殊情况。

- 如果在 try～catch 语句中执行了 return 语句,那么 finally 子语句仍然会被执行。
- 如果 try～catch 语句中执行了程序退出代码,即执行 System.exit(0);,则不执行 finally 子语句(当然包括其后的所有语句)。

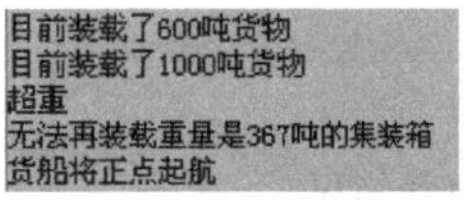

以下通过一个例子熟悉带 finally 子语句的 try～catch 语句。例子 6 中模拟向货船上装载集装箱,如果货船超重,那么货船认为这是一个异常,将拒绝装载集装箱,但无论是否发生异常,货船都需要正点起航。运行效果如图 7.6 所示。

图 7.6 货船装载集装箱

【例子 6】

DangerException.java

```
public class DangerException extends Exception {
    final String message = "超重";
    public String warnMess() {
        return message;
    }
}
```

CargoBoat.java

```
public class CargoBoat {
    int realContent;                              //装载的重量
    int maxContent;                               //最大装载量
    public void setMaxContent(int c) {
        maxContent = c;
    }
    public void loading(int m) throws DangerException {
```

```
        realContent + = m;
        if(realContent > maxContent) {
            throw new DangerException();
        }
        System.out.println("目前装载了" + realContent + "吨货物");
    }
}
```

Example7_6.java

```
public class Example7_6 {
    public static void main(String args[]) {
        CargoBoat ship = new CargoBoat();
        ship.setMaxContent(1000);
        int m = 600;
        try{
            ship.loading(m);
            m = 400;
            ship.loading(m);
            m = 367;
            ship.loading(m);
            m = 555;
            ship.loading(m);
        }
        catch(DangerException e) {
            System.out.println(e.warnMess());
            System.out.println("无法再装载重量是" + m + "吨的集装箱");
        }
        finally {
            System.out.printf("货船将正点起航");
        }
    }
}
```

7.4 小　　结

(1) Java 支持在一个类中声明另一个类,这样的类称做内部类,而包含内部类的类称为内部类的外嵌类。

(2) 和某类有关的匿名类就是该类的一个子类,该子类没有明显地用类声明来定义,所以称做匿名类。

(3) 和某接口有关的匿名类就是实现该接口的一个类,该子类没有明显地用类声明来定义,所以称做匿名类。

(4) Java 的异常可以出现在方法调用过程中,即在方法调用过程中抛出异常对象,导致程序运行出现异常,并等待处理。Java 使用 try～catch 语句来处理异常,将可能出现的异常操作放在 try～catch 语句的 try 部分,当 try 部分中的某个方法调用发生异常后,try 部分将立刻结束执行,而转向执行相应的 catch 部分。

习 题 7

(1) 内部类的外嵌类的成员变量在内部类中仍然有效吗？
(2) 内部类中的方法也可以调用外嵌类中的方法吗？
(3) 内部类的类体中可以声明类变量和类方法吗？
(4) 匿名类一定是内部类吗？
(5) 请说出下列程序的输出结果。

```java
class Cry {
    public void cry() {
        System.out.println("大家好");
    }
}
public class E {
    public static void main(String args[]) {
        Cry hello = new Cry() {
                        public void cry() {
                            System.out.println("大家好,祝工作顺利!");
                        }
        };
        hello.cry();
    }
}
```

(6) 请说出下列程序的输出结果。

```java
interface Com{
    public void speak();
}
public class E {
    public static void main(String args[]) {
        Com p = new Com() {
                    public void speak() {
                        System.out.println("p是接口变量");
                    }
        };
        p.speak();
    }
}
```

(7) 请说出下列程序的输出结果。

```java
import java.io.IOException;
public class E {
    public static void main(String args[]){
        try { methodA();
        }
```

```
        catch(IOException e){
            System.out.print("你好");
            return;
        }
        finally {
            System.out.println(" fine thanks");
        }
    }
    public static void methodA() throws IOException{
        throw new IOException();
    }
}
```

第 8 章 常用实用类

主要内容
- String 类
- StringTokenizer 类
- Scanner 类
- Date 与 Calendar 类
- Math 类
- StringBuffer 类
- System 类

8.1 String 类

由于在程序设计中经常涉及处理和字符序列有关的算法,为此 Java 专门提供了用来处理字符序列的 String 类。String 类在 java.lang 包中,由于 java.lang 包中的类被默认引入,因此程序可以直接使用 String 类。需要注意的是,Java 把 String 类声明为 final 类,因此用户不能扩展 String 类,即 String 类不可以有子类。

8.1.1 构造字符串对象

可以使用 String 类来创建一个字符串变量,字符串变量是对象。

1. 常量对象

字符串常量对象是用双引号(英文输入法输入的双引号)括起的字符序列,如:"你好"、"12.97"、"boy"等。

2. 字符串对象

可以使用 String 类声明字符串对象,如:

```
String s;
```

由于字符串是对象,那么就必须要创建字符串对象。例如:

```
s = new String("we are students");
```

也可以用一个已创建的字符串创建另一个字符串,如:

String tom = String(s);

String 类还有以下两个较常用的构造方法。
(1) String (char a[])用一个字符数组 a 创建一个字符串对象,如:

char a[] = {'J','a','v','a'};
String s = new String(a);

相当于

String s = new String("Java");

(2) String(char a[],int startIndex,int count) 提取字符数组 a 中的一部分字符创建一个字符串对象,参数 startIndex 和 count 分别指定在 a 中提取字符的起始位置和从该位置开始截取的字符个数,如:

char a[] = {'零','壹','贰','叁','肆','伍','陆','柒','捌','玖'};
String s = new String(a,2,4);

相当于

String s = new String("贰叁肆伍");

3. 引用字符串常量对象

字符串常量是对象,因此可以把字符串常量的引用赋值给一个字符串变量,如:

string s1,s2;
s1 = "how are you";
s2 = "how are you";

这样,s1、s2 具有相同的引用,因而具有相同的实体。s1、s2 内存示意如图 8.1 所示。

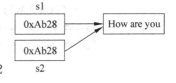

图 8.1 内存示意图

8.1.2 String 类的常用方法

1. public int length()方法

使用 String 类中的 length()方法可以获取一个字符串的长度,如:

String china = "1945 年抗战胜利";
int n1,n2;
n1 = china.length();
n2 = "小鸟 fly".length();

那么 n1 的值是 9,n2 的值是 5。

2. public boolean equals(String s)方法

字符串对象调用 equals(String s)方法比较当前字符串对象的实体是否与参数 s 指定的字符串的实体相同,如:

```
String tom = new String("天道酬勤");
String boy = new String( "知心朋友");
String jerry = new String("天道酬勤");
```

那么,tom.equals(boy)的值是 false,tom.equals(jerry)的值是 true。

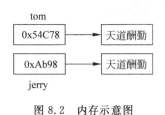

图 8.2 内存示意图

注:关系表达式 tom == jerry 的值是 false。因为字符串是对象,tom、jerry 中存放的是引用,内存示意如图 8.2 所示。

注:字符串对象调用 public boolean equalsIgnoreCase (String s) 比较当前字符串对象与参数 s 指定的字符串是否相同,比较时忽略大小写。

下面的例子 1 说明了 equals 的用法。

【例子 1】

Example8_1.java

```
public class Example8_1 {
    public static void main(String args[]) {
        String s1,s2;
        s1 = new String("天道酬勤");
        s2 = new String("天道酬勤");
        System.out.println(s1.equals(s2));    //输出结果是: true
        System.out.println(s1== s2);          //输出结果是: false
        String s3,s4;
        s3 = "勇者无敌";
        s4 = "勇者无敌";
        System.out.println(s3.equals(s4));    //输出结果是: true
        System.out.println(s3== s4);          //输出结果是: true
    }
}
```

3. public boolean startsWith(String s)和 public boolean endsWith(String s)方法

字符串对象调用 startsWith(String s)方法,判断当前字符串对象的前缀是否是参数 s 指定的字符串,如:

```
String tom = "天气预报,阴有小雨",jerry = "比赛结果,中国队赢得胜利";
```

那么,tom.startsWith("天气")的值是 true;jerry.startsWith("天气")的值是 false。

使用 endsWith(String s) 方法,判断一个字符串的后缀是否是字符串 s,如:
tom.endsWith("大雨")的值是 false,jerry.endsWith("胜利")的值是 true。

4. public int compareTo(String s)方法

字符串对象可以使用 String 类中的 compareTo(String s)方法,按字典序与参数 s 指定的字符串比较大小。如果当前字符串与 s 相同,该方法返回值 0;如果当前字符串对象大于 s,该方法返回正值;如果小于 s,该方法返回负值。例如,字符 a 在 Unicode 表中的排序位置是 97、字符 b 是 98,那么对于

```
String str = "abcde";
```
str.compareTo("boy")小于 0；str.compareTo("aba")大于 0；str.compareTo("abcde")等于 0。

按字典序比较两个字符串还可以使用 public int compareToIgnoreCase(String s)方法，该方法忽略大小写。

下面的例子 2 中 SortString 类中的 sortString 方法将一个字符串数组按字典序排列，程序运行效果如图 8.3 所示。

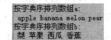

图 8.3 按字典序排序

【例子 2】

Example8_2.java

```java
class SortString {
    public static void sort(String a[]) {
        int count = 0;
        for(int i = 0;i < a.length - 1;i++) {
            for(int j = i + 1;j < a.length;j++) {
                if(a[j].compareTo(a[i])< 0) {
                    String temp = a[i];
                    a[i] = a[j];
                    a[j] = temp;
                }
            }
        }
    }
}
public class Example8_2 {
    public static void main(String args[]) {
        String [] a = {"melon","apple","pear","banana"};
        String [] b = {"西瓜","苹果","梨","香蕉"};
        System.out.println("按字典序排列数组 a:");
        SortString.sort(a);
        for(int i = 0;i < a.length;i++) {
            System.out.print(" " + a[i]);
        }
        System.out.println("\n按字典序排列数组 b:");
        SortString.sort(b);
        for(int i = 0;i < b.length;i++) {
            System.out.print(" " + b[i]);
        }
    }
}
```

5. public boolean contains(String s)方法

字符串对象调用 contains 方法判断当前字符串对象是否含有参数指定的字符串 s。例如，tom = "student"；那么 tom.contains("stu")的值就是 true；而 tom.contains("ok")的值是 false。

6. public int indexOf(String s)方法

字符串的索引位置从 0 开始,比如,对于 String tom="ABCD",索引位置 0、1、2 和 3 位置上的字符分别是字符:A、B、C 和 D。字符串调用方法 indexOf(String s)从当前字符串的头开始检索字符串 s,并返回首次出现 s 的索引位置。如果没有检索到字符串 s,该方法返回的值是-1。字符串调用 indexOf(String s,int startpoint)方法从当前字符串的 startpoint 位置处开始检索字符串 s,并返回首次出现 s 的索引位置。如果没有检索到字符串 s,该方法返回的值是-1。字符串调用 lastIndexOf（String s)方法从当前字符串的头开始检索字符串 s,并返回最后出现 s 的索引位置。如果没有检索到字符串 s,该方法返回的值是-1。

例如:

```
String tom = "I am a good cat";
tom.indexOf("a");                    //值是 2
tom.indexOf("good",2);               //值是 7
tom.indexOf("a",7);                  //值是 13
tom.indexOf("w",2);                  //值是 -1
```

7. public String substring(int startpoint)方法

字符串对象调用该方法获得一个当前字符串的子串,该子串是从当前字符串的 startpoint 处截取到最后所得到的字符串。字符串对象调用 substring(int start,int end)方法获得一个当前字符串的子串,该子串是通过复制当前字符串 star 索引位置至 end-1 索引位置上的字符所得到的字符串。例如:

```
String tom = "我喜欢篮球";
String s = tom.substring(1,3);
```

那么 s 是:"喜欢"(注意,不是"喜欢篮")。

8. public String trim()方法

一个字符串 s 通过调用方法 trim()得到一个字符串对象,该字符串对象是 s 去掉前后空格后的字符串。

下面的例子 3 使用了字符串的常用方法,比如截取出文件路径中的文件名(注意,在字符串中,需使用转义运算"\\"来表示"\")。

【例子 3】

Example8_3.java

```
public class Example8_3 {
    public static void main(String args[]) {
        String path = "c:\\book\\javabook\\Java Programmer.doc";
        int index = path.indexOf("\\");
        index = path.indexOf("\\",index);
        String sub = path.substring(index);
        System.out.println(sub);        //输出结果是:\book\javabook\Java Programmer.doc
        index = path.lastIndexOf("\\");
        sub = path.substring(index + 1);
```

```
            System.out.println(sub);                              //输出结果是:Java Programmer.doc
            System.out.println(sub.contains("Programmer"));       //输出结果是:true
    }
}
```

8.1.3 字符串与基本数据的相互转化

java.lang 包中的 Integer 类调用其类方法：

public static int parseInt(String s)

可以将由"数字"字符组成的字符串,如"876",转化为 int 型数据。

```
int x;
String s = "876";
x = Integer.parseInt(s);
```

类似地,使用 java.lang 包中的 Byte、Short、Long、Float、Double 类调相应的类方法：

```
public static byte parseByte(String s) throws NumberFormatException
public static short parseShort(String s) throws NumberFormatException
public static long parseLong(String s) throws NumberFormatException
public static float parseFloat(String s) throws NumberFormatException
public static double parseDouble(String s) throws NumberFormatException
```

可以将由"数字"字符组成的字符串转化为相应的基本数据类型。例如：

double y = Double.parseDouble("89.987);;

可以使用 String 类的下列类方法：

```
public static String valueOf(byte n)
public static String valueOf(int n)
public static String valueOf(long n)
public static String valueOf(float n)
public static String valueOf(double n)
```

将形如 123、1232.98 等数值转化为字符串,如：

String str = String.valueOf(12313.9876);

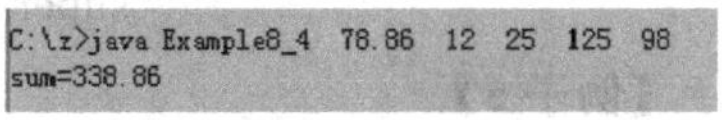

现在举一个求若干个数之和的例子 4,若干个数从键盘输入。程序运行效果如图 8.4 所示。

```
C:\z>java Example8_4  78.86  12  25  125  98
sum=338.86
```

图 8.4 使用 main 方法的参数

【例子 4】

Example8_4.java

```
public class Example8_4 {
    public static void main(String args[]) {
        double aver = 0, sum = 0, item = 0;
        boolean computable = true;
```

```
            for(String s:args) {
                try{ item = Double.parseDouble(s);
                    sum = sum + item;
                }
                catch(NumberFormatException e) {
                    System.out.println("您键入了非数字字符:" + e);
                    computable = false;
                }
            }
            if(computable)
                System.out.println("sum = " + sum);
        }
    }
```

在以前的应用程序中，未曾使用过 main 方法的参数。实际上应用程序的 main 方法中参数 args 能接受用户从键盘键入的字符串。比如，使用解释器 java.exe 来执行主类(在主类的后面是空格分隔的若干个字符串)：

C:\ch9\> java Example8_4 78.86 12 25 125 98

这时，程序中的 args[0]、arg[1]、arg[2]、arg[3]和 args[4]分别得到字符串"78.86"、"12"、"25"、"125"和"98"。程序输出结果如图 8.4 所示。

8.1.4 对象的字符串表示

在子类中我们讲过，所有的类都默认是 java.lang 包中 Object 类的子类或间接子类。Object 类有一个 public String toString()方法，一个对象通过调用该方法可以获得该对象的字符串表示。一个对象调用 toString()方法返回的字符串的一般形式为：

创建对象的类的名字@对象的引用的字符串表示

当然，Object 类的子类或间接子类也可以重写 toString()方法，比如，java.util 包中的 Date 类就重写了 toString 方法，重写的方法返回时间的字符串表示。

下面例子 5 中的 TV 类重写了 toString()方法，并使用 super 调用隐藏的 toString()方法，程序运行效果如图 8.5 所示。

图 8.5 重写 toString()方法

【例子 5】

TV.java
```
public class TV {
    String name;
    public TV() {
    }
    public TV(String s) {
        name = s;
    }
```

```java
    public String toString() {
        String oldStr = super.toString();
        return oldStr + "\n 这是电视机,品牌是:" + name;
    }
}
```

Example8_5.java

```java
import java.util.Date;
public class Example8_5 {
    public static void main(String args[]) {
        Date date = new Date();
        System.out.println(date.toString());
        TV tv = new TV("长虹电视");
        System.out.println(tv.toString());
    }
}
```

8.1.5 字符串与字符、字节数组

1. 字符串与字符数组

我们已经知道 String 类的构造方法：String(char[])和 String(char a[],int offset, int length)分别用数组 a 中的全部字符和部分字符创建字符串对象。String 类也提供了将字符串存放到数组中的方法：

public void getChars(int start,int end,char c[],int offset)

字符串调用 getChars()方法将当前字符串中的一部分字符复制到参数 c 指定的数组中,将字符串中 start 到 end－1 位置上的字符复制到数组 c 中,并从数组 c 的 offset 处开始存放这些字符。需要注意的是,必须保证数组 c 能容纳下要被复制的字符。

另外,还有一个简练的方法,可将字符串中的全部字符存放在一个字符数组中：

public char[] toCharArray()

字符串对象调用该方法返回一个字符数组,该数组的长度与字符串的长度相等、第 i 单元中的字符正好为当前字符串中的第 i 个字符。

下面的例子 6 具体说明了 getChars()和 toCharArray()方法的使用,运行效果如图 8.6 所示。

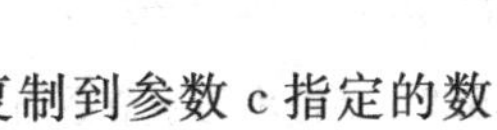

图 8.6 字符串与字符数组

【例子 6】

Example8_6.java

```java
public class Example8_6{
    public static void main(String args[]) {
        char [] a,b,c;
        String s = "1945 年 8 月 15 日是抗战胜利日";
        a = new char[4];
        s.getChars(11,15,a,0);
```

```
        System.out.println(a);
        c = "十一长假期间,学校都放假了".toCharArray();
        for(int i = 0;i < c.length;i++)
            System.out.print(c[i]);
    }
}
```

2. 字符串与字节数组

String 类的构造方法 String(byte[])用指定的字节数组构造一个字符串对象。String(byte[],int offset,int length)构造方法用指定的字节数组的一部分,即从数组起始位置 offset 开始取 length 个字节构造一个字符串对象。

public byte[] getBytes() 方法使用平台默认的字符编码,将当前字符串转化为一个字节数组。

public byte[] getBytes(String charsetName) 使用参数指定字符编码,将当前字符串转化为一个字节数组。

如果平台默认的字符编码是:GB_2312(国标,简体中文),那么调用 getBytes()方法等同于调用 getBytes("GB2312")。但需要注意的是,带参数的 getBytes(String charsetName)抛出 UnsupportedEncodingException 异常,因此,必须在 try-catch 语句中调用 getBytes(String charsetName)。

在下面的例子 7 中,假设机器的默认编码是:GB2312。字符串:"Java 你好"调用 getBytes()返回一个字节数组 d,其长度为 8,该字节数组的 d[0]、d[1]、d[2]和 d[3]单元分别是字符 J、a、v、a 的编码,d[4]和 d[5]单元存放的是字符'你'的编码(GB2312 编码中,一个汉字占两个字节),d[6]和 d[7]单元存放的是字符'好'的编码。程序运行效果如图 8.7 所示。

图 8.7 字符串与字节数组

【例子 7】

Example8_7.java

```
public class Example8_7 {
    public static void main(String args[]) {
        byte d[] = "Java 你好".getBytes();
        System.out.println("数组 d 的长度是:" + d.length);
        String s = new String(d,6,2); //输出:好
        System.out.println(s);
        s = new String(d,0,6);
        System.out.println(s); //输出:Java 你
    }
}
```

8.1.6 正则表达式及字符串的替换与分解

1. 正则表达式

一个正则表达式是含有一些具有特殊意义字符的字符串,这些特殊字符称做正则表达

式中的元字符。比如,"\\dcat"中的\\d 就是有特殊意义的元字符,代表 0 到 9 中的任何一个。字符串"0cat"、"1cat"、"2cat"、…、"9cat"都是和正则表达式:"\\dcat"匹配的字符串。

字符串对象调用

public boolean matches(String regex)

方法可以判断当前字符串对象是否和参数 regex 指定的正则表达式匹配。

表 8.1 列出了常用的元字符及其意义。

表 8.1 元字符

元字符	在正则表达式中的写法	意 义
.	.	代表任何一个字符
\d	\\d	代表 0 至 9 的任何一个数字
\D	\\D	代表任何一个非数字字符
\s	\\s	代表空格类字符,'\t'、'\n'、'\x0B'、'\f'、'\r'
\S	\\S	代表非空格类字符
\w	\\w	代表可用于标识符的字符(不包括美元符号)
\W	\\W	代表不能用于标识符的字符
\p{Lower}	\\p{Lower}	小写字母[a~z]
\p{Upper}	\\p{Upper}	大写字母[A~Z]
\p{ASCII}	\\p{ASCII}	ASCII 字符
\p{Alpha}	\\p{Alpha}	字母
\p{Digit}	\\p{Digit}	数字字符,即[0~9]
\p{Alnum}	\\p{Alnum}	字母或数字
\p{Punct}	\\p{Punct}	标点符号:!"#$%&'()*+,-./:;<=>?@[\]^_`{|}~
\p{Graph}	\\p{Graph}	可视字符:\p{Alnum}\p{Punct}
\p{Print}	\\p{Print}	可打印字符:\p{Print}
\p{Blank}	\\p{Blank}	空格或制表符[\t]
\p{Cntrl}	\\p{Cntrl}	控制字符:[\x00-\x1F\x7F]

在正则表达式中可以用方括号扩起若干个字符来表示一个元字符,该元字符代表方括号中的任何一个字符。例如 regex = "[159]ABC",那么"1ABC"、"5ABC"和"9ABC"都是和正则表达式 regex 匹配的字符串。例如:

[abc]代表 a、b、c 中的任何一个。

[^abc]代表除了 a、b、c 以外的任何字符。

[a-zA-Z]代表英文字母(包括大写和小写)中的任何一个。

[a-d]代表 a 至 d 中的任何一个。

另外,中括号里允许嵌套中括号,可以进行并、交、差运算,例如:

[a-d[m-p]]代表 a 至 d 或 m 至 p 中的任何字符(并)。

[a-z&&[def]]代表 d、e 或 f 中的任何一个(交)。

[a-f&&[^bc]]代表 a、d、e、f(差)。

注:由于"."代表任何一个字符,所以在正则表达式中如果想使用普通意义的点字

符,必须使用[.]或用\56 表示普通意义的点字符。

在正则表达式中可以使用限定修饰符。比如,对于限定修饰符"?",如果 X 代表正则表达式中的一个元字符或普通字符,那么 X? 就表示 X 出现 0 次或 1 次。例如,

```
regex = "hello[2468]?";
```

那么"hello"、"hello2"、"hello4"、"hello6"和"hello8"都是与正则表达式 regex 匹配的字符串。

表 8.2 给出了常用的限定修饰符的用法。

表 8.2 限定符

带限定符号的模式	意 义	带限定符号的模式	意 义
X?	X 出现 0 次或 1 次	X{n,}	X 至少出现 n 次
X*	X 出现 0 次或多次	X{n,m}	X 出现 n 至 m 次
X+	X 出现 1 次或多次	XY	X 的后缀是 Y
X{n}	X 恰好出现 n 次	X|Y	X 或 Y

比如,regex = "@\\w{4}",那么"@abcd","@天道酬勤","@Java"和"@bird"都是与正则表达式 regex 匹配的字符串。

注:有关正则表达式的细节可查阅 java.util.regex 包中的 Pattern 类。

2. 字符串的替换

在 JDK1.4 之后的版本,字符串对象调用

public String replaceAll(String regex,String replacement)

方法返回一个字符串,该字符串是将当前字符串中所有和参数 regex 指定的正则表达式匹配的子字符串用参数 replacement 指定的字符串替换后的字符串。例如,

```
String s = "12hello567bird".replaceAll("[a-zA-Z]+","你好");
```

那么 s 就是将"12hello567bird"中所有英文子串替换为"你好"后得到的字符串,即 s 是:

"12 你好 567 你好"

注:当前字符串调用 replaceAll()方法返回一个字符串,但不改变当前字符串。

在下面的例子 8 中,字符串 str 调用 replaceAll()方法返回一个字符串,该字符串是 str 中的非数字组成的子串被替换为"/"后的字符串。字符串"89,235,678￥"调用 replaceAll()方法返回一个字符串,该字符串是"89,235,678￥"中去掉逗号和货币符号￥后的字符串。运行效果如图 8.8 所示。

图 8.8 正则表达与字符串的替换

【例子 8】

Example8_8.java

```
public class E {
    public static void main (String args[ ]) {
```

```
        String str = "1949年10月01日";
        String regex = "\\D+";
        System.out.println(str);
        str = str.replaceAll(regex,"/");
        System.out.println(str);
        String money = "89235678￥";
        System.out.print(money+"转化成数字:");
        String s = money.replaceAll("[,\\p{Sc}]","") ; //"\\p{Sc}"可匹配任何货币符号
        longnumber = Long.parseLong(s);
        System.out.println(number);
    }
}
```

3. 字符串的分解

在 JDK1.4 之后的版本，String 类提供了一个实用的方法：

public String[] split(String regex)

字符串调用该方法时，使用参数指定的正则表达式 regex 作为分隔标记分解出其中的单词，并将分解出的单词存放在字符串数组中。

下面的例子 9 中，用户从键盘输入一行文本，程序输出其中的单词。用户从键盘输入"who are you(Caven?)"的运行效果如图 8.9 所示。

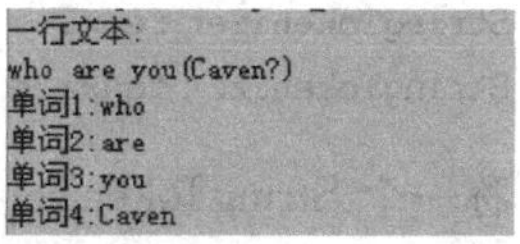

图 8.9 正则表达式与字符串的分解

【例子 9】

Example8_9.java

```
import java.util.Scanner;
public class Example8_9 {
    public static void main (String args[ ]) {
        System.out.println("一行文本:");
        Scanner reader = new Scanner(System.in);
        String str = reader.nextLine();
        //regex 是由空格、数字和符号(!"#$%&'()*+,-./:;<=>?@[\]^_`{|}~)组成的正
        //则表达式
        String regex = "[\\s\\d\\p{Punct}]+";
        String words[] = str.split(regex);
        for(int i=0;i<words.length;i++){
            int m = i+1;
            System.out.println("单词"+m+":"+words[i]);
        }
    }
}
```

8.2 StringTokenizer 类

在 8.1.6 小节我们学习了怎样使用 String 类的 split()方法分解字符串。本节学习怎样使用 StringTokenizer 对象分解字符串。与 split()方法不同的是，StringTokenizer 对

象不使用正则表达式做分隔标记。

有时需要分析字符串并将字符串分解成可被独立使用的单词,这些单词叫做语言符号。例如,对于字符串"You are welcome",如果把空格作为该字符串的分隔标记,那么该字符串有三个单词(语言符号)。而对于字符串"You,are,welcome",如果把逗号作为了该字符串的分隔标记,那么该字符串有三个单词(语言符号)。

当分析一个字符串并将字符串分解成可被独立使用的单词时,可以使用 java.util 包中的 StringTokenizer 类,该类有以下两个常用的构造方法。

- StringTokenizer(String s):为字符串 s 构造一个分析器。使用默认的分隔标记,即空格符(若干个空格被看作一个空格)、换行符、回车符、Tab 符、进纸符作分隔标记。
- StringTokenizer(String s,String delim):为字符串 s 构造一个分析器。参数 delim 中的字符被作为分隔标记。

注:分隔标记的任意组合仍然是分隔标记。

例如:

```
StringTokenizer fenxi = new StringTokenizer("you are welcome");
StringTokenizer fenxi = new StringTokenizer("you,are ; welcome", ", ; ");
```

称一个 StringTokenizer 对象为一个字符串分析器,一个分析器可以使用 nextToken() 方法逐个获取字符串中的语言符号(单词),每当调用 nextToken()时,都将在字符串中获得下一个语言符号,每当获取到一个语言符号,字符串分析器中负责计数的变量的值就自动减一,该计数变量的初始值等于字符串中的单词数目。

通常用 while 循环来逐个获取语言符号,为了控制循环,可以使用 StringTokenizer 类中的 hasMoreTokens()方法,只要字符串中还有语言符号,即计数变量的值大于 0,该方法就返回 true,否则返回 false。另外还可以随时让分析器调用 countTokens()方法得到分析器中计数变量的值。

下面的例子 10 输出字符串中的单词,并统计出单词个数。

【例子 10】

Example8_10.java

```java
import java.util.*;
public class Example8_10 {
    public static void main(String args[]) {
        String s = "you are welcome(thank you),nice to meet you";
        StringTokenizer fenxi = new StringTokenizer(s,"() ,");
        int number = fenxi.countTokens();
        while(fenxi.hasMoreTokens()) {
            String str = fenxi.nextToken();
            System.out.print(str+" ");
        }
        System.out.println("共有单词:" + number + "个");
    }
}
```

8.3 Scanner 类

在 8.1.6 小节学习了怎样使用 String 类的 split(String regex)来分解字符串,在 8.2 节学习了怎样使用 StringTokenizer 类解析字符串中的单词。本节学习怎样使用 Scanner 类的对象从字符串中解析程序所需要的数据。

1. 使用默认分隔标记解析字符串

创建 Scanner 对象,并将要解析的字符串传递给所构造的对象。例如,对于字符串

```
String NBA = "I Love This Game";
```

为了解析出 NBA 中的单词,可以如下构造一个 Scanner 对象

```
Scanner scanner = new Scanner(NBA);
```

那么 scanner 将空格作为分隔标记来解析字符串中的单词,解析操作的特点如下:

- scanner 调用 next()方法依次返回 NBA 中的单词,如果 NBA 最后一个单词已被 next()方法返回,scanner 调用 hasNext()将返回 false,否则返回 true。
- 对于被解析的字符串中的数字型单词,比如 618、168.98 等,scanner 可以用 nextInt()或 nextDouble()方法来代替 next()方法,即 scanner 可以调用 nextInt()或 nextDouble()方法将数字型单词转化为 int 或 double 数据返回。
- 如果单词不是数字型单词,scanner 调用 nextInt()或 nextDouble()方法将发生 InputMismatchException 异常,在处理异常时可以调用 next()方法返回该非数字化单词。

在下面的例子 11 中,使用 Scanner 对象解析字符串"TV cost 876 dollar. Computer cost 2398 dollar. telephone cost 1278 dollar" 中的全部价格数字(价格数字的前后须有空格),并计算了总消费。程序运行效果如图 8.10 所示。

图 8.10 解析出价格

【例子 11】

Example8_11.java

```
import java.util.*;
public class Example8_11 {
    public static void main(String args[]) {
        String cost =  " TV cost 876 dollar. Computer cost 2398 dollar. telephone cost 1278 dollar";
        Scanner scanner = new Scanner(cost);
        double sum = 0;
        while(scanner.hasNext()){
           try{ double price = scanner.nextDouble();
                sum = sum + price;
                System.out.println(price);
           }
           catch(InputMismatchException exp){
                String t = scanner.next();
```

```
            }
          }
          System.out.println("总消费:" + sum + "元");
        }
    }
```

2. 使用正则表达式作为分隔标记解析字符串

在上面的例子11中,Scanner对象使用默认分隔标记(空格)解析字符串中的全部价格数据,那么就要求必须使用空格将字符串中的价格数据和其他字符分隔开,否则就无法解析出价格数据。实际上,Scanner对象可以调用方法:

useDelimiter(正则表达式);

将正则表达式作为分隔标记,即Scanner对象在解析字符串时,把与正则表达式匹配的字符串作为分隔标记。

对于上述例子11中提到的字符串,如果用非数字字符串作分隔标记,那么所有的价格数字就是单词。

下面的例子12使用正则表达式(匹配所有非数字字符串):

图 8.11 解析出通信费用

String regex = "[^0123456789.]+";

作为分隔标记解析字符串"话费清单:市话费76.89元,长途话费167.38元,短信费12.68元"中的全部价格数字,并计算了总的通信费用。程序运行效果如图8.11所示。

【例子 12】

Example8_12.java

```
import java.util.*;
public class Example8_12 {
    public static void main(String args[]) {
        String cost = "话费清单:市话费76.89元,长途话费167.38元,短信费12.68元";
        Scanner scanner = new Scanner(cost);
        scanner.useDelimiter("[^0123456789.]+");    //scanner 设置分隔标记
        double sum = 0;
        while(scanner.hasNext()){
            try{ double price = scanner.nextDouble();
                 sum = sum + price;
                 System.out.println(price);
            }
            catch(InputMismatchException exp){
                String t = scanner.next();
            }
        }
        System.out.println("总通信费用:" + sum + "元");
    }
}
```

8.4 Date 与 Calendar 类

程序设计中可能需要日期、时间等数据,本节介绍 java.util 包中的 Date 和 Calendar 类,二者的实例可用于处理和日期、时间相关的数据。

8.4.1 Date 类

1. 使用无参数构造方法

使用 Date 类的无参数构造方法创建的对象可以获取本机的当前日期和时间,如:

```
Date nowTime = new Date();
```

那么,当前 nowTime 对象中含有的日期、时间就是创建 nowTime 对象时的本地计算机的日期和时间。例如,假设当前时间是 2011 年 3 月 10 日 23:05:32(CST 时区),那么

```
System.out.println(nowTime);
```

输出的结果是:Thu Mar 10 23:05:32 CST 2011。

2. 使用带参数的构造方法

计算机系统将其自身时间的"公元"设置在 1970 年 01 月 01 日 0 时(格林尼治时间),可以根据这个时间使用 Date 的带参数的构造方法:

```
Date(long time)
```

来创建一个 Date 对象。例如:

```
Date date1 = new Date(1000),
     date2 = new Date(-1000);
```

其中的参数取正数表示公元后的时间,取负数表示公元前的时间。例如 1000 表示 1000 毫秒,那么,date1 含有的日期、时间就是计算机系统公元后 1 秒时刻的日期、时间。如果运行 Java 程序的本地时区是北京时区(与格林尼治时间相差 8 个小时),那么上述 date1 就是 1970 年 01 月 01 日 08 时 00 分 01 秒、date2 就是 1970 年 01 月 01 日 07 时 59 分 59 秒。

还可以用 System 类的静态方法 public long currentTimeMillis()获取系统当前时间,如果运行 Java 程序的本地时区是北京时区,这个时间是从 1970 年 1 月 1 日 08 点到目前时刻所走过的毫秒数(这是一个不小的数)。

Date 对象表示时间的默认顺序是:星期、月、日、小时、分、秒、年。例如:

```
Thu Mar 10 23:05:32 CST 2011
```

8.4.2 Calendar 类

Calendar 类在 java.util 包中。使用 Calendar 类的 static 方法 getInstance()可以初始化一个日历对象,如:

```
Calendar calendar = Calendar.getInstance();
```

然后，calendar 对象可以调用方法：

```
public final void set(int year, int month, int date)
public final void set(int year, int month, int date, int hour, int minute)
public final void set(int year, int month, int date, int hour, int minute, int second)
```

将日历翻到任何一个时间，当参数 year 取负数时表示公元前(实际世界中的公元前)。

calendar 对象调用方法：

```
public int get(int field)
```

可以获取有关年份、月份、小时、星期等信息，参数 field 的有效值由 Calendar 的静态常量指定。例如：

```
calendar.get(Calendar.MONTH);
```

返回一个整数，如果该整数是 0 表示当前日历是在一月，该整数是 1 表示当前日历是在二月等。例如：

```
calendar.get(Calendar.DAY_OF_WEEK);
```

返回一个整数，如果该整数是 1 表示星期日，如果是 2 表示是星期一，依此类推，如果是 7 表示是星期六。

日历对象调用方法：

```
public long getTimeInMillis()
```

可以将时间表示为毫秒。

下面的例子 13 计算了 2012-09-01 和 2016-07-01 之间相隔的天数，运行效果如图 8.12 所示。

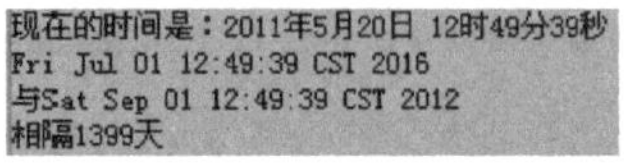

图 8.12 使用 Calendar 类

【例子 13】

Example8_13.java

```
import java.util.*;
public class Example8_13 {
    public static void main(String args[]) {
        Calendar calendar = Calendar.getInstance();
        calendar.setTime(new Date());
        int year = calendar.get(Calendar.YEAR),
        month = calendar.get(Calendar.MONTH) + 1,
        day = calendar.get(Calendar.DAY_OF_MONTH),
        hour = calendar.get(Calendar.HOUR_OF_DAY),
        minute = calendar.get(Calendar.MINUTE),
        second = calendar.get(Calendar.SECOND);
        System.out.print("现在的时间是：");
        System.out.print("" + year + "年" + month + "月" + day + "日");
        System.out.println(" " + hour + "时" + minute + "分" + second + "秒");
        int y = 2012,m = 9,d = 1;
```

```
            calendar.set(y,m - 1,d);              //将日历翻到 2012 年 9 月 1 日,注意 8 表示 9 月
            long time1 = calendar.getTimeInMillis();
            y = 2016;
            m = 7;
            day = 1;
            calendar.set(y,m - 1,d);              //将日历翻到 2016 年 7 月 1 日
            long time2 = calendar.getTimeInMillis();
            long subDay = (time2 - time1)/(1000 * 60 * 60 * 24);
            System.out.println("" + new Date(time2));
            System.out.println("与" + new Date(time1));
            System.out.println("相隔" + subDay + "天");
        }
    }
```

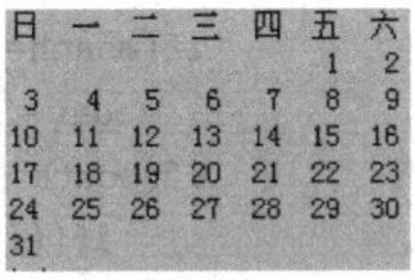

图 8.13 输出日历页

下面的例子 14 输出 2016 年 7 月的"日历页",效果如图 8.13 所示。

【例子 14】

Example8_14.java

```
public class Example8_14 {
    public static void main(String args[]) {
        CalendarBean cb = new CalendarBean();
        cb.setYear(2016);
        cb.setMonth(7);
        String [] a = cb.getCalendar();           //返回号码的一维数组
        char [] str = "日一二三四五六".toCharArray();
        for(char c:str) {
            System.out.printf("%3c",c);
        }
        for(int i = 0;i < a.length;i++) {         //输出数组 a
            if(i%7 == 0)
                System.out.println("");           //换行
            System.out.printf("%4s",a[i]);
        }
    }
}
```

CalendaBean.java

```
import java.util.Calendar;
public class CalendarBean {
    String [] day;
    int year = 0,month = 0;
    public void setYear(int year) {
        this.year = year;
    }
    public void setMonth(int month) {
        this.month = month;
    }
```

```java
    public String [] getCalendar() {
        String [] a = new String[42];
        Calendar rili = Calendar.getInstance();
        rili.set(year,month-1,1);
        int weekDay = rili.get(Calendar.DAY_OF_WEEK)-1;  //计算出1号的星期
        int day = 0;
        if(month==1||month==3||month==5||month==7||month==8||month==10||month==12)
            day = 31;
        if(month==4||month==6||month==9||month==11)
            day = 30;
        if(month==2) {
            if(((year%4==0)&&(year%100!=0))||(year%400==0))
                day = 29;
            else
                day = 28;
        }
        for(int i=0;i<weekDay;i++)
            a[i] = " ";
        for(int i=weekDay,n=1;i<weekDay+day;i++) {
            a[i] = String.valueOf(n) ;
            n++;
        }
        for(int i=weekDay+day;i<a.length;i++)
            a[i] = " ";
        return a;
    }
}
```

8.5 Math 类

在编写程序时,可能需要计算一个数的平方根、绝对值、获取一个随机数等。java.lang 包中的 Math 类包含许多用来进行科学计算的类方法,这些方法可以直接通过类名调用。另外,Math 类还有两个静态常量 E 和 PI,它们的值分别是:2.7182828284590452354 和 3.14159265358979323846。

以下是 Math 类的常用类方法:

- public static long abs(double a)返回 a 的绝对值。
- public static double max(double a,double b)返回 a、b 的最大值。
- public static double min(double a,double b)返回 a、b 的最小值。
- public static double random()产生一个 0 到 1 之间的随机数(不包括 0 和 1)。
- public static double pow(double a,double b)返回 a 的 b 次幂。
- public static double sqrt(double a)返回 a 的平方根。
- public static double log(double a)返回 a 的对数。
- public static double sin(double a)返回 a 的正弦值。
- public static double asin(double a)返回 a 的反正弦值。

8.6 StringBuffer 类

8.6.1 StringBuffer 对象的创建

在 8.1 节学习了 String 字符串对象，String 类创建的字符串对象是不可修改的，也就是说，String 字符串不能修改、删除或替换字符串中的某个字符，即 String 对象一旦创建，那么实体是不可以再发生变化的，如图 8.14 所示。例如：

```
String s = new String("我喜欢散步");
```

在这一节，我们介绍 StringBuffer 类，该类能创建可修改的字符串序列，也就是说，该类的对象的实体内存空间可以自动改变大小，便于存放一个可变的字符序列。比如，一个 StringBuffer 对象调用 append 方法可以追加字符序列。例如：

```
StringBuffer s = new StringBuffer("我喜欢");
```

那么，对象 s 可调用 append 方法追加一个字符串序列，如图 8.15 所示。

```
s.append("玩篮球");
```

图 8.14　实体不可变　　　　　图 8.15　实体可变

StringBuffer 类有三个构造方法：

(a) StringBuffer()

(b) StringBuffer(int size)

(c) StringBuffer(String s)

若使用第(a)个无参数的构造方法创建一个 StringBuffer 对象，那么分配给该对象的实体的初始容量可以容纳 16 个字符，当该对象的实体存放的字符序列长度大于 16 时，实体的容量自动增加，以便存放所增加的字符。StringBuffer 对象可以通过 length() 方法获取实体中存放的字符序列的长度，通过 capacity() 方法获取当前实体的实际容量。

若使用第(b)个构造方法创建一个 StringBuffer 对象，那么可以指定分配给该对象的实体的初始容量为参数 size 指定的字符个数，当该对象的实体存放的字符序列长度大于 size 个字符时，实体的容量自动增加，以便存放所增加的字符。

若使用第(c)个构造方法创建一个 StringBuffer 对象，那么可以指定分配给该对象的实体的初始容量为参数字符串 s 的长度额外再加 16 个字符。

8.6.2 StringBuffer 类的常用方法

1. append 方法

使用 StringBuffer 类的 append 方法可以将其他 Java 类型数据转化为字符串后,再追加到 StringBuffer 对象中。

StringBuffer append(String s)将一个字符串对象追加到当前 StringBuffer 对象中,并返回当前 StringBuffer 对象的引用。

StringBuffer append(int n)将一个 int 型数据转化为字符串对象后再追加到当前 StringBuffer 对象中,并返回当前 StringBuffer 对象的引用。

StringBuffer append(Object o)将一个 Object 对象的字符串标识追加到当前 StringBuffer 对象中,并返回当前 StringBuffer 对象的引用。

类似的方法还有:

StringBuffer append(long n)、StringBuffer append(boolean n)、StringBuffer append(float n)、StringBuffer append(double n)、StringBuffer append(char n)。

2. public char charAt(int n)和 public void setCharAt(int n, char ch)

char charAt(int n) 得到参数 n 指定的位置上的单个字符。当前对象实体中的字符串序列的第一个位置为 0,第二个位置为 1,依此类推。n 的值必须是非负的,并且小于当前对象实体中字符串序列的长度。

setCharAt (int n, char ch)将当前 StringBuffer 对象实体中的字符串位置 n 处的字符用参数 ch 指定的字符替换。n 的值必须是非负的,并且小于当前对象实体中字符串序列的长度。

3. StringBuffer insert(int index, String str)

StringBuffer 对象使用 insert 方法将参数 str 指定的字符串插入到参数 index 指定的位置,并返回当前对象的引用。

4. public StringBuffer reverse()

StringBuffer 对象使用 reverse()方法将该对象实体中的字符翻转,并返回当前对象的引用。

5. StringBuffer delete(int startIndex, int endIndex)

delete(int startIndex, int endIndex)从当前 StringBuffer 对象实体的字符串中删除一个子字符串,并返回当前对象的引用。这里,startIndex 指定了需删除的第一个字符的下标,而 endIndex 指定了需删除的最后一个字符的下一个字符的下标。因此,要删除的子字符串从 startIndex 到 endIndex－1。deleteCharAt(int index)方法删除当前 StringBuffer 对象实体的字符串中 index 位置处的一个字符。

6. StringBuffer replace(int startIndex,int endIndex, String str)

replace(int startIndex,int endIndex, String str) 方法将当前 StringBuffer 对象实体的字符串中的一个子字符串用参数 str 指定的字符串替换。被替换的子字符串由下标 startIndex 和 endIndex 指定,即从 startIndex 到 endIndex－1 的字符串被替换。该方法返回当前 StringBuffer 对象的引用。

注：可以使用 String 类的构造方法 String(StringBuffer bufferstring)创建一个字符串对象。

下面的例子 15 使用 StringBuffer 类的常用方法，运行效果如图 8.16 所示。

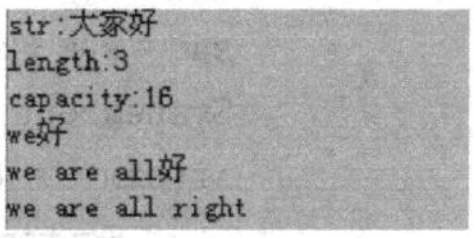

图 8.16 StringBuffer 常用方法

【例子 15】

Example8_15. java

```
public class Example8_15 {
    public static void main(String args[]) {
        StringBuffer str = new StringBuffer();
        str.append("大家好");
        System.out.println("str:" + str);
        System.out.println("length:" + str.length());
        System.out.println("capacity:" + str.capacity());
        str.setCharAt(0 ,'w');
        str.setCharAt(1 ,'e');
        System.out.println(str);
        str.insert(2, " are all");
        System.out.println(str);
        int index = str.indexOf("好");
        str.replace(index,str.length()," right");
        System.out.println(str);
    }
}
```

8.7 System 类

java.lang 包中的 System 类中有许多类方法，这些方法用于设置和 Java 虚拟机相关的数据，如果一个 Java 程序希望立刻关闭运行当前程序的 Java 虚拟机，那么就可以让 System 类调用 exit(int status)，并向该方法的参数传递数字 0 或非零的数字。传递数字 0 表示是正常关闭虚拟机，否则表示非正常关闭虚拟机。需要注意的是，一个应用程序一旦关闭当前的虚拟机，将导致当前应用程序立刻结束执行。

在下面的例子 16 中，ComputerSun 计算用户从键盘输入的整数之和，如果和超过 8000，就关闭当前虚拟机。

【例子 16】

Example8_16. java

```
import java.util.*;
public class Example8_16 {
    public static void main(String args[]) {
        Scanner scanner = new Scanner(System.in);
        int sum = 0;
        System.out.println("输入一个整数");
```

```
        while(scanner.hasNextInt()){
            int item = scanner.nextInt();
            sum = sum + item;
            System.out.println("目前和" + sum);
            if(sum >= 8000)
                System.exit(0);
            System.out.println("输入一个整数(输入非整数结束输入)");
        }
        System.out.println("总和" + sum);
    }
}
```

8.8 小　　结

(1) 熟练掌握 String 类的常用方法,这些方法对于有效处理字符序列信息是非常重要的。

(2) 掌握 String 类和 StringBuffer 类的不同,以及二者之间的联系。

(3) 使用 StringTokenizer、Scannner 类分析字符串,获取字符串中被分隔符分隔的单词。

(4) 当程序需要处理时间时,使用 Date 类和 Calendar 类。

习　题　8

(1) "\hello"是正确的字符串常量吗?

(2) "你好 KU".length()和"\n\t\t".length()的值分别是多少?

(3) "Hello".equals("hello")和"java".equals("java")的值分别是多少?

(4) "Bird".compareTo("Bird fly")的值是正数还是负数?

(5) "I love this game".contains("love")的值是 true 吗?

(6) "RedBird".indexOf("Bird")的值是多少?"RedBird".indexOf("Cat")的值是多少?

(7) 执行 Integer.parseInt("12.9");会发生异常吗?

(8) 请说出 E 类中标注的【代码】的输出结果。

```
public class E {
    public static void main (String[] args) {
        String str = new String ("苹果");
        modify(str);
        System.out.println(str);            //【代码】
    }
    public static void modify (String s) {
        s = s + "好吃";
    }
}
```

(9) 请说出 E 类中标注的【代码 1】和【代码 2】的输出结果。

```
public class E {
    public static void main(String args[]) {
        byte d[] = "abc 我们喜欢篮球".getBytes();
        System.out.println(d.length);        //【代码 1】
        String s = new String(d,0,7);
        System.out.println(s);               //【代码 2】
    }
}
```

(10) 字符串调用 public String toUpperCase()方法返回一个字符串,该字符串把当前字符串中的小写字母变成大写字母;字符串调用 public String toLowerCase()方法返回一个字符串,该字符串把当前字符串中的大写字母变成小写字母。String 类的 public String concat(String str)方法返回一个字符串,该字符串是把调用该方法的字符串与参数指定的字符串连接。编写一个程序,练习使用这 3 个方法。

(11) String 类的 public char charAt(int index)方法可以得到当前字符串 index 位置上的一个字符。编写程序使用该方法得到一个字符串中的第一个和最后一个字符。

(12) 计算某年、某月、某日和某年、某月、某日之间的天数间隔。要求年、月、日使用 main 方法的参数传递到程序中(参考例子 4)。

(13) 编程练习 Math 类的常用方法。

(14) 使用 Scanner 类的实例解析字符串:"数学 87 分,物理 76 分,英语 96 分"中的考试成绩,并计算出总成绩以及平均分数(参考例子 12)。

第 9 章 输入/输出流

主要内容
- 文件
- 文件字节流
- 文件字符流
- 缓冲流
- 数据流
- 对象流
- 随机读写流
- 使用 Scanner 解析文件

当程序需要读取磁盘上的数据或将程序中得到数据存储到磁盘时,就可以使用输入/输出流,简称 I/O 流。I/O 流提供一条通道程序,可以使用这条通道读取"源"中的数据,或把数据送到"目的地"。I/O 流中的输入流的指向称为源,程序从指向源的输入流中读取源中的数据(如图 9.1 所示);输出流的指向称为目的地,程序通过向输出流中写入数据把信息传递到目的地(如图 9.2 所示)。虽然 I/O 流经常与磁盘文件存取有关,但程序的源和目的地也可以是键盘、鼠标、内存或显示器窗口。

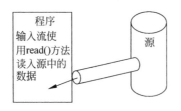 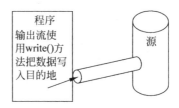

图 9.1 输入流示意图　　　　图 9.2 输出流示意图

虽然 Java 在程序结束时自动关闭所有打开的流,但是当我们使用完流后,显式地关闭任何打开的流仍是一个良好的习惯。一个被打开的流可能会用尽系统资源,这取决于平台和实现。如果没有关闭那些被打开的流,那么在这个或另一个程序试图打开另一个流时,这些资源可能得不到。关闭输出流的另一个原因是把缓冲区的内容冲洗掉(通常冲洗到磁盘文件上)。正如我们将要学到的,在操作系统把程序所写入到输出流的那些字节保存到磁盘上之前,有时被存放在内存缓冲区中,输出流调用 close()方法,可以保证操作系统把流缓冲区的内容写到它的目的地。

Java 的 I/O 流库提供大量的流类(在包 java.io 中),其中有 4 个重要的 abstract 类:InputStream(字节输入流),Reader(字符输入流),OutputStream(字节输出流)和 Writer(字符输出流)。InputStream 和 Reader 类为其子类提供了重要的读取数据的 read()方法,OutputStream 和 Writer 类为其子类提供了重要的写入数据的 write()方法。

9.1 文 件

在讲解流之前,我们有必要学习 File 类,因为很多流的读写与文件有关。

Java 使用 File 类创建的对象来获取文件本身的一些信息,如文件所在的目录、文件的长度、文件读写权限等,文件对象并不涉及对文件的读写操作。

创建一个 File 对象的构造方法有 3 个:

```
File(String filename);
File(String directoryPath,String filename);
File(File f, String filename);
```

其中,filename 是文件名字,directoryPath 是文件的路径,f 是一个目录。

使用 File(String filename)创建文件时,该文件被认为是与当前应用程序在同一目录中。

9.1.1 文件的属性

使用 File 类的下列方法可以获取文件本身的一些信息:
- public String getName()——获取文件的名字。
- public boolean canRead()——判断文件是否是可读的。
- public boolean canWrite()——判断文件是否可被写入。
- public boolean exits()——判断文件是否存在。
- public long length()——获取文件的长度(单位是字节)。
- public String getAbsolutePath()——获取文件的绝对路径。
- public String getParent()——获取文件的父目录。
- public boolean isFile()——判断文件是否是一个正常文件,而不是目录。
- public boolean isDirectroy()——判断文件是否是一个目录。
- public boolean isHidden()——判断文件是否是隐藏文件。
- public long lastModified()——获取文件最后修改的时间(时间是从 1970 年 1 月 1 日零时至文件最后修改时刻的毫秒数)。

9.1.2 目 录

1. 创建目录

File 对象调用方法 public boolean mkdir()创建一个目录,如果创建成功返回 true,否则返回 false(如果该目录已经存在)。

2. 列出目录中的文件

如果 File 对象是一个目录,那么该对象可以调用下述方法列出该目录下的文件和子目录:
- public String[] list()——用字符串形式返回目录下的全部文件。
- public File[] listFiles()——用 File 对象形式返回目录下的全部文件。

我们有时需要列出目录下指定类型的文件,如.java、.txt 等扩展名的文件。File 类的下述两个方法可以列出指定类型的文件。
- public String[] list(FilenameFilter obj)——该方法用字符串形式返回目录下的指定类型的所有文件。
- public File[] listFiles(FilenameFilter obj)——该方法用 File 对象返回目录下的指定类型所有文件。

FilenameFilter 是一个接口,该接口有一个方法:

```
public boolean accept(File dir,String name);
```

使用 list()方法时,需向该方法传递一个实现 FilenameFilter 接口的对象。list()方法执行时,参数不断回调接口方法 accept(File dir,String name),参数 name 被实例化目录中的一个文件名,参数 dir 为调用 list 的当前对象,当接口方法返回 true 时,list()方法就将目录 dir 中的文件存放到返回的数组中。

9.1.3 文件的创建与删除

当使用 File 类创建一个文件对象后,如

```
File f = new File("C:\myletter","letter.txt");
```

如果 C:\myletter 目录中没有名字为 letter.txt 的文件,文件对象 f 调用方法

```
public boolean createNewFile()
```

可以在 C:\myletter 目录中建立一个名字为 letter.txt 的文件。

文件对象调用方法

```
public boolean delete()
```

可以删除当前文件,如

```
f.delete();
```

下面的例子1列出了 D:\ch9 目录下 java 源文件的名字及其大小,并删除了 D:\ch9 中的一个 java 源文件。

【例子1】

Example9_1.java

```
import java.io.*;
```

```java
class FileAccept implements FilenameFilter{
    String str = null;
    FileAccept(String s){
        str = "." + s;
    }
    public boolean accept(File dir,String name){
        return name.endsWith(str);
    }
}
public class Example9_1{
    public static void main(String args[ ]){
        File dir = new File("D:/ch9);          //不可写成 D:\ch9,可以写成 D:\\ch9 或 D/ch9
        FileAccept acceptCondition = new FileAccept("java");
        File fileName[ ] = dir.listFiles(acceptCondition);
        for(int i = 0;i < fileName.length;i++){
            System.out.printf("\n 文件名称:%s,长度:%d",
                              fileName[i].getName(),fileName[i].length());
        }
        boolean boo = false;
        if(fileName.length > 0)
            boo = fileName[0].delete();
        if(boo)
            System.out.printf("\n 文件:%s 被删除:",fileName[0].getName());
    }
}
```

9.1.4 运行可执行文件

当要执行一个本地机上的可执行文件时,可以使用 java.lang 包中的 Runtime 类。首先使用 Runtime 类声明一个对象,如

```
Runtime ec;
```

然后使用该类的静态 getRuntime()方法创建这个对象:

```
ec = Runtime.getRuntime();
```

ec 可以调用 exec(String command)方法打开本地的可执行文件或执行一个操作。下面的例子 2 中,Runtime 对象打开 Windows 平台上的绘图程序和记事本程序。

【例子 2】

Example9_2.java

```java
import java.awt.*;
import java.io.*;
import java.awt.event.*;
public class Example9_2{
    public static void main(String args[]){
        try{ Runtime ce = Runtime.getRuntime();
```

```
                ce.exec("javac Example9_1.java");
                File file = new File("C:\\windows","Notepad.exe");
                ce.exec(file.getAbsolutePath());
            }
            catch(Exception e){}
        }
    }
```

9.2 文件字节流

9.2.1 FileInputStream 类

FileInputStream 类是 InputStream 的子类,称为文件字节输入流。文件字节输入流按字节读取文件中的数据。该类的所有方法都是从 InputStream 类继承来的。为了创建 FileInputStream 类的对象,可以使用下列构造方法:FileInputStream(String name)和 FileInputStream(File file)。

第一个构造方法使用给定的文件名 name 创建一个 FileInputStream 对象。第二个构造方法使用 File 对象创建 FileInputStream 对象。构造方法参数指定的文件称为输入流的源,输入流通过使用 read()方法从输入流读出源中的数据。

我们将要建立的许多程序都需要从文件中检索信息。为了读取文件,可以使用文件输入流对象,该输入流的源就是要读取的文件。

例如,为了读取一个名为 myfile.dat 的文件,建立一个文件输入流对象,代码如下:

```
try{ FileInputStream ins = new FileInputStream("myfile.dat");
}
catch (IOException e ){
     System.out.println(e );
}
```

或

```
try{   File f = new File("myfile.dat");
       FileInputStream istream = new FileInputStream(f);
}
catch(IOException e ){
     System.out.println(e );
}
```

使用文件输入流构造器建立通往文件的输入流时,可能会出现错误(也被称为异常)。例如,试图打开的文件不存在时,就会出现 I/O 错误,Java 生成一个出错信号,它使用一个 IOException 对象来表示这个出错信号。程序必须使用一个 try-catch 块检测并处理这个异常。

输入流的唯一目的是提供通往数据的通道,程序可以通过这个通道读取数据,read()

方法给程序提供一个从输入流中读取数据的基本方法。

read()方法的格式如下：

```
int read();
```

read()方法从输入流中顺序读取单个字节的数据。该方法返回字节值(0~255之间的一个整数)，读取位置到达文件末尾，则返回-1。

read()方法还有其他一些形式。这些形式能使程序把多个字节读到一个字节数组中：

```
int read(byte b[ ]);
int read(byte b[ ], int off, int len);
```

其中，参数 off 指定 read()方法把数据存放在字节数组 b 中的位置，参数 len 指定该方法将读取的最大字节数。上面的这两个 read()方法都返回实际读取的字节个数，如果它们到达输入流的末尾，则返回-1。

FileInputStream 流顺序地读取文件，只要不关闭流，每次调用 read()方法就顺序地读取文件中其余的内容，直到文件的末尾或流被关闭。

9.2.2　FileOutputStream 类

与 FileInputStream 类相对应的类是 FileOutputStream 类。FileOutputStream 提供了基本的文件写入能力，是 OutputStream 的子类，称为文件字节输出流。文件字节输出流按字节将数据写入到文件中。为了创建 FileOutputStream 类的对象，可以使用下列构造方法：

```
FileOutputStream(String name);
FileOutputStream(File file);
```

第一个构造方法使用给定的文件名 name 创建一个 FileOutputStream 对象。第二个构造方法使用 File 对象创建 FileOutputStream 对象。构造方法参数指定的文件称为输出流的目的地。需要特别注意的是，对于 FileOutputStream(String name)和 FileOutputStream(File file)构造方法创建的输出流，如果输出流指向的文件不存在，Java 就会创建该文件，如果指向的文件是已存在的文件，输出流将刷新该文件(使得文件的长度为 0)。

可以使用 FileOutputStream 类的下列能选择是否具有刷新功能的构造方法创建指向文件的输出流：

```
FileOutputStream(String name, boolean append);
FileOutputStream(File file, boolean append);
```

当用构造方法创建指向一个文件的输出流时，如果参数 append 取值 true，输出流不会刷新所指向的文件(假如文件已存在)。

输出流使用 write()方法把数据写入输出流到达目的地。write 的用法如下：

- public void write(byte b[])——写 b.length 个字节到输出流。
- public void write(byte b[],int off,int len)——从给定字节数组中起始于偏移量 off 处写 len 个字节到输出流,参数 b 是存放了数据的字节数组。

只要不关闭流,每次调用 writer()方法就顺序地向文件写入内容,直到流被关闭。

在下面的例子3中,首先将"欢迎 welcome"写入到文件"hello.txt"中,然后再读取该文件中的内容。

【例子3】

Example9_3.java

```
import java.io.*;
public class Example9_3{
    public static void main(String args[ ]){
        File file = new File("hello.txt");
        byte b[] = "欢迎 welcome".getBytes();
        try{ FileOutputStream out = new FileOutputStream(file);
            out.write(b);
            out.close();
            FileInputStream in = new FileInputStream(file);
            int n = 0;
            while((n = in.read(b,0,2))!= -1){
                String str = new String(b,0,n);
                System.out.println(str);
            }
        }
        catch(IOException e){
            System.out.println(e);
        }
    }
}
```

9.3 文件字符流

9.3.1 FileReader 类

FileReader 类是 Reader 的子类,称为文件字符输入流。文件字符输入流按字符读取文件中的数据。字节流不能直接操作 Unicode 字符,所以 Java 提供了字符流,由于汉字在文件中占用 2 个字节,如果使用字节流,读取不当会出现乱码现象。采用字符流就可以避免这个现象,在 Unicode 字符中,一个汉字被看成一个字符。

为了创建 FileReader 类的对象,可以使用下列构造方法:FileReader(String name)和 FileReader (File file)。

第一个构造方法使用给定的文件名 name 创建一个 FileReader 对象。第二个构造方法使用 File 对象创建 FileReader 对象。构造方法参数指定的文件称为输入流的源,输入流通过使用 read()方法从输入流读出源中的数据。
- int read()——输入流调用该方法从源中读取一个字符,该方法返回一个整数(0~65535 之间的一个整数,Unicode 字符值),如果未读出字符就返回-1。
- int read(char b[ ])——输入流调用该方法从源中读取 b.length 个字符到字符数组 b 中,返回实际读取的字符数目。如果到达文件的末尾,则返回-1。
- int read(char b[ ],int off,int len)——输入流调用该方法从源中读取 len 个字符并存放到字符数组 b 中,返回实际读取的字符数目。如果到达文件的末尾,则返回-1。其中,参数 off 指定该方法从字符数组 b 中的什么地方存放数据。

9.3.2 FileWriter 类

FileWriter 提供了基本的文件写入能力。FileWriter 类是 Writer 的子类,称为文件字符输出流。文件字符输出流按字符将数据写入到文件中。为了创建 FileWriter 类的对象,可以使用下列构造方法:

```
FileWriter(String name);
FileWriter (File file);
```

第一个构造方法使用给定的文件名 name 创建一个 FileWriter 对象。第二个构造方法使用 File 对象创建 FileWriter 对象。构造方法参数指定的文件称为输出流的目的地。需要特别注意的是,对于 FileWriter (String name)和 FileWriter (File file)构造方法创建的输出流,如果输出流指向的文件不存在,Java 就会创建该文件,如果指向的文件是已存在的文件,输出流将刷新该文件(使得文件的长度为 0)。

可以使用 FileWriter 类的下列能选择是否具有刷新功能的构造方法创建指向文件的输出流:

```
FileWriter (String name, boolean append);
FileWriter (File file, boolean append);
```

当用构造方法创建指向一个文件的输出流时,如果参数 append 取值 true,输出流不会刷新所指向的文件(假如文件已存在)。

输出流使用 write()方法把数据写入输出流到达目的地。write 的用法如下:
- public void write(char b[])——写 b.length 个字符到输出流。
- public void. write(char b[ ],int off,int len)——从给定字符数组中起始于偏移量 off 处写 len 个字符到输出流,参数 b 是存放了数据的字符数组。
- void write(String str)——把字符串中的全部字符写入到输出流。
- void write(String str,int off,int len)——从字符串 str 中起始于偏移量 off 处写 len 个字符到输出流。

只要不关闭流,每次调用 writer()方法就顺序地向文件写入内容,直到流被关闭。

下面的例子 4 首先用字符输出流向一个已经存在的文件尾加若干个字符,然后再用字符输入流读出文件中的内容。

【例子 4】

Example9_4.java

```java
import java.io.*;
public class Eample9_4{
    public static void main(String args[ ]){
        File file = new File("hello.txt");
        char b[ ] = "欢迎 welcome".toCharArray();
        try{ FileWriter out = new FileWriter(file,true);
            out.write(b);
            out.write("来到北京!");
            out.close();
            FileReader in = new FileReader(file);
            int n = 0;
            while((n = in.read(b,0,2))!= -1){
                String str = new String(b,0,n);
                System.out.print(str);
            }
            in.close();
        }
        catch(IOException e){
            System.out.println(e);
        }
    }
}
```

注：对于 Writer 流，write 方法将数据首先写入到缓冲区，每当缓冲区溢出时，缓冲区的内容被自动写入到目的地，如果关闭流，缓冲区的内容会立刻被写入到目的地。流调用 flush() 方法可以立刻冲洗当前缓冲区，即将当前缓冲区的内容写入到目的地。

9.4 缓 冲 流

9.4.1 BufferedReader 类

BufferedReader 类创建的对象称为缓冲输入流，该输入流的指向必须是一个 Reader 流，称为 BufferedReader 流的底层流，底层流负责将数据读入缓冲区。BufferedReader 流的源就是这个缓冲区，缓冲输入流再从缓冲区中读取数据。

如果在读取文件时，每次准备读取文件的一行，仅仅使用前面学习过的 FileReader 就很难办到，因为我们无法知道每一行有多少个字符，FileReader 没有提供读取整行的方法。为了能实现按行读取，我们可以将 BufferedReader 与 FileReader 连接，然后 BufferedReader 就可以按行读取 FileReader 指向的文件。

BufferedReader 的构造方法如下：

```
BufferedReader(Reader in)
```

BufferedReader 流能够读取文本行,方法是 readLine()。

可以向 BufferedReader 传递一个 Reader 对象(如 FileReader 的实例)来创建一个 BufferedReader 对象:

```
FileReader inOne = new FileReader("Student.txt")
BufferedReader inTwo = new BufferedReader(inOne);
```

然后 inTwo 调用 readLine()顺序读取文件"Student.txt"的一行。

9.4.2 BufferedWriter 类

类似地,可以将 BufferedWriter 流与 FileWriter 流连接在一起,然后使用 BufferedWriter 流将数据写到目的地。FileWriter 流称为 BufferedWriter 的底层流,BufferedWriter 流将数据写入缓冲区,底层流负责将数据写到最终的目的地。例如,

```
FileWriter tofile = new FileWriter("hello.txt");
BufferedWriter out = new BufferedWriter(tofile);
```

BufferedReader 流调用方法:

```
write(String str)
write(String s,int off,int len)
```

把字符串 s 或 s 的一部分写入到目的地。

BufferedWriter 调用 newLine()方法,可以向文件写入一个回行,调用 flush()可以刷新缓冲区。

下面的例子 5 将文件"Student.txt"中的内容按行读出,并写入到另一个文件中,且给每一行加上行号。

【例子 5】

Example9_5.java

```java
import java.io.*;
public class Example9_5{
    public static void main(String args[ ]){
        File readFile = new File("Student.txt"),
        writeFile = new File("Hello.txt");
        try{ FileReader inOne = new FileReader("Student.txt");
            BufferedReader inTwo = new BufferedReader(inOne);
            FileWriter tofile = new FileWriter("hello.txt");
            BufferedWriter out = new BufferedWriter(tofile);
            String s = null;
            int i = 0;
            while((s = inTwo.readLine())!= null){
                i++;
                out.write(i + " " + s);
                out.newLine();
            }
            out.flush();
```

```
            out.close();
            tofile.close();
            inOne = new FileReader("hello.txt");
            inTwo = new BufferedReader(inOne);
            while((s = inTwo.readLine())!= null){
                System.out.println(s);
            }
            inOne.close();
            inTwo.close();
        }
        catch(IOException e){
            System.out.println(e);
        }
    }
}
```

9.4.3 标准化考试

标准化试题文件的格式要求如下：
- 每道题目之间用一个或多个星号（＊）字符分隔（最后一个题目的最后一行也是＊）。
- 每道题目提供 A、B、C、D 四个选择（单项选择）。

例如，下列 test.txt 是一套标准化考试的试题文件。

```
1. 北京奥运会是什么时候开幕的?
    A. 2008-08-08    B. 2008-08-01
    C. 2008-10-01    D. 2008-07-08
********************
2. 下列哪个国家不属于亚洲?
    A. 沙特   B. 印度   C. 巴西   D. 越南
********************
3. 下列哪个国家最爱踢足球?
    A. 刚果   B. 越南   C. 老挝   D. 巴西
********************
4. 下列哪种动物属于猫科动物?
    A. 鬣狗   B. 犀牛   C. 大象   D. 狮子
********************
```

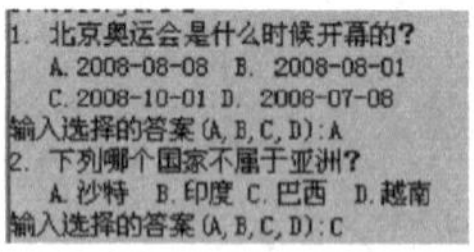

例子 6 使用输入流读取试题文件，每次显示试题文件中的一道题目。当读取到字符＊时，暂停读取，等待用户从键盘输入答案。用户做完全部题目后，程序给出用户的得分。程序运行效果如图 9.3 所示。

图 9.3 标准化考试

【例子 6】

Example9_6.java

```
import java.io.*;
```

```java
import java.util.Scanner;
public class Example9_6{
    public static void main(String args[ ]){
        Scanner inputAnswer = new Scanner(System.in);
        int score = 0;
        StringBuffer answer = new StringBuffer();       //存放用户的回答
        String result = "ACDD";                         //存放正确的答案
        try {
            FileReader inOne = new FileReader("test.txt");
            BufferedReader inTwo = new BufferedReader(inOne);
            String s = null;
            while((s = inTwo.readLine())!= null){
                if(!s.startsWith("*"))
                    System.out.println(s);
                else {
                    System.out.print("输入选择的答案(A,B,C,D):");
                    String str = inputAnswer.nextLine();
                    try {
                        char c = str.charAt(0);
                        answer.append(c);
                    }
                    catch(StringIndexOutOfBoundsException exp){
                        answer.append("*");
                    }
                }
            }
            inOne.close();
            inTwo.close();
        }
        catch(IOException exp){ }
        for(int i = 0;i < result.length();i++){
            if(result.charAt(i)== answer.charAt(i)||
                result.charAt(i)== answer.charAt(i) - 32)
                score++;
        }
        System.out.printf("最后的得分:%d\n",score);
    }
}
```

9.5 数 据 流

DataInputStream 类和 DataOutputStream 类创建的对象称为数据输入流和数据输出流。这是很有用的两个流,它们允许程序按照与机器无关的风格读取 Java 原始数据。也就是说,当我们读取一个数值时,不必再关心这个数值应当是多少个字节。DataInputStream 类和 DataOutputStream 类的构造方法:

- DataInputStream(InputStream in) ——将创建的数据输入流指向一个由参数 in

指定的输入流,以便从后者读取数据(按照与机器无关的风格读取)。
- DataOutputStream(OutnputStream out) ——将创建的数据输出流指向一个由参数 out 指定的输出流,然后通过这个数据输出流把 Java 数据类型的数据写到输出流 out。

下面的例子 7 示例写几个 Java 类型的数据到一个文件,并再读出来。

【例子 7】

Example9_7. java

```java
import java.io.*;
public class Example9_7{
    public static void main(String args[]){
        try{ FileOutputStream fos = new FileOutputStream("jerry.dat");
             DataOutputStream out_data = new DataOutputStream(fos);
             out_data.writeInt(100);out_data.writeInt(10012);
             out_data.writeLong(123456);
             out_data.writeFloat(3.1415926f); out_data.writeFloat(2.789f);
             out_data.writeDouble(987654321.1234);
             out_data.writeBoolean(true);out_data.writeBoolean(false);
             out_data.writeChars("I am ok");
        }
        catch(IOException e){}
        try{ FileInputStream fis = new FileInputStream("jerry.dat");
             DataInputStream in_data = new DataInputStream(fis);
             System.out.println(":" + in_data.readInt());         //读取第 1 个 int 整数
             System.out.println(":" + in_data.readInt());         //读取第 2 个 int 整数
             System.out.println(":" + in_data.readLong());        //读取 long 整数
             System.out.println(":" + in_data.readFloat());       //读取第 1 个 float 数
             System.out.println(":" + in_data.readFloat());       //读取第 2 个 float 数
             System.out.println(":" + in_data.readDouble());
             System.out.println(":" + in_data.readBoolean());     //读取第 1 个 boolean 值
             System.out.println(":" + in_data.readBoolean());     //读取第 2 个 boolean 值
             char c;
             while((c = in_data.readChar())!= '\0')               //'\0'表示空字符
                 System.out.print(c);
        }
        catch(IOException e){}
    }
}
```

9.6 对 象 流

ObjectInputStream 类和 ObjectOutputStream 类分别是 InputStream 类和 OutputStream 类的子类。ObjectInputStream 类和 ObjectOutputStream 类创建的对象被称为对象输入流和对象输出流。对象输出流使用 writeObject(Object obj)方法将一个对象 obj 写入输出流送往目的地,对象输入流使用 readObject()从源中读取一个对象到程序中。

ObjectInputStream 类和 ObjectOutputStream 类的构造方法分别是：ObjectInputStream(InputStream in) 和 ObjectOutputStream(OutputStream out)。

ObjectOutputStream 的指向应当是一个输出流对象，因此当准备将一个对象写入到文件时，首先用 FileOutputStream 创建一个文件输出流，如下所示：

```
FileOutputStream file_out = new FileOutputStream("tom.txt");
ObjectOutputStream object_out = new ObjectOutputStream(file_out);
```

同样，ObjectInputStream 的指向应当是一个输入流对象，因此当准备从文件中读入一个对象到程序中时，首先用 FileInputStream 创建一个文件输入流，如下所示：

```
FileInputStream file_in = new FileInputStream("tom.txt");
ObjectInputStream object_in = new ObjectInputStream(file_in);
```

当我们使用对象流写入或读入对象时，要保证对象是序列化的。这是为了保证能把对象写入到文件，并能再把对象正确读回到程序中。Java 提供的绝大多数对象都是序列化的，如组件等。一个类如果实现了 Serializable 接口，那么这个类创建的对象就是序列化的对象。Serializable 接口中的方法对程序是不可见的，因此实现该接口的类不需要实现额外的方法，当把一个序列化的对象写入到对象输出流时，JVM 就会实现 Serializable 接口中的方法，按照一定格式的文本将对象写入到目的地。需要注意的是，使用对象流把一个对象写入到文件时不仅保证该对象是序列化的，而且该对象的成员对象也必须是序列化的。

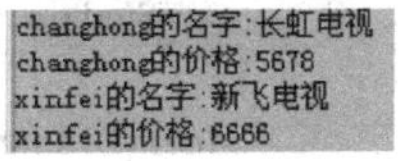

下面的例子 8 就是使用对象流读写 TV 类创建的对象。程序运行效果如图 9.4 所示。

图 9.4 使用对象流读写对象

【例子 8】

TV.java

```java
import java.io.*;
public class TV implements Serializable {
    String name;
    int price;
    public void setName(String s) {
        name = s;
    }
    public void setPrice(int n) {
        price = n;
    }
    public String getName() {
        return name;
    }
    public int getPrice() {
        return price;
    }
}
```

Example9_8.java

```java
import java.io.*;
public class Example9_8 {
    public static void main(String args[]) {
        TV changhong = new TV();
        changhong.setName("长虹电视");
        changhong.setPrice(5678);
        File file = new File("television.txt");
        try{
            FileOutputStream fileOut = new FileOutputStream(file);
            ObjectOutputStream objectOut = new ObjectOutputStream(fileOut);
            objectOut.writeObject(changhong);
            objectOut.close();
            FileInputStream fileIn = new FileInputStream(file);
            ObjectInputStream objectIn = new ObjectInputStream(fileIn);
            TV xinfei = (TV)objectIn.readObject();
            objectIn.close();
            xinfei.setName("新飞电视");
            xinfei.setPrice(6666);
            System.out.println("changhong 的名字:" + changhong.getName());
            System.out.println("changhong 的价格:" + changhong.getPrice());
            System.out.println("xinfei 的名字:" + xinfei.getName());
            System.out.println("xinfei 的价格:" + xinfei.getPrice());
        }
        catch(ClassNotFoundException event) {
            System.out.println("不能读出对象");
        }
        catch(IOException event) {
            System.out.println(event);
        }
    }
}
```

请读者仔细观察本例子中程序产生的 television.txt 文件中保存的对象序列化内容,尤其注意当 TV 类实现 Serializable 接口和不实现 Serializable 接口时,程序产生的 television.txt 文件在内容上的区别。

9.7 随机读写流

前面我们学习了用来处理文件的几个文件输入流、文件输出流,而且通过一些例子,已经了解了那些流的功能。Java 还提供了专门用来处理文件输入输出操作的功能更完善的 RandomAccessFile 流。当用户真正需要严格地处理文件时,就可以使用 RandomAccessFile 类来创建一个对象(称为随机读写流)。

RandomAccessFile 类创建的流与前面的输入/输出流不同,RandomAccessFile 类既不是输入流类 InputStream 的子类,也不是输出流类 OutputStram 的子类流。但是 RandomAccessFile 类创建的流的指向既可以作为源,也可以作为目的地。换句话说,当想对一个文件进行读写操作时,我们可以创建一个指向该文件的 RandomAccessFile 流,这样既可以从这个流中读取文件的数据,也可以通过这个流写入数据到文件。

RandomAccessFile 类有两种构造方法:

- RandomAccessFile(String name,String mode)——参数 name 用来确定一个文件名,给出创建的流的源,也是流目的地。参数 mode 取 r(只读)或 rw(可读写),决定创建的流对文件的访问权力。
- RandomAccessFile(File file,String mode)——参数 file 是一个 File 对象,给出创建的流的源,也是流的目的地。参数 mode 取 r(只读)或 rw(可读写),决定创建的流对文件的访问权力。

RandomAccessFile 流对文件的读写比顺序读写更为灵活,该类中有一个方法:seek(long a),用来移动 RandomAccessFile 流的读写位置,其中参数 a 确定读写位置距离文件开头的字节位置。流还可以调用 getFilePointer()方法获取当前流在文件中的读写的位置。

例子 9 把 5 个 int 类型整数写入到一个名字为 tom.dat 文件中,然后按相反顺序读出这些数据。一个 int 类型数据占 4 个字节,首先将读写位置移动到文件的第 16 个字节位置,读取 tom.dat 文件中最后一个整数,然后将读写位置再移动到文件的第 12 个字节,读取 tom.dat 文件中倒数第二个整数,依此类推将 tom.dat 文件中的整数按相反顺序读出。

【例子 9】

Example9_9.java

```
import java.io.*;
public class Example9_9{
    public static void main(String args[]){
        RandomAccessFile inAndOut = null;
        int data[] = {20,30,40,50,60};
        try{ inAndOut = new RandomAccessFile("a.dat","rw");
        }
        catch(Exception e){}
        try{   for(int i = 0;i < data.length;i++)
                  inAndOut.writeInt(data[i]);
               for(long i = data.length - 1;i > = 0;i -- ){
                  inAndOut.seek(i * 4);
                  System.out.printf("\t % d",inAndOut.readInt());
               }
               inAndOut.close();
        }
        catch(IOException e){}
    }
}
```

9.8 使用 Scanner 解析文件

在第 8 章的 8.3 节曾讨论了怎样使用 Scanner 类的对象解析字符串中的数据,本节将讨论怎样使用 Scanner 类的对象解析文件中的数据。

应用程序可能需要解析文件中的特殊数据,此时,应用程序可以把文件的内容全部读入内存后,再使用第8章的有关知识解析所需要的内容,其优点是处理速度快,但如果读入的内容较大将消耗较多的内存,即以空间换取时间。

本节介绍怎样借助 Scanner 类和正则表达式来解析文件,比如,要解析出文件中的特殊单词、数字等信息。使用 Scanner 类和正则表达式来解析文件的特点是以时间换取空间,即解析的速度相对较慢,但节省内存。

9.8.1 使用默认分隔标记解析文件

创建 Scanner 对象,并指向要解析的文件,例如:

```
File file = new File("hello.java");
Scanner sc = new Scanner(file);
```

那么 sc 将空格作为分隔标记,调用 next()方法依次返回 file 中的单词,如果 file 最后一个单词已被 next()方法返回,则 sc 调用 hasNext()将返回 false,否则返回 true。

另外,对于数字型的单词,比如 108、167.92 等可以用 nextInt()或 nextDouble()方法来代替 next()方法,即 sc 可以调用 nextInt()或 nextDouble()方法将数字型单词转化为 int 或 double 数据返回。需要特别注意的是,如果单词不是数字型单词,调用 nextInt()或 nextDouble()方法将发生 InputMismatchException 异常,在处理异常时可以调用 next()方法返回该非数字化单词。

假设 cost.txt 的内容如下:

TV cost 876 dollar, Computer cost 2398 dollar. The milk cost 98 dollar. The apple cost 198 dollar.

图9.5 解析文件中的价格

下面的例子 10 中使用 Scanner 对象解析文件 cost.txt 中的全部消费并计算出总消费。程序运行效果如图 9.5 所示。

【例子 10】

Example9_10.java

```
import java.io.*;
import java.util.*;
public class Example9_10 {
    public static void main(String args[]) {
        File file = new File("cost.txt");
        Scanner sc = null;
        int sum = 0;
        try {   sc = new Scanner(file);
                while(sc.hasNext()){
                    try{
                        int price = sc.nextInt();
                        sum = sum + price;
                        System.out.println(price);
```

```
                    }
                    catch(InputMismatchException exp){
                        String t = sc.next();
                    }
                }
                System.out.println("Total Cost:" + sum + " dollar");
            }
            catch(Exception exp){
                System.out.println(exp);
            }
        }
    }
```

9.8.2 使用正则表达式作为分隔标记解析文件

创建 Scanner 对象,指向要解析的文件,并使用 useDelimiter 方法指定正则表达式作为分隔标记,例如:

```
File file = new File("hello.java");
Scanner sc = new Scanner(file);
sc.useDelimiter(正则表达式);
```

那么 sc 将正则表达式作为分隔标记,调用 next()方法依次返回 file 中的单词,如果 file 最后一个单词已被 next()方法返回,则 sc 调用 hasNext()将返回 false,否则返回 true。

另外,对于数字型的单词,比如 1979、0.618 等可以用 nextInt()或 nextDouble()方法来代替 next()方法,即 sc 可以调用 nextInt()或 nextDouble()方法将数字型单词转化为 int 或 double 数据返回。需要特别注意的是,如果单词不是数字型单词,调用 nextInt()或 nextDouble()方法将发生 InputMismatchException 异常,那么在处理异常时可以调用 next()方法返回该非数字化单词。

下面的例子 11 使用正则表达式(匹配所有非数字字符串):String regex="[^0123456789.]+" 作为分隔标记解析 communicate.txt 文件中的通信费用,程序运行效果如图 9.6 所示)。以下是文件 communicate.txt 的内容。

图 9.6 解析文件中的通信费用

"市话费:176.89元,长途话费:187.98元,网络费:928.66元"

【例子 11】

Example9_11.java

```
import java.io.*;
import java.util.*;
public class Example9_11 {
    public static void main(String args[]) {
        File file = new File("communicate.txt");
```

```
        Scanner sc = null;
      double sum = 0;
      try { double fare = 0;
             sc = new Scanner(file);
             sc.useDelimiter("[^0123456789.]+");
             while(sc.hasNextDouble()){
                 fare = sc.nextDouble();
                 sum = sum + fare;
                 System.out.println(fare);
             }
             System.out.println("总通信费用:" + sum);
      }
      catch(Exception exp){
          System.out.println(exp);
      }
   }
}
```

9.8.3 单词记忆训练

下面的例子 12 是基于文本文件的英文单词训练程序,运行效果如图 9.7 所示,具体内容解释如下。

- 文本文件 word.txt 的内容由英文单词所构成,单词之间用空格或回行分隔,例如:first boy girl hello well。
- 使用 Scanner 流解析 word.txt 中的单词,并显示在屏幕上,然后要求用户输入该单词。
- 当用户输入单词时,程序将从屏幕上隐藏掉刚刚显示的单词,以便考核用户是否清晰地记住了这个单词。
- 程序读取了 word.txt 的全部内容后,将统计出用户背单词的正确率。

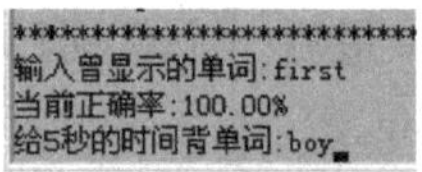

图 9.7 背单词

【例子 12】

Example9_12.java

```
import java.io.*;
import java.util.*;
public class Example9_12 {
    public static void main(String args[]) {
         File file = new File("english.txt");
         TestWord test = new TestWord();
         test.setFile(file);
         test.setStopTime(5);
         test.startTest();
    }
}
class TestWord
{
```

```
        File file;
        int stopTime;
        public void setFile(File f) {
            file = f;
        }
        public void setStopTime(int t) {
            stopTime = t;
        }
        public void startTest() {
            Scanner sc = null;
            Scanner read = new Scanner(System.in);
            int isRightNumber = 0,wordNumber = 0;
            try {   sc = new Scanner(file);
                    while(sc.hasNext()){
                        wordNumber++;
                        String word = sc.next();
                        System.out.printf("给%d秒的时间背单词:%s",stopTime,word);
                        Thread.sleep(stopTime*1000);
                        System.out.printf("\r"); // 将输出光标移动到本行开头(不回行)
                        for(int i = 1;i <= 50;i++)  //输出50个*,以便擦去曾显示的单词
                            System.out.printf("*");
                        System.out.printf("\n 输入曾显示的单词:");
                        String input = read.nextLine();
                        if(input == null)
                            input = "****";
                        if(input.equals(word)) {
                            isRightNumber++;
                        }
                        System.out.printf("当前正确率:%5.2f%%\n",
                                100*(float)isRightNumber/wordNumber);
                    }
                    System.out.printf("正确率:%5.2f%%\n",100*(float)isRightNumber/wordNumber);
            }
            catch(Exception exp){
                System.out.println(exp);
            }
        }
    }
```

9.9 小　　结

（1）输入流的指向称做源,程序从指向源的输入流中读取源中的数据；输出流的指向称做目的地,程序通过向输出流中写入数据把信息传递到目的地。

（2）InputStream 的子类创建的对象称为字节输入流,字节输入流按字节读取"源"中的数据,只要不关闭流,每次调用读取方法时就顺序地读取"源"中的其余内容。

（3）Reader 的子类创建的对象称为字符输入流,字节输入流按字符读取"源"中的数

据，只要不关闭流，每次调用读取方法时就顺序地读取"源"中的其余内容。

（4）OutputStream 的子类创建的对象称为字节输出流。字节输出流按字节将数据写入输出流指向的目的地中，只要不关闭流，每次调用写入方法就顺序地向目的地写入内容。

（5）Writer 的子类创建的对象称为字符输出流。字符输出流按字符将数据写入输出流指向的目的地中，只要不关闭流，每次调用写入方法就顺序地向目的地写入内容。

（6）使用对象流写入或读入对象时，要保证对象是序列化的。这是为了保证能把对象写入到文件，并能再把对象正确读回到程序中。

习 题 9

（1）按字节读取一个文件的内容，应当使用 FileInputStream 流还是 FileReader 流？
（2）FileInputStream 流的 read 方法与 FileReader 流的 read 方法有何不同？
（3）BufferedReader 流能直接指向一个文件对象吗？
（4）使用 ObjectInputStream 和 ObjectOutputStream 类有哪些注意事项？
（5）使用 RandomAccessFile 流将一个文本文件倒置读出。
（6）使用 Java 的输入/输出流将一个文本文件的内容按行读出，每读出一行就顺序添加行号，并写入到另一个文件中。
（7）数据流的特点是用 Java 的数据类型读写文件，但使用数据流写成的文件用其他文件阅读器无法进行阅读（看上去是乱码）。PrintStream 类提供了一个过滤输出流，该输出流能以文本格式显示 Java 的数据类型。上机实习下列程序：

```java
import java.io.*;
public class E{
   public static void main(String args[]) {
      try{    PrintStream ps = new PrintStream(new FileOutputStream("p.txt"));
              ps.print(12345.6789);
              ps.println(true);
              ps.close();
         }
      catch(IOException e){}
   }
}
```

第10章 JDBC 数据库操作

主要内容
- Microsoft Access 数据库管理系统
- JDBC
- 连接数据库
- 查询操作
- 更新、添加与删除操作
- 事务
- 批处理
- 标准化考试

目前许多应用程序都在使用数据库进行数据的存储与查询，其原因是数据库在数据查询、修改、保存、安全等方面有着其他数据处理手段无法替代的地位，比如，数据库支持强大的 SQL 语句，可进行事务处理等。本章将学习怎样使用 Java 提供的 JDBC 技术操作数据库，不涉及数据库设计原理。

10.1 Microsoft Access 数据库管理系统

学习使用 Java 中的 JDBC(Java DataBase Connectivity)操作数据库，须选用一个数据库管理系统，以便有效地学习 JDBC 技术，而且学习 JDBC 技术不依赖所选择的数据库。考虑到许多院校的实验环境都是 Microsoft 的操作系统，在安装 Office 办公软件的同时就安装好了 Microsoft Access 数据库管理系统，而且本章并非讲解数据库原理，而是讲解如何在 Java 中使用 JDBC 提供的 API 和数据库进行交互信息，特点是，只要掌握与某种数据库管理系统所管理的数据库交互信息，就会很容易地掌握和其他数据库管理系统所管理的数据库交互信息。所以，为了便于教学，本书使用的数据库管理系统是 Microsoft Access 数据库管理系统(读者可以选择任何熟悉的数据库管理系统学习本章的内容)。

10.1.1 建立数据库

使用 Microsoft Access 可以建立多个数据库，本章将建立一个名字为 shop 的数据库。操作步骤如下：

单击"开始"→"所有程序"→Microsoft Office→Microsoft Access 菜单选项,在新建数据库界面选择"空数据库",然后命名、保存新建的数据库,这里命名的数据库是 shop,保存在 C:\ch10 中,如图 10.1 所示。

10.1.2 创建表

创建好数据库后,就可以在该数据库下建立若干个表。为了在 shop 数据库中创建名字为 goods 的表,需在 shop 管理的"表"的界面上选择"使用设计器创建表",单击界面上的"设计"菜单,弹出建表界面,如图 10.2 所示。利用建表界面建立 goods 表,该表的字段(属性)为:

number(文本) name(文本) madeTime(日期) price(数字,双精度)

其中,number 字段为主键(在字段上右击来设置字段是否主键),如图 10.2 所示。

图 10.1　建立新 Access 的数据库

图 10.2　goods 表及字段属性

在 shop 管理的"表"的界面上,双击已创建的 goods 表可以为该表添加记录。

10.2　JDBC

为了使 Java 编写的程序不依赖于具体的数据库,Java 提供了专门用于操作数据库的 API,即 JDBC。JDBC 操作不同的数据库仅仅是连接方式上的差异而已,使用 JDBC 的应用程序一旦和数据库建立连接,就可以使用 JDBC 提供的 API 操作数据库(如图 10.3 所示)。

图 10.3　使用 JDBC 操作数据库

程序经常使用 JDBC 进行如下的操作:
- 与一个数据库建立连接;
- 向已连接的数据库发送 SQL 语句;
- 处理 SQL 语句返回的结果。

10.3 连接数据库

10.3.1 连接方式的选择

程序为了能与数据库交互信息，必须首先与数据库建立连接。和数据库建立连接的常用两种方式是：
- 建立 JDBC-ODBC 桥接器；
- 加载纯 Java 数据库驱动程序。

这两种方式都有各自的优势，应针对实际需求选择一种合理的方式。但是，使用 JDBC 的应用程序无论采用哪种方式连接数据库，都不会影响操作数据库的逻辑代码，这很有利于代码的维护和升级。所以，对于本章例子中的代码，只要更换连接数据库方式的代码就可以更改数据库的连接方式，而不必修改数据处理的代码。

如果使用加载纯 Java 数据库驱动程序连接数据库需要得到数据库厂家提供的纯 Java 数据库驱动程序，为了便于教学，本章使用 JDBC-ODBC 桥接器方式与数据库建立连接。

使用 JDBC-ODBC 桥接器方式的机制是，应用程序只需建立 JDBC 和 ODBC 之间的连接，即所谓的建立 JDBC-ODBC 桥接器，而和数据库的连接由 ODBC 去完成。

JDBC-ODBC 桥接器的优点是：ODBC(Open DataBase Connectivity)是 Microsoft 引进的数据库连接技术，提供了数据库访问的通用平台，而且 ODBC 驱动程序被广泛地使用，建立这种桥接器后，使得 JDBC 有能力访问几乎所有类型的数据库。缺点是：使得应用程序依赖于 ODBC，移植性较差，也就是说，应用程序所驻留的计算机必须提供 ODBC 系统平台(使用加载纯 Java 数据库驱动程序连接数据库的优点是不依赖平台)。

应用程序负责使用 JDBC 提供的 API 建立 JDBC-ODBC 桥接器，然后应用程序就可以请求与数据库建立连接，连接工作由 ODBC 完成。需要强调是，ODBC 使用"数据源"来管理数据库，所以必须事先将某个数据库设置成 ODBC 所管理的一个数据源，应用程序只能请求和 ODBC 管理的数据源建立连接。使用 JDBC-ODBC 桥接器方式与数据库建立连接的示意图如图 10.4 所示。

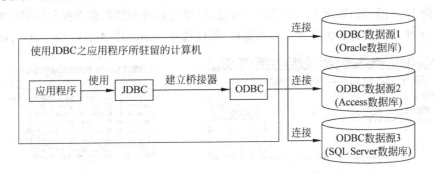

图 10.4 使用 JDBC-ODBC 桥接器方式

以下详细讲解使用 JDBC-ODBC 桥接器连接数据库的 3 个步骤。
- 建立 JDBC-ODBC 桥接器；
- 创建 ODBC 数据源；
- 和 ODBC 数据源建立连接。

以下假设应用程序所在的计算机要连接我们在 10.1 节建立的 shop 数据库。

10.3.2 建立 JDBC-ODBC 桥接器

JDBC 使用 java.lang 包中的 Class 类建立 JDBC-ODBC 桥接器。Class 类通过调用它的静态方法 forName 加载 sun.jdbc.odbc 包中的 JdbcOdbcDriver 类建立 JDBC-ODBC 桥接器。建立桥接器时可能发生异常，必须捕获这个异常，建立桥接器的代码是：

```
try{ Class.forName("sun.jdbc.odbc.JdbcOdbcDriver");
}
catch(ClassNotFoundException e) {
    System.out.println(e);
}
```

10.3.3 ODBC 数据源

应用程序所在的计算机负责创建数据源，因此，必须保证应用程序所在计算机有 ODBC 系统。Windows 2000、Windows XP 都有 ODBC 系统。

1. 创建、修改或删除数据源

选择"控制面板"→"管理工具"→"ODBC 数据源"（某些 Windows XP 系统,需选择"控制面板"→"性能和维护"→"管理工具"→"ODBC 数据源"）。双击 ODBC 数据源图标,出现如图 10.5 所示界面,该界面显示了用户已有的数据源的名称。选择"系统 DSN"或"用户 DSN",单击"添加"按钮,可以创建新的数据源；单击"配置"按钮,可以重新配置已有的数据源；单击"删除"按钮,可以删除已有的数据源。

2. 为数据源选择驱动程序

在图 10.5 所示的界面上单击"添加"按钮,出现为新增的数据源选择驱动程序的界面,如图 10.6 所示。因为要访问 Access 数据库,所以选择 Microsoft Access Driver(*.mdb)。

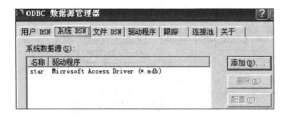

图 10.5 添加、修改或删除数据源

图 10.6 为新增的数据源选择驱动程序

3. 数据源名称及对应数据库的所在位置

选择驱动程序并单击"完成"按钮后将出现设置数据源具体项目的对话框,如图10.7所示。在"数据源名"文本框中为数据源起一个自己喜欢的名字,这里起的名字是myData。这个myData数据源就是指某个数据库。在"数据库"区域中选择一个数据库,这里我们选择的是C:\ch10下的shop.mdb数据库(见前面10.1.1小节所建立的数据库)。需要注意的是,在设置数据源时,请关闭Microsoft Access打开的shop.mdb数据库,否则系统将提示"非法路径"。

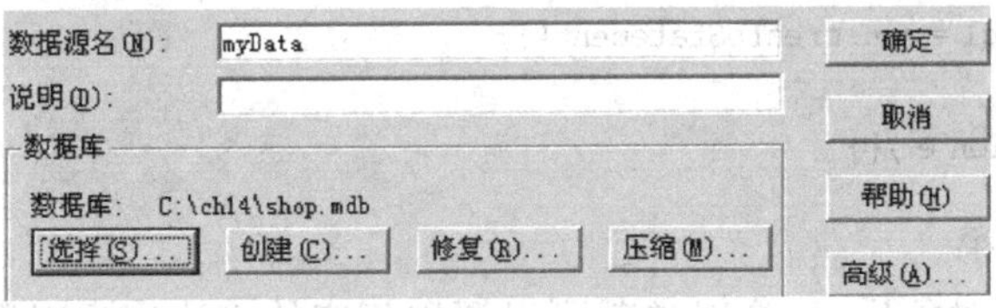

图10.7 设置数据源的名字和对应的数据库

10.3.4 建立连接

编写连接数据库代码不会出现数据库的名称,只能出现数据源的名字。首先使用java.sql包中的Connection类声明一个对象,然后再使用类DriverManager调用它的静态方法getConnection创建这个连接对象:

```
Connection con = DriverManager.getConnection("jdbc:odbc:数据源名字",
                                              "loginName"," password ");
```

假如没有为数据源设置loginName和password,那么连接形式是:

```
Connection con = DriverManager. getConnection("jdbc:odbc:数据源名字","","");
```

为了能和数据源myData交换数据,建立连接时应捕获SQLException异常:

```
try{ Connection con = DriverManager.getConnection("jdbc:odbc:myData","","");
}
catch(SQLException e){}
```

程序一旦与某个数据源建立连接,就可以通过SQL语句和该数据源所指定的数据库中的表交互信息,比如查询、修改、更新表中的记录。

10.4 查询操作

和数据库建立连接后,就可以使用JDBC提供的API和数据库交互信息。比如查询、修改和更新数据库中的表等。JDBC和数据库表进行交互的主要方式是使用SQL语句,JDBC提供的API可以将标准的SQL语句发送给数据库,实现和数据库的交互。

10.4.1 顺序查询

对一个数据库中表进行查询操作的具体步骤如下。

1. 向数据库发送 SQL 查询语句

首先使用 Statement 声明一个 SQL 语句对象,然后让已创建的连接对象 con 调用方法 createStatment()创建这个 SQL 语句对象,代码如下:

```
try{ Statement sql = con.createStatement();
}
catch(SQLException e ){}
```

2. 处理查询结果

有了 SQL 语句对象后,这个对象就可以调用相应的方法实现对数据库中表的查询和修改,并将查询结果存放在一个 ResultSet 类声明的对象中。也就是说 SQL 查询语句对数据库的查询操作将返回一个 ResultSet 对象,ResultSet 对象是由统一形式的列组织的数据行组成。例如,对于

```
ResultSet rs = sql.executeQuery("SELECT * FROM goods");
```

内存的结果集对象 rs 的列数是 4 列,正好和 goods 的列数相同,第 1 列至第 4 列分别是 number、name、madeTime 和 price 列;而对于

```
ResultSet rs = sql.executeQuery("SELECT name,price FROM goods");
```

内存的结果集对象 rs 列数只有两列,第 1 列是 name 列、第 2 列是 price 列。

ResultSet 对象一次只能看到一个数据行,使用 next()方法移到下一数据行,获得一行数据后,ResultSet 对象可以使用 getXxx 方法获得字段值(列值),将位置索引(第 1 列使用 1,第 2 列使用 2,等等)或列名传递给 getXxx 方法的参数即可。表 10.1 给了出了 ResultSet 对象的若干方法。

表 10.1 ResultSet 对象的若干方法

返回类型	方法名称	返回类型	方法名称
boolean	next()	byte	getByte(String columnName)
byte	getByte(int columnIndex)	Date	getDate(String columnName)
Date	getDate(int columnIndex)	double	getDouble(String columnName)
double	getDouble(int columnIndex)	float	getFloat(String columnName)
float	getFloat(int columnIndex)	int	getInt(String columnName)
int	getInt(int columnIndex)	long	getLong(String columnName)
long	getLong(int columnIndex)	String	getString(String columnName)
String	getString(int columnIndex)		

注:无论字段是何种属性,总可以使用 getString(int columnIndex)或 getString(String columnName)方法返回字段值的串表示。

注：当使用 ResultSet 的 getXxx 方法查看一行记录时，不可以颠倒字段的顺序，例如，不可以

rs.getDouble(4);
rs.getDate(3)

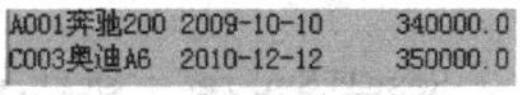

以下例子 1 是一个简单的 Java 应用程序，该程序连接到数据源 myData，查询 goods 表中 price 字段值大于 300000 的全部记录。程序运行效果如图 10.8 所示。

图 10.8　使用 JDBC-ODBC 桥接器连接数据库

【例子 1】

Example10_1.java

```java
import java.sql.*;
public class Example10_1 {
    public static void main(String args[]) {
        Connection con;
        Statement sql;
        ResultSet rs;
        try{ Class.forName("sun.jdbc.odbc.JdbcOdbcDriver");
        }
        catch(ClassNotFoundException e) {
            System.out.print(e);
        }
        try {
             con = DriverManager.getConnection("jdbc:odbc:myData","","");
             sql = con.createStatement();
             rs = sql.executeQuery("SELECT * FROM goods WHERE price > 300000");
             while(rs.next()) {
                String number = rs.getString(1);
                String name = rs.getString(2);
                Date date = rs.getDate("madeTime");
                double price = rs.getDouble("price");
                System.out.printf("%-4s",number);
                System.out.printf("%-6s",name);
                System.out.printf("%-15s",date.toString());
                System.out.printf("%6s\n",price);
             }
             con.close();
        }
        catch(SQLException e) {
            System.out.println(e);
        }
    }
}
```

10.4.2　控制游标

前面学习了使用 ResultSet 类的 next()方法顺序地查询数据，但有时候需要在结果集中前后移动、显示结果集中某条记录或随机显示若干条记录等。这时，必须要返回一个可滚动

的结果集。为了得到一个可滚动的结果集,需使用下述方法获得一个 Statement 对象:

```
Statement stmt = con.createStatement(int type , int concurrency);
```

然后,根据参数的 type、concurrency 的取值情况,stmt 返回相应类型的结果集:

```
ResultSet re = stmt.executeQuery(SQL 语句);
```

type 的取值决定滚动方式,取值可以是:
- ResultSet.TYPE_FORWORD_ONLY   结果集的游标只能向下移动。
- ResultSet.TYPE_SCROLL_INSENSITIVE   结果集的游标可以上下移动,当数据库变化时,当前结果集不变。
- ResultSet.TYPE_SCROLL_SENSITIVE   返回可滚动的结果集,当数据库变化时,当前结果集同步改变。

Concurrency 取值决定是否可以用结果集更新数据库,Concurrency 取值:
- ResultSet.CONCUR_READ_ONLY   不能用结果集更新数据库中的表。
- ResultSet.CONCUR_UPDATABLE   能用结果集更新数据库中的表。

滚动查询经常用到 ResultSet 的下述方法:
- public boolean previous()   将游标向上移动,该方法返回 boolean 型数据,当移到结果集第一行之前时返回 false。
- public void beforeFirst   将游标移动到结果集的初始位置,即在第一行之前。
- public void afterLast()   将游标移到结果集最后一行之后。
- public void first()   将游标移到结果集的第一行。
- public void last()   将游标移到结果集的最后一行。
- public boolean isAfterLast()   判断游标是否在最后一行之后。
- public boolean isBeforeFirst()   判断游标是否在第一行之前。
- public boolean ifFirst()   判断游标是否指向结果集的第一行。
- public boolean isLast()   判断游标是否指向结果集的最后一行。
- public int getRow()   得到当前游标所指行的行号,行号从 1 开始,如果结果集没有行,则返回 0。
- public boolean absolute(int row)   将游标移到参数 row 指定的行号。

注意:如果 row 取负值,就是倒数的行数,absolute(-1)表示移到最后一行,absolute(-2)表示移到倒数第 2 行。当移动到第一行前面或最后一行的后面时,该方法返回 false。

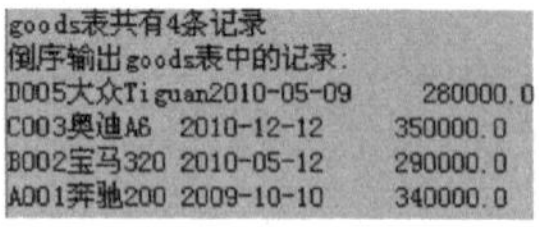

在下面的例子 2 中,在查询 goods 表时,首先将游标移动到最后一行,然后再获取最后一行的行号,以便获得表中的记录数目。程序倒序输出 goods 表中的记录,效果如图 10.9 所示。

图 10.9 控制游标

【例子 2】

Example10_2.java

```
import java.sql.*;
```

```java
public class Example10_2 {
    public static void main(String args[]) {
        Connection con;
        Statement sql;
        ResultSet rs;
        try{ Class.forName("sun.jdbc.odbc.JdbcOdbcDriver");
        }
        catch(ClassNotFoundException e) {
            System.out.print(e);
        }
        try {
            con = DriverManager.getConnection("jdbc:odbc:myData","","");
            sql = con.createStatement(ResultSet.TYPE_SCROLL_SENSITIVE,
                                     ResultSet.CONCUR_READ_ONLY);
            rs = sql.executeQuery("SELECT * FROM goods ");
            rs.last();
            int rows = rs.getRow();
            System.out.println("goods 表共有" + rows + "条记录");
            rs.afterLast();
            System.out.println("倒序输出 goods 表中的记录:");
            while(rs.previous()) {
                String number = rs.getString(1);
                String name = rs.getString(2);
                Date date = rs.getDate("madeTime");
                double price = rs.getDouble("price");
                System.out.printf(" %-4s",number);
                System.out.printf(" %-6s",name);
                System.out.printf(" %-15s",date.toString());
                System.out.printf(" %6s\n",price);
            }
            con.close();
        }
        catch(SQLException e) {
            System.out.println(e);
        }
    }
}
```

10.4.3 条件查询

在下面的例子 3 中,分别按商品号和价格查询记录。主类将查询条件传递 Query 类的实例。程序运行效果如图 10.10 所示。

图 10.10 条件查询

【例子 3】

Example10_3.java

```java
import java.sql.*;
public class Example10_3 {
```

```java
public static void main(String args[]) {
    Query query = new Query();
    String dataSource = "myData";
    String tableName = "goods";
    query.setDatasourceName(dataSource);
    query.setTableName(tableName,4);
    String number = "A001";
    String SQL = "SELECT * FROM " + tableName + " WHERE number = '" + number + "'";
    query.setSQL(SQL);
    System.out.println(tableName + "表中商品号是" + number + "的记录");
    query.inputQueryResult();
    double max = 300000,min = 260000;
    SQL = "SELECT * FROM " + tableName + " WHERE price >= " + min + " AND price <= " + max;
    query.setSQL(SQL);
    System.out.println(tableName + "表中价格在" + min + "和" + max + "之间的记录:");
    query.inputQueryResult();
  }
}
```

Query.java

```java
import java.sql.*;
public class Query {
    String datasourceName = "";          //数据源名
    String tableName = "";               //表名
    int columns;                         //表的字段个数(列数)
    String SQL;                          //SQL 语句
    public Query() {
        try{ Class.forName("sun.jdbc.odbc.JdbcOdbcDriver");
        }
        catch(ClassNotFoundException e) {
            System.out.print(e);
        }
    }
    public void setDatasourceName(String s) {
        datasourceName = s.trim();
    }
    public void setTableName(String s,int columns) {
        tableName = s.trim();
        this.columns = columns;
    }
    public void setSQL(String SQL) {
        this.SQL = SQL.trim();
    }
    public void inputQueryResult() {
        Connection con;
        Statement sql;
        ResultSet rs;
        try {
            String uri = "jdbc:odbc:" + datasourceName;
```

```java
            String id = "";
            String password = "";
            con = DriverManager.getConnection(uri,id,password);
            sql = con.createStatement();
            rs = sql.executeQuery(SQL);
            while(rs.next()) {
               for(int k = 1;k < = columns;k++) {
                   System.out.print(" " + rs.getString(k) + " ");
               }
               System.out.println("");
            }
            con.close();
      }
      catch(SQLException e) {
            System.out.println("请输入正确的表名" + e);
      }
   }
}
```

10.4.4 排序查询

可以在 SQL 语句中使用 ORDER BY 子语句对记录排序,例如,按 price 排序查询的 SQL 语句:

```
SELECT * FROM goods ORDER BY price
```

在下面的例子 4 使用例子 3 中的 Query 类的实例分别按商品名称和价格排序 goods 表中的全部记录。程序运行效果如图 10.11 所示。

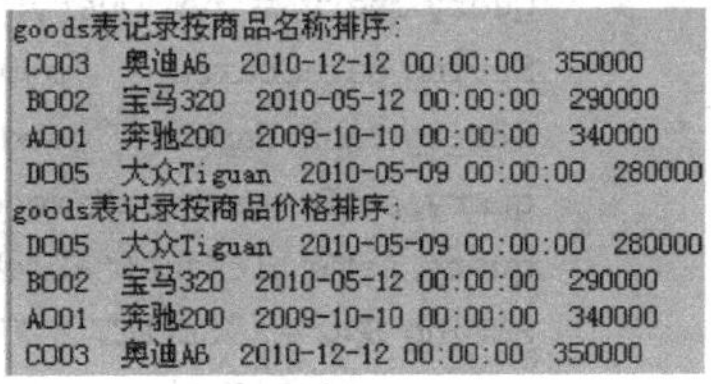

图 10.11 排序记录

【例子 4】

Example10_4.java

```java
import java.sql.*;
public class Example10_4 {
   public static void main(String args[]) {
      Query query = new Query();
      String dataSource = "myData";
      String tableName = "goods";
      query.setDatasourceName(dataSource);
      query.setTableName(tableName,4);
      String SQL = "SELECT * FROM " + tableName + " ORDER BY name";
      query.setSQL(SQL);
      System.out.println(tableName + "表记录按商品名称排序:");
      query.inputQueryResult();
      SQL = "SELECT * FROM " + tableName + " ORDER BY price";
      query.setSQL(SQL);
      System.out.println(tableName + "表记录按商品价格排序:");
```

```
        query.inputQueryResult();
    }
}
```

10.4.5 模糊查询

可以用 SQL 语句操作符 LIKE 进行模式般配,使用"％"代替零个或多个字符,用一个下画线"_"代替一个字符,用[abc]代替 a、b、c 中的任何一个。比如,下述语句查询商品名称中含有"T"或"宝"的记录:

```
rs = sql.executeQuery("SELECT * FROM goods WHERE name LIKE '[T宝]%'");
```

在下面的例子 5 中使用例子 3 中 Query 类的实例模糊查询表中的记录。程序运行效果如图 10.12 所示。

图 10.12 模糊查询

【例子 5】

Example10_5.java

```
import java.sql.*;
public class Example10_5 {
    public static void main(String args[]) {
        Query query = new Query();
        String dataSource = "myData";
        String tableName = "goods";
        query.setDatasourceName(dataSource);
        query.setTableName(tableName,4);
        String SQL = "SELECT * FROM " + tableName + " WHERE name LIKE '%[T宝]%'";
        query.setSQL(SQL);
        System.out.println(tableName+"表中商品名称含有"T"或"宝"的记录:");
        query.inputQueryResult();
    }
}
```

10.5 更新、添加与删除操作

Statement 对象调用方法:

```
public int executeUpdate(String sqlStatement);
```

通过参数 sqlStatement 指定的方式实现对数据库表中记录的更新、添加和删除操作。更新、添加和删除记录的 SQL 语法分别是:

UPDATE <表名> SET <字段名> = 新值 WHERE <条件子句>
INSERT INTO 表(字段列表) VALUES (对应的具体的记录)或 INSERT INTO 表(VALUES (对应的具体的记录)

```
DELETE FROM <表名> WHERE <条件子句>
```

例如，下述 SQL 语句将 goods 表中 name 字段值为"海尔电视机"的记录的 price 字段的值更新为 3009：

```
UPDATE goods SET price = 3009 WHERE name = '海尔电视机'
```

下述 SQL 语句将向 goods 表中添加一条新的记录('A009','手机','2010-12-20',3976)：

```
INSERT INTO goods(number,name,madeTime,price) VALUES ('A009','手机', '2010-12-20',3976)
```

下述 SQL 语句将删除 goods 表中的 number 字段值为'B002'的记录：

```
DELETE FROM goods WHERE number = 'B002'
```

注：可以使用一个 Statement 对象进行更新操作，但需要注意的是，当查询语句返回结果集后，没有立即输出结果集的记录，而接着执行了更新语句，那么结果集就不能输出记录了。要想输出记录就必须重新返回结果集。

在下面的例子 6 中，ModifyTable 类能更新、插入和删除表中的记录。

【例子 6】

Example10_6.java

```java
import java.sql.*;
public class Example10_6 {
    public static void main(String args[]) {
        ModifyTable modify = new ModifyTable();
        modify.setDatasourceName("myData");
        modify.setSQL("UPDATE goods SET price = 3009 WHERE name = '海尔电视机'");
        String backMess = modify.modifyRecord();
        System.out.println(backMess);
        modify.setSQL("INSERT INTO goods VALUES ('A009','手机','2010-12-20',3976)");
        backMess = modify.modifyRecord();
        System.out.println(backMess);
    }
}
```

ModifyTable.java

```java
import java.sql.*;
public class ModifyTable {
    String datasourceName = "";
    String SQL,message = "";
    public ModifyTable() {
        try{ Class.forName("sun.jdbc.odbc.JdbcOdbcDriver");
        }
        catch(ClassNotFoundException e) {
            System.out.print(e);
        }
    }
```

```java
    public void setSQL(String SQL) {
       this.SQL = SQL;
    }
    public void setDatasourceName(String s) {
       datasourceName = s.trim();
    }
    public String modifyRecord() {
       Connection con = null;
       Statement sql = null;
       try {   String uri = "jdbc:odbc:" + datasourceName;
               String id = "";
               String password = "";
               con = DriverManager.getConnection(uri,id,password);
               sql = con.createStatement();
               sql.execute(SQL);
               message = "操作成功";
               con.close();
       }
       catch(SQLException e)
           { message = e.toString();
           }
       return message;
    }
}
```

10.6 事　务

10.6.1 事务及处理

事务由一组 SQL 语句组成,所谓事务处理是指：应用程序保证事务中的 SQL 语句要么全部都执行,要么一个都不执行。

事务处理是保证数据库中数据完整性与一致性的重要机制。应用程序与数据库建立连接之后,可能使用多条 SQL 语句操作数据库中的一个表或多个表,例如,一个管理资金转账的应用程序为了完成一个简单的转账业务可能需要两条 SQL 语句,即需要将数据库 user 表中 id 号是 0001 的记录的 userMoney 字段值由原来的 100 更改为 50,然后将 id 号是 0002 的记录的 userMoney 字段值由原来的 20 更新为 70。应用程序必须保证这两条 SQL 语句要么全都执行,要么全都不执行。

10.6.2 JDBC 事务处理步骤

1. 用 setAutoCommit()方法关闭自动提交模式

所谓关闭自动提交模式,就是关闭 SQL 语句的立刻生效性。与数据库建立一个连接对象后,比如 con。那么 con 的提交模式是自动提交模式,即该连接对象 con 产生的 Statement(PreparedStatement 对象)对数据库提交任何一条 SQL 语句操作都会立刻生效,使得数据库中的数据发生变化,这显然不能满足事物处理的要求。比如,在转账操作时,将用户"0001"的 userMoney 的值由原来的 100 更改为 50 的操作不应当立刻生效,而应等到"0002"的用户的 userMoney 的值由原来的 20 更新为 70 后一起生效,如果第二条语句 SQL 语句操作未能成功,则第一条 SQL 语句操作就不应当生效。为了能进行事务处理,必须关闭 con 的这个默认设置。

con 对象首先调用 setAutoCommit(boolean autoCommit)方法,将参数 autoCommit 取值 false 来关闭默认设置:

```
con.setAutoCommit(false);
```

2. 用 commit()方法处理事务

con 调用 setAutoCommit(false)后,con 所产生的 Statement 对象对数据库提交任何一条 SQL 语句都不会立刻生效,这样一来,就有机会让 Statement 对象(PreparedStatement 对象)提交多条 SQL 语句,这些 SQL 语句就是一个事务。事务中的 SQL 语句不会立刻生效,直到连接对象 con 调用 commit()方法。con 调用 commit()方法就是让事务中的 SQL 语句全部生效。

3. 用 rollback()方法处理事务失败

所谓处理事务失败就是撤销事务所做的操作。con 调用 commit()方法进行事务处理时,只要事务中任何一个 SQL 语句未能生效成功,就抛出 SQLException 异常。在处理 SQLException 异常时,必须让 con 调用 rollback()方法,其作用是:撤销事务中成功执行的 SQL 语句对数据库数据所做的更新、插入或删除操作,即撤销引起数据发生变化的 SQL 语句所产生的操作,将数据库中的数据恢复到 commit()方法执行之前的状态。

在下面的例子 7 使用了事务处理,将 goods 表中 number 字段是"A001"的 price 的值减少 n,并将减少的 n 增加到字段是"B002"的 price 上。

【例子 7】

Example10_7.java

```java
import java.sql.*;
public class Example10_7{
    public static void main(String args[]){
        Connection con = null;
        Statement sql;
        ResultSet rs;
        try { Class.forName("sun.jdbc.odbc.JdbcOdbcDriver");
        }
        catch(ClassNotFoundException e){
            System.out.println("" + e);
        }
        try{ double n = 1;
            con = DriverManager.getConnection("jdbc:odbc:myData","","");
            con.setAutoCommit(false);   //关闭自动提交模式
```

```
            sql = con.createStatement();
            rs = sql.executeQuery("SELECT * FROM goods WHERE number = 'A001'");
            rs.next();
            double priceOne = rs.getDouble("price");
            System.out.println("事务操作之前 A001 的 price:" + priceOne);
            rs = sql.executeQuery("SELECT * FROM goods WHERE number = 'B002'");
            rs.next();
            double priceTwo = rs.getDouble("price");
            System.out.println("事务操作之前 B002 的 price:" + priceTwo);
            priceOne = priceOne - n;
            priceTwo = priceTwo + n;
            sql.executeUpdate
                ("UPDATE goods SET price = " + priceOne + " WHERE number = 'A001'");
            sql.executeUpdate
                ("UPDATE goods SET price = " + priceTwo + " WHERE number = 'B002'");
            con.commit();              //开始事务处理,如果发生异常直接执行 catch 块
            con.setAutoCommit(true);   //恢复自动提交模式
            rs = sql.executeQuery("SELECT * FROM goods WHERE number = 'A001'");
            rs.next();
            priceOne = rs.getDouble("price");
            System.out.println("事务操作之后 A001 的 price:" + priceOne);
            rs = sql.executeQuery("SELECT * FROM goods WHERE number = 'B002'");
            rs.next();
            priceTwo = rs.getDouble("price");
            System.out.println("事务操作之后 B002 的 price:" + priceTwo);
            con.close();
        }
        catch(SQLException e){
            try{ con.rollback();        //撤销事务所做的操作
            }
            catch(SQLException exp){}
            System.out.println(e);
        }
    }
}
```

10.7 批 处 理

　　程序在与数据库交互时,可能需要执行多个对表进行更新操作的 SQL 语句,这就需要 Statement 对象反复执行 execute()方法。能否让 Statement 对象调用一个方法执行多个 SQL 语句呢? 即能否对 SQL 语句进行批处理呢?

　　JDBC 为 Statement 对象提供了批处理功能,即 Statement 对象调用 executeBatch() 方法可以一次执行多条 SQL 语句,只要事先让 Statement 对象调用 addBatch(String sql) 方法将要执行的 SQL 语句添加到该对象中即可。

　　在对若干个 SQL 进行批处理时,如果不允许批处理中的任何 SQL 语句执行失败,那么和前面讲解处理事务的情况相同,要事先关闭连接对象的自动提交模式,即将批处理作

为一个事务来对待,否则批处理中成功执行的 SQL 语句将立刻生效。

在下面的例子 8 中 Statement 对象调用 executeBatch()方法对多个 SQL 语句进行了批处理,并将批处理作为一个事务。

【例子 8】

Example10_8.java

```java
import java.sql.*;
public class Example10_8 {
    public static void main(String args[]){
        Connection con = null;
        Statement sql;
        ResultSet rs;
        try { Class.forName("sun.jdbc.odbc.JdbcOdbcDriver");
        }
        catch(ClassNotFoundException e){
             System.out.println("" + e);
        }
        try{ double n = 500;
             con = DriverManager.getConnection("jdbc:odbc:myData","","");
             con.setAutoCommit(false);     //关闭自动提交模式
             sql = con.createStatement();
             sql.addBatch("UPDATE goods SET price = 5555 WHERE number = 'A001'");
             sql.addBatch("UPDATE goods SET name = 'haierTV' WHERE number = 'A001'");
             sql.addBatch("UPDATE goods SET price = '8765' WHERE number = 'B002'");
             sql.addBatch("INSERT INTO goods VALUES ('A777','北京电视机','2010-12-20',
                          3976)");
             int [] number = sql.executeBatch();
                                  //开始批处理,返回被执行的 SQL 语句的序号
             con.commit();        //进行事务处理
             System.out.println("共有" + number.length + "条 SQL 语句被执行");
             sql.clearBatch();
             con.close();
        }
        catch(SQLException e){
             try{ con.rollback();
             }
             catch(SQLException exp){}
             System.out.println(e);
        }
    }
}
```

10.8 标准化考试

在第 9 章的 9.4.3 小节曾设计了一个基于文件的标准化考试。本节基于数据库,设计一个标准化考试,程序运行效果如图 10.13 所示。

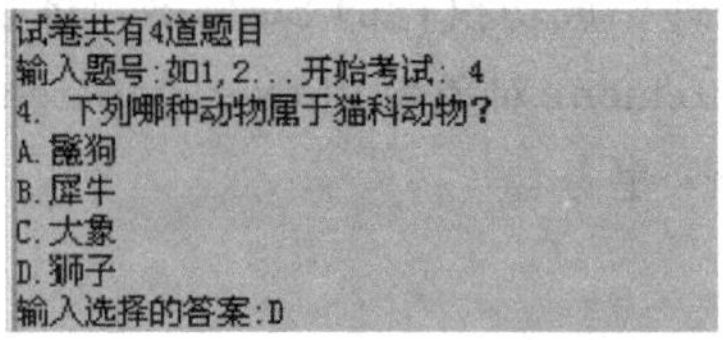

图 10.13 基于数据库的标准化考试

需要建立一个数据库,在该库中创建名字为 testForm 的表,表的每条记录是试题、选项和答案,如图 10.14 所示。将数据库设置为名字为 test 的数据源。

timu	itemA	itemB	itemC	itemD	itemAnswer
1. 北京奥运会是什么时候开幕的?	A. 2008-08-08	B. 2008-08-01	C. 2008-10-01	D. 2008-07-08	A
2. 下列哪个国家不属于亚洲?	A. 沙特	B. 印度	C. 巴西	D. 越南	C
3. 2010年世界杯是在哪个国家举行的?	A. 美国	B. 英国	C. 南非	D. 巴西	C
4. 下列哪种动物属于猫科动物?	A. 鬣狗	D. 犀牛	C. 大象	D. 狮子	D

图 10.14 存放试题、选项和答案的 testForm 表

例子 9 中 ReadExaminationPaper 类负责查询数据库,获得题目的个数以及试题内容。

【例子 9】

Example10_9.java

```
import java.io.*;
import java.util.*;
public class Example10_9 {
    public static void main(String args[]) {
        ReadExaminationPaper reader;           //负责读入试题
        reader = new ReadExaminationPaper();
        reader.setSourceName("test");
        reader.setTableName("testForm");
        Scanner scanner = new Scanner(System.in);
        int amount = reader.getAmount();   //获取试题数目
        if(amount==0) {
            System.out.printf("没有试题,无法考试");
            System.exit(0);                //退出程序
        }
        System.out.printf("试卷共有%d道题目\n",amount);
        System.out.printf("输入题号:如1,2...开始考试: ");
        while(scanner.hasNextInt()) {
            int number = scanner.nextInt();
            String huiche = scanner.nextLine();    //消耗调用户输入题号后的回车
            if(number>=1&&number<=amount) {
                String timu[] = reader.getExamQuestion(number);
                for(int i=0;i<timu.length-1;i++)
                    System.out.println(timu[i]);     //输出试题和选项
                System.out.printf("输入选择的答案:");
                String answer = scanner.nextLine();
```

```java
            if(answer.compareToIgnoreCase(timu[5])== 0)
                System.out.printf("第" + number + "题做对了\t");
            else
                System.out.printf("第" + number + "题做错了\t");
            System.out.printf("输入任意字母结束考试\t,输入题号继续考试：");
          }
          else {
            System.out.printf("题号不合理\n");
            System.out.printf("输入任意字母结束考试,输入题号继续考试");
          }
       }
    }
}
```

ReadExaminationPaper.java

```java
import java.sql.*;
public class ReadExaminationPaper {
    String sourceName,tableName;
    public ReadExaminationPaper() {
       try{ Class.forName("sun.jdbc.odbc.JdbcOdbcDriver");
       }
       catch(ClassNotFoundException e) {
           System.out.print(e);
       }
    }
    public int getAmount(){
       Connection con;
       Statement sql;
       ResultSet rs;
       try {
            String uri = "jdbc:odbc:" + sourceName;
            String id = "";
            String password = "";
            con = DriverManager.getConnection(uri,id,password);
            sql = con.createStatement(ResultSet.TYPE_SCROLL_SENSITIVE,
                                     ResultSet.CONCUR_READ_ONLY);
            rs = sql.executeQuery("SELECT * FROM " + tableName);
            rs.last();
            int rows = rs.getRow();
            return rows;
        }
        catch(SQLException exp){
            System.out.println("" + exp);
            return 0;
        }
    }
    public String[] getExamQuestion(int number) {
```

```java
            Connection con;
            Statement sql;
            ResultSet rs;
            String [] examinationPaper = new String[6];
            try {
                    String uri = "jdbc:odbc:" + sourceName;
                    String id = "";
                    String password = "";
                    con = DriverManager.getConnection(uri,id,password);
                    sql = con.createStatement(ResultSet.TYPE_SCROLL_SENSITIVE,
                                              ResultSet.CONCUR_READ_ONLY);
                    rs = sql.executeQuery("SELECT * FROM testForm");
                    rs.absolute(number);
                    examinationPaper[0] = rs.getString(1);       //题目
                    examinationPaper[1] = rs.getString(2);       //选项 A
                    examinationPaper[2] = rs.getString(3);       //选项 B
                    examinationPaper[3] = rs.getString(4);       //选项 C
                    examinationPaper[4] = rs.getString(5);       //选项 D
                    examinationPaper[5] = rs.getString(6);       //答案
                    con.close();
             }
             catch(SQLException e) {
                    System.out.println("无法获得试题" + e);
             }
             return examinationPaper;
        }
        public void setTableName(String s){
            tableName = s;
        }
        public void setSourceName(String s) {
            sourceName = s;
        }
   }
```

10.9 小　　结

(1) JDBC 技术在数据库开发中占有很重要的地位，JDBC 操作不同的数据库仅仅是连接方式上的差异而已，使用 JDBC 的应用程序一旦与数据库建立连接，就可以使用 JDBC 提供的 API 操作数据库。

(2) JDBC 和数据库建立连接有两种常用方式：建立 JDBC-ODBC 桥接器和加载纯 Java 数据库驱动程序，无论使用哪种方式连接数据库，都不会影响操作数据库的逻辑代码。

习 题 10

(1) 设置数据源的主要步骤有哪些？

(2) 如果采用 JDBC-ODBC 方式连接数据库，程序代码中是否要必须要使用数据库的名字才能与数据库建立连接。

(3) 什么叫事务，事务处理步骤是怎样的？

(4) 参照本章例子 1，编写一个应用程序来查询 Access 数据库，用户可以从键盘输入数据源名、表名。

(5) 参照本章例子 5，按商品名称进行模糊查询（用户从键盘输入商品名称）。

第 11 章 组件及事件处理

主要内容
- Java Swing 概述
- 窗口
- 常用组件与布局
- 处理事件
- 使用 MVC 结构
- 对话框
- 发布 GUI 程序

尽管 Java 的优势是网络应用方面,但 Java 也提供了强大的用于开发桌面程序的 API,这些 API 在 javax. swing 包中。Java Swing 不仅为桌面程序设计提供了强大的支持,而且 Java Swing 中的许多设计思想(特别是事件处理)对于掌握面向对象编程是非常有意义的。实际上 Java Swing 是 Java 的一个庞大分支,内容相当丰富,本章只能选择几个有代表性的 Swing 组件给予简单介绍,如果想深入学习 Swing 组件,可以参考两本著名的巨著:《JFC 核心编程》(中译本,清华大学出版社)和《Java 2 图形设计》卷 2:SWING(中译本,机械工业出版社)。

11.1 Java Swing 概述

通过图形用户界面(GUI:Graphics User Interface),用户和程序之间可以方便地进行交互。Java 的 java. awt 包,即 Java 抽象窗口工具包(AWT:Abstract Window Toolkit)提供了许多用来设计 GUI 的组件类。Java 早期进行用户界面设计时,主要使用 java. awt 包提供的类,比如 Button(按钮)、TextField(文本框)、List(列表)等。JDK 1.2 推出之后,增加了一个新的 javax. swing 包,该包提供了功能更为强大的用来设计 GUI 的类。java. awt 和 javax. swing 包中一部分类的层次关系的 UML 类图如图 11.1 所示。

在学习 GUI 编程时,必须很好地理解掌握两个概念:容器类(Container)和组件类(Component)。javax. swing 包中 JComponent 类是 java. awt 包中 Container 类的一个直

接子类、是 Component 类的一个间接子类,学习 GUI 编程主要是学习掌握使用 Component 类的一些重要的子类。以下是 GUI 编程经常提到的基本知识点。

(1) Java 把 Component 类的子类或间接子类创建的对象称为一个组件。

(2) Java 把 Container 类的子类或间接子类创建的对象称为一个容器。

(3) 可以向容器中添加组件。Container 类提供了一个 public 方法:add( ),一个容器可以调用这个方法将组件添加到该容器中。

(4) 容器调用 removeAll( )方法可以移除容器中的全部组件;调用 remove(Component c)方法可以移除容器中参数 c 指定的组件。

(5) 容器本身也是一个组件,因此可以把一个容器添加到另一个容器中实现容器的嵌套。

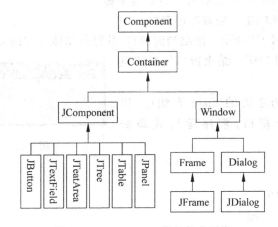

图 11.1 Component 类的部分子类

11.2 窗　　口

一个基于 GUI 的应用程序应当提供一个能和操作系统直接交互的容器,该容器可以被直接显示、绘制在操作系统所控制的平台上,比如显示器上,这样的容器被称做 GUI 设计中的底层容器。

Java 提供的 JFrame 类的实例就是一个底层容器(JDialog 类的实例也是一个底层容器,见后面的 11.6 节内容),即通常所称的窗口。其他组件必须被添加到底层容器中,以便借助这个底层容器和操作系统进行信息交互。简单地讲,如果应用程序需要一个按钮,并希望用户和按钮交互,即用户单击按钮使程序做出某种相应的操作,那么这个按钮必须出现在底层容器中,否则用户无法看得见按钮,更无法让用户和按钮交互。

JFrame 类是 Container 类的间接子类。当需要一个窗口时,可使用 JFrame 或其子类创建一个对象。窗口也是一个容器,可以向窗口添加组件。需要注意的是,窗口默认地被系统添加到显示器屏幕上,因此不允许将一个窗口添加到另一个容器中。

11.2.1 JFrame 常用方法

(1) JFrame() 创建一个无标题的窗口。
(2) JFrame(String s) 创建标题为 s 的窗口。
(3) public void setVisible(boolean b) 设置窗口是否可见,窗口默认是不可见的。
(4) public void dispose() 撤销当前窗口,并释放当前窗口所使用的资源。
(5) public void setDefaultCloseOperation(int operation) 该方法用来设置单击窗体右上角的关闭图标后,程序会做出怎样的处理。其中的参数 operation 取 JFrame 类中的下列 int 型 static 常量,程序根据参数 operation 取值做出不同的处理:

- DO_NOTHING_ON_CLOSE   什么也不做。
- HIDE_ON_CLOSE   隐藏当前窗口。
- DISPOSE_ON_CLOSE   隐藏当前窗口,并释放窗体占有的其他资源。
- EXIT_ON_CLOSE   结束窗口所在的应用程序。

在下面例子 1 的主类的 main 方法中,用 JFrame 创建了 2 个窗口,程序运行效果如图 11.2 所示。

图 11.2 创建窗口

【例子 1】

Example11_1.java

```
import javax.swing.*;
import java.awt.*;
public class Example11_1 {
    public static void main(String args[]) {
        JFrame window1 = new JFrame("第一个窗口");
        JFrame window2 = new JFrame("第二个窗口");
        Container con = window1.getContentPane();
        con.setBackground(Color.yellow);         //设置窗口的背景色
        window1.setBounds(60,100,188,108);
        window2.setBounds(260,100,188,108);
        window1.setVisible(true);
        window1.setDefaultCloseOperation(JFrame.DISPOSE_ON_CLOSE);
        window2.setVisible(true);
        window2.setDefaultCloseOperation(JFrame.EXIT_ON_CLOSE);
    }
}
```

注:请读者注意单击"第一个窗口"和"第二个窗口"右上角的关闭图标后,程序运行效果的不同。

11.2.2 菜单条、菜单、菜单项

窗口中的菜单条、菜单、菜单项是我们所熟悉的组件,菜单放在菜单条里,菜单项放在菜单里。

1. 菜单条

JComponent 类的子类 JMenubar 负责创建菜单条，即 JMenubar 的一个实例就是一个菜单条。JFrame 类有一个将菜单条放置到窗口中的方法：

setJMenuBar(JMenuBar bar);

该方法将菜单条添加到窗口的顶端，需要注意的是，只能向窗口添加一个菜单条。

2. 菜单

JComponent 类的子类 JMenu 负责创建菜单，即 JMenu 的一个实例就是一个菜单。

3. 菜单项

JComponent 类的子类 JMenuItem 负责创建菜单项，即 JMenuItem 的一个实例就是一个菜单项。

4. 嵌入子菜单

JMenu 是 JMenuItem 的子类，因此菜单本身也是一个菜单项，当把一个菜单看作菜单项添加到某个菜单中时，称这样的菜单为子菜单。

5. 菜单上的图标

为了使菜单项有一个图标，可以用图标类 Icon 声明一个图标，然后使用其子类 ImageIcon 类创建一个图标。例如：

Icon icon = new ImageIcon("a.gif");

然后菜单项调用 setIcon(Icon icon) 方法将图标设置为 icon。

下面例子 2 的主类的 main 方法中，用 JFrame 的子类创建一个含有菜单的窗口，效果如图 11.3 所示。

图 11.3 带菜单的窗口

【例子 2】

Example11_2.java

```
public class Example11_2 {
    public static void main(String args[]) {
        WindowMenu win =
new WindowMenu("带菜单的窗口",20,30,200,190);
    }
}
```

WindowMenu.java

```
import javax.swing.*;
import java.awt.event.InputEvent;
import java.awt.event.KeyEvent;
import static javax.swing.JFrame.*;
public class WindowMenu extends JFrame {
    JMenuBar menubar;
    JMenu menu,subMenu;
    JMenuItem   item1,item2;
    public WindowMenu(){}
    public WindowMenu(String s,int x,int y,int w,int h) {
```

```
            init(s);
            setLocation(x,y);
            setSize(w,h);
            setVisible(true);
            setDefaultCloseOperation(DISPOSE_ON_CLOSE);
       }
       void init(String s){
            setTitle(s);
            menubar = new JMenuBar();
            menu = new JMenu("菜单");
            subMenu = new JMenu("文学话题");
            item1 = new JMenuItem("烹饪话题",new ImageIcon("a.gif"));
            item2 = new JMenuItem("体育话题",new ImageIcon("b.gif"));
            item1.setAccelerator(KeyStroke.getKeyStroke('A'));
            item2.setAccelerator(KeyStroke.getKeyStroke(KeyEvent.VK_S,InputEvent.CTRL_MASK));
            menu.add(item1);
            menu.addSeparator();
            menu.add(item2);
            menu.add(subMenu);
            subMenu.add(new JMenuItem("足球",new ImageIcon("c.gif")));
            subMenu.add(new JMenuItem("篮球",new ImageIcon("d.gif")));
            menubar.add(menu);
            setJMenuBar(menubar);
       }
}
```

11.3 常用组件与布局

可以使用 JComponent 的子类 JTextField 创建文本框。文本框的特点是允许用户在文本框中输入单行文本。

11.3.1 常用组件

1. 文本框

使用 JComponent 的子类 JTextField 创建文本框,允许用户在文本框中输入单行文本。

2. 文本区

使用 JComponent 的子类 JTexArea 创建文本区,允许用户在文本区中输入多行文本。

3. 按钮

使用 JComponent 的子类 JButton 类用来创建按钮,允许用户单击按钮。

4. 标签

使用 JComponent 的子类 JLabel 类用来创建标签,标签为用户提供信息提示。

5. 选择框

使用 JComponent 的子类 JCheckBox 类用来创建选择框,为用户提供多项选择。选择框的右面有个名字,并提供两种状态,一种是选中,另一种是未选中,用户通过单击该组件切换状态。

6. 单选按钮

使用 JComponent 的子类 JRadioButton 类用来创建单项选择框,为用户提供单项选择。

7. 下拉列表

使用 JComponent 的子类 JComboBox 类用来创建下拉列表,为用户提供单项选择。用户可以在下拉列表看到第一个选项和它旁边的箭头按钮,当用户单击箭头按钮时,选项列表打开。

8. 密码框

可以使用 JComponent 的子类 JPasswordField 创建密码框。允许用户在密码框中输入单行密码,密码框的默认回显字符是"*"。密码框可以使用 setEchoChar(char c)重新设置回显字符,用户输入密码时,密码框只显示回显字符。密码框调用 char[] getPassword()方法可以返回实际的密码。

下面的例子 3 中,包含有上面提到的常用组件,程序运行效果如图 11.4 所示。

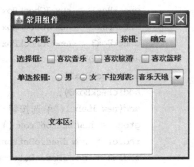

图 11.4 常用组件

【例子 3】

Example11_3.java

```java
public class Example11_3 {
    public static void main(String args[]) {
        ComponentInWindow win =
        new ComponentInWindow();
        win.setBounds(100,100,310,260);
        win.setTitle("常用组件");
    }
}
```

ComponentInWindow.java

```java
import java.awt.*;
import javax.swing.*;
public class ComponentInWindow extends JFrame {
    JTextField text;
    JButton button;
    JCheckBox checkBox1,checkBox2,checkBox3;
    JRadioButton radio1,radio2;
    ButtonGroup group;
    JComboBox comBox;
    JTextArea area;
```

```java
    public ComponentInWindow() {
      init();
      setVisible(true);
      setDefaultCloseOperation(JFrame.EXIT_ON_CLOSE);
    }
    void init() {
      setLayout(new FlowLayout());
      add(new JLabel("文本框:"));
      text = new JTextField(10);
      add(text);
      add(new JLabel("按钮:"));
      button = new JButton("确定");
      add(button);
      add(new JLabel("选择框:"));
      checkBox1 = new JCheckBox("喜欢音乐");
      checkBox2 = new JCheckBox("喜欢旅游");
      checkBox3 = new JCheckBox("喜欢篮球");
      add(checkBox1);
      add(checkBox2);
      add(checkBox3);
      add(new JLabel("单选按钮:"));
      group = new ButtonGroup();
      radio1 = new JRadioButton("男");
      radio2 = new JRadioButton("女");
      group.add(radio1);
      group.add(radio2);
      add(radio1);
       add(radio2);
      add(new JLabel("下拉列表:"));
      comBox = new JComboBox();
      comBox.addItem("音乐天地");
      comBox.addItem("武术天地");
      comBox.addItem("象棋乐园");
      add(comBox);
      add(new JLabel("文本区:"));
      area = new JTextArea(6,12);
      add(new JScrollPane(area));
    }
  }
```

11.3.2 常用容器

JComponent 是 Container 的子类,因此 JComponent 子类创建的组件也都是容器,但我们很少将 JButton、JTextFied、JCheckBox 等组件当容器来使用。JComponent 专门提供了一些经常用来添加组件的容器。相对于 JFrame 底层容器,本节提到的容器被习惯地称做中间容器,中间容器必须被添加到底层容器中才能发挥作用。

1. JPanel 面板

我们会经常使用 JPanel 创建一个面板,再向这个面板添加组件,然后把这个面板添加到其他容器中。JPanel 面板的默认布局是 FlowLayout 布局。

2. 滚动窗格 JScorollPane

滚动窗格只可以添加一个组件,可以把一个组件放到一个滚动窗格中,然后通过操作滚动条来观察该组件。JTextArea 不自带滚动条,因此我们就需要把文本区放到一个滚动窗格中。例如,JScorollPane scroll＝new JScorollPane(new JTextArea());。

3. 拆分窗格 JSplitPane

顾名思义,拆分窗格就是被分成两部分的容器。拆分窗格有两种类型:水平拆分和垂直拆分。水平拆分窗格用一条拆分线把窗格分成左右两部分,左面放一个组件,右面放一个组件,拆分线可以水平移动。垂直拆分窗格用一条拆分线把窗格分成上下两部分,上面放一个组件,下面放一个组件,拆分线可以垂直移动。

JSplitPane 的两个常用的构造方法如下:

- JSplitPane(int a,Component b,Component c) 参数 a 取 JSplitPane 的静态常量 HORIZONTAL_SPLIT 或 VERTICAL_SPLIT,以决定是水平还是垂直拆分。后两个参数决定要放置的组件。当拆分线移动时,组件不是连续变化的。
- JSplitPane(int a, boolean b,Component c,Component d) 参数 a 取 JSplitPane 的静态常量 HORIZONTAL_SPLIT 或 VERTICAL_SPLIT,以决定是水平还是垂直拆分。参数 b 决定当拆分线移动时,组件是否连续变化(true 是连续),后两个参数决定要放置的组件。

4. JLayeredPane 分层窗格

如果添加到容器中的组件经常需要处理重叠问题,就可以考虑将组件添加到分层窗格。分层窗格分成 5 个层,分层窗格使用 add(JComponent com, int layer);方法添加组件 com,并指定 com 所在的层,其中参数 layer 取值 JLayeredPane 类中的类常量如:

DEFAULT_LAYER、PALETTE_LAYER、MODAL_LAYER、POPUP_LAYER、DRAG_LAYER

其中,DEFAULT_LAYER 是最底层,添加到 DEFAULT_LAYER 层的组件如果和其他层的组件发生重叠时,将被其他组件遮挡。DRAG_LAYER 层是最上面的层,如果分层窗格中添加了许多组件,当用户用鼠标移动一组件时,可以把该组件放到 DRAG_LAYER 层,这样,用户在移动组件过程中,该组件就不会被其他组件遮挡。添加到同一层上的组件,如果发生重叠,后添加的会遮挡先添加的组件。分层窗格调用

```
public void setLayer(Component c,int layer)
```

可以重新设置组件 c 所在的层,调用

```
public int getLayer(Component c)
```

可以获取组件 c 所在的层数。

11.3.3 常用布局

当把组件添加到容器中时,希望控制组件在容器中的位置,这就需要学习布局设计的知识。本节将分别介绍 java.awt 包中的 FlowLayout、BorderLayout、CardLayout、GridLayout 布局类。

容器可以使用以下方法

```
setLayout(布局对象);
```

设置自己的布局。

1. FlowLayout 布局

FlowLayout 类创建的对象称做 FlowLayout 型布局。FlowLayout 型布局是 JPanel 型容器的默认布局,即 JPanel 及其子类创建的容器对象,如果不专门为其指定布局,则它们的布局就是 FlowLayout 型布局。

FlowLayout 类的一个常用构造方法如下:

```
FlowLayout();
```

该构造方法可以创建一个居中对齐的布局对象。例如:

```
FlowLayout flow = new FlowLayout();
```

如果一个容器 con 使用这个布局对象:

```
con.setLayout(flow);
```

那么,con 可以使用 Container 类提供的 add 方法将组件顺序地添加到容器中,组件按照加入的先后顺序从左向右排列,一行排满之后就转到下一行继续从左至右排列,每一行中的组件都居中排列,组件之间的默认水平和垂直间隙是 5 个像素。组件的大小为默认的最佳大小,比如,按钮的大小刚好能保证显示其上面的名字。对于添加到使用 FlowLayout 布局的容器中的组件,组件调用 setSize(int x,int y)设置的大小无效,如果需要改变最佳大小,组件需调用

```
public void setPreferredSize(Dimension preferredSize)
```

设置大小,例如:

```
button.setPreferredSize(new Dimension(20,20));
```

FlowLayout 布局对象调用 setAlignment(int aligin)方法可以重新设置布局的对齐方式,其中 aligin 可以取值:

```
FlowLayout.LEFT、FlowLayout.CENTER、FlowLayout.RIGHT
```

FlowLayout 布局对象调用 setHgap(int hgap)方法和 setVgap(int vgap)可以重新设置水平间隙和垂直间隙。

2. BorderLayout 布局

BorderLayout 布局是 Window 型容器的默认布局,例如 JFrame、JDialog 都是 Window 类的子类,它们的默认布局都是 BorderLayout 布局。BorderLayout 也是一种简单的布局策略,如果一个容器使用这种布局,那么容器空间简单地划分为东、西、南、北、中五个区域,中间的区域最大。每加入一个组件都应该指明把这个组件加在哪个区域中,区域由 BorderLayout 中的静态常量 CENTER、NORTH、SOUTH、WEST、EAST 表示,例如,一个使用 BorderLayout 布局的容器 con,可以使用 add 方法将一个组件 b 添加到中心区域:

```
con.add(b,BorderLayout.CENTER);
```

或

```
con.add(BorderLayour.CENTER,b);
```

添加到某个区域的组件将占据整个这个区域。每个区域只能放置一个组件,如果向某个已放置了组件的区域再放置一个组件,那么先前的组件将被后者替换掉。使用 BorderLayout 布局的容器最多能添加 5 个组件,如果容器中需要加入超过 5 个组件,就必须使用容器的嵌套或改用其他的布局策略。

3. CardLayout 布局

使用 CardLayout 的容器可以容纳多个组件,这些组件被层叠放入容器中,最先加入容器的是第一张(在最上面),依次向下排序。使用该布局的特点是,同一时刻容器只能从这些组件中选出一个来显示,就像叠"扑克牌",每次只能显示其中的一张,这个被显示的组件将占据所有的容器空间。

假设有一个容器 con,那么,使用 CardLayout 的一般步骤如下:

- 创建 CardLayout 对象作为布局,如:

```
CardLayout card = new CardLayout();
```

- 使用容器的 setLayout()方法为容器设置布局,如:

```
con.setLayout(card);
```

- 容器调用 add(String s,Component b)将组件 b 加入容器,并给出了显示该组件的代号 s。组件的代号是一个字符串,和组件的名字没有必然联系,但是,不同的组件代号必须互不相同。最先加入 con 的是第一张,依次排序。

- 创建的布局 card 用 CardLayout 类提供的 show()方法,显示容器 con 中组件代号为 s 的组件,如:

```
card.show(con,s);
```

也可以按组件加入容器的顺序显示组件:card.first(con)显示 con 中的第一个组件;card.last(con)显示 con 中最后一个组件;card.next(con)显示当前正在被显示的组件的下一个组件;card.previous(con)显示当前正在被显示的组件的前一个组件。

4. GridLayout 布局

GridLayout 是使用较多的布局编辑器，其基本布局策略是把容器划分成若干行乘若干列的网格区域，组件就位于这些划分出来的小格中。GridLayout 比较灵活，划分多少网格由程序自由控制，而且组件定位也比较精确，使用 GridLayout 布局编辑器的一般步骤如下：

- 使用 GridLayout 的构造方法 GridLayout(int m,int n)创建布局对象，指定划分网格的行数 m 和列数 n，例如：

  ```
  GridLayout grid = new new GridLayout(10,8);
  ```

- 使用 GridLayout 布局的容器调用方法 add(Component c)将组件 c 加入容器，组件进入容器将按照第一行第一个、第一行第二个……第一行最后一个、第二行第一个……最后一行第一个……最后一行最后一个的顺序进行。

使用 GridLayout 布局的容器最多可添加 m×n 个组件。GridLayout 布局中每个网格都是相同大小并且强制组件与网格的大小相同。

由于 GridLayout 布局中每个网格都是相同大小并且强制组件与网格的大小相同，使得容器中的每个组件也都是相同的大小，显得很不自然。为了克服这个缺点，可以使用容器嵌套。例如，一个容器使用 GridLayout 布局，将容器分为三行一列的网格，那么可以把另一个容器添加到某个网格中，而添加的这个容器又可以设置为 GridLayout 布局、FlowLayout 布局、CardLayout 布局或 BorderLayout 布局等。利用这种嵌套方法，可以设计出符合一定需要的布局。

下面例子 4 利用 GridLayout 布局模拟国际象棋棋盘，程序进行效果如图 11.5 所示。

图 11.5　GridLayout 布局

【例子 4】

Example11_4.java

```
import javax.swing.*;
import java.awt.*;
class WinGrid extends JFrame {
   GridLayout grid;
   WinGrid() {
      grid = new GridLayout(12,12);
      setLayout(grid);
      Label label[][] = new Label[12][12];
      for(int i = 0;i < 12;i++) {
           for(int j = 0;j < 12;j++) {
              label[i][j] = new Label();
              if((i + j) % 2 == 0)
                label[i][j].setBackground(Color.black);
              else
                label[i][j].setBackground(Color.white);
              add(label[i][j]);
           }
```

```
            }
            setBounds(10,10,260,260);
            setVisible(true);
            setDefaultCloseOperation(JFrame.EXIT_ON_CLOSE);
            validate();
        }
    }
    public class Example11_4 {
        public static void main(String args[]) {
            new WinGrid();
        }
    }
```

5. null 布局

可以把一个容器的布局设置为 null 布局(空布局)。空布局容器可以准确的定位组件在容器中的位置和大小。setBounds(int a,int b,int width,int height)方法是所有组件都拥有的一个方法,组件调用该方法可以设置本身的大小和在容器中的位置。

例如,p 是某个容器,使用

```
p.setLayout(null);
```

可把 p 的布局设置为空布局。

向空布局的容器 p 添加一个组件 c 需要两个步骤。首先,容器 p 使用 add(c)方法添加组件,然后组件 c 再调用 setBounds(int a,int b,int width,int height)方法设置该组件在容器 p 中的位置和本身的大小。组件都是一个矩形结构,方法中的参数 a、b 是组件 c 的左上角在容器 p 中的位置坐标,即该组件距容器 p 左面 a 个像素,距容器 p 上方 b 个像素;width、height 是组件 c 的宽和高。

11.4 处理事件

学习组件除了要熟悉组件的属性和功能外,一个更重要的方面是学习怎样处理组件上发生的界面事件。当用户在文本框中输入文本后按回车键、单击按钮、在一个下拉式列表中选择一个条目等操作时,都发生界面事件。程序有时需对发生的事件作出反应,来实现特定的任务。例如,用户单击一个名字叫"确定"或名字叫"取消"的按钮,程序可能需要作出不同的处理。

11.4.1 事件处理模式

在学习处理事件时,必须很好地掌握事件源、监视器、处理事件的接口这三个概念。

1. 事件源

能够产生事件的对象都可以成为事件源,如文本框、按钮、下拉式列表等。也就是说,事件源必须是一个对象,而且这个对象必须是 Java 认为能够发生事件的对象。

2. 监视器

我们需要一个对象对事件源进行监视，以便对发生的事件作出处理。事件源通过调用相应的方法将某个对象注册为自己的监视器。例如，对于文本框，这个方法是：

addActionListener(监视器);

对于注册了监视器的文本框，在文本框获得输入焦点后，如果用户按回车键，Java运行环境就自动用ActionEvent类创建一个对象，即发生了ActionEvent事件。也就是说，事件源注册监视器之后，相应的操作就会导致相应的事件的发生，并通知监视器，监视器就会作出相应的处理。

3. 处理事件的接口

监视器负责处理事件源发生的事件。监视器是一个对象，为了处理事件源发生的事件，监视器这个对象会自动调用一个方法来处理事件。那么监视器去调用哪个方法呢？我们已经知道，对象可以调用创建它的那个类中的方法，那么它到底调用该类中的哪个方法呢？Java规定：为了让监视器这个对象能对事件源发生的事件进行处理，创建该监视器对象的类必须声明实现相应的接口，即必须在类体中重写接口中所有方法，那么当事件源发生事件时，监视器就自动调用被类重写的某个接口方法。

事件处理模式如图11.6所示。

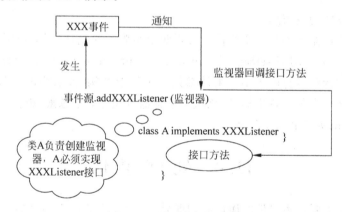

图 11.6 处理事件示意图

11.4.2 ActionEvent 事件

1. ActionEvent 事件源

文本框、按钮、菜单项、密码框和单选按钮都可以触发ActionEvent事件，即都可以成为ActionEvent事件的事件源。比如，对于注册了监视器的文本框，在文本框获得输入焦点后，如果用户按回车键，Java运行环境就自动用ActionEvent类创建一个对象，即触发ActionEvent事件；对于注册了监视器的按钮，如果用户单击按钮，就会触发ActionEvent事件；对于注册了监视器的菜单项，如果用户按选中该菜单项，就会触发ActionEvent事件；如果用户按选择了某个单选按钮，就会触发ActionEvent事件。

2. 注册监视器

能触发 ActionEvent 事件的组件使用 addActionListener(ActionListener listen)将实现 ActionListener 接口的类的实例注册为事件源的监视器。

3. ActionListener 接口

ActionListener 接口在 java.awt.event 包中,该接口中只有一个方法:

public void actionPerformed(ActinEvent e)

事件源触发 ActionEvent 事件后,监视器将发现触发的 ActionEvent 事件,然后调用接口中的方法:

actionPerformed(ActionEvent e)

对发生的事件作出处理。当监视器调用 actionPerformed(ActionEvent e)方法时,ActionEvent 类事先创建的事件对象就会传递给该方法的参数 e。

4. ActionEvent 类中的方法

ActionEvent 类有如下常用的方法。

- public Object getSource() 该方法是从 EventObject 继承的方法,ActionEvent 事件对象调用该方法可以获取发生 ActionEvent 事件的事件源对象的引用,即 getSource()方法将事件源上转型为 Object 对象,并返回这个上转型对象的引用。
- public String getActionCommand() ActionEvent 对象调用该方法可以获取发生 ActionEvent 事件时,和该事件相关的一个命令字符串,对于文本框,当发生 ActionEvent 事件时,文本框中的文本字符串就是和该事件相关的一个命令字符串。

下面的例子 5 处理文本框上触发的 ActionEvent 事件。在文本框 text 中输入字符串后按回车键,监视器负责计算字符串的长度,并在命令行窗口显示字符串的长度。例子 5 程序的运行效果如图 11.7 和图 11.8 所示。

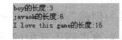

图 11.7 事件源触发事件   图 11.8 监视器负责处理事件

【例子 5】

Example11_5.java

```
public class Example11_5 {
    public static void main(String args[]) {
        WindowActionEvent win = new WindowActionEvent();
        win.setBounds(100,100,310,260);
        win.setTitle("处理 ActionEvent 事件");
        win.setListener(new HandleStringListen());
```

            }
        }

HandleStringListen.java
```
import java.awt.event.*;
public class HandleStringListen implements ActionListener {
    public void actionPerformed(ActionEvent e) {
        String str = e.getActionCommand();
        System.out.println(str + "的长度:" + str.length());
    }
}
```

WindowActionEvent.java
```
import java.awt.*;
import javax.swing.*;
import java.awt.event.*;
public class WindowActionEvent extends JFrame {
    JTextField text;
    public WindowActionEvent() {
        init();
        setVisible(true);
        setDefaultCloseOperation(JFrame.EXIT_ON_CLOSE);
    }
    void init() {
        setLayout(new FlowLayout());
        text = new JTextField(10);
        add(text);
    }
    public void setListener(ActionListener listener){
        text.addActionListener(listener);              //text 是事件源,listener 是监视器
    }
}
```

在例子 5 中,监视器在命令行窗口输出内容似乎不符合 GUI 设计的理念,用户希望在窗口的某个组件,比如文本区中看到结果,这就给例子 5 中的监视器带来了困难,因为例子 5 中编写的创建监视器的 ReaderListen 类无法操作窗口中的成员。

现在我们来改进例子 5 中的 ReaderListen 类。在第 5 章讲过,利用组合可以让一个对象来操作另一个对象,即当前对象可以委托它所组合的另一个对象调用方法产生行为(见 5.5 节内容)。因此,可以在创建监视器的类中增加 JTextArea 类型的成员(即组合 JTextArea 类型的成员),以便引用、操作 WindowActionEvent 中的文本区。

下面例子 6 中的监视器 PoliceListen 改进了例子 5 中的 ReaderListen,当用户在文本框中输入字符串后按回车键或单击按钮,PoliceListen 监视器将字符串的长度显示在一个文本区中。例子 6 程序运行效果如图 11.9 所示。

图 11.9 处理 ActionEvent 事件

【例子 6】

Example11_6.java

```java
public class Example11_6 {
    public static void main(String args[]) {
        WindowActionEvent win =
        new WindowActionEvent();
        win.setBounds(100,100,460,360);
        win.setTitle("处理 ActionEvent 事件");
    }
}
```

WindowActionEvent.java

```java
import java.awt.*;
import javax.swing.*;
public class WindowActionEvent extends JFrame {
    JTextField inputText;
    JTextArea textShow;
    JButton button;
    PoliceListen listener;
    public WindowActionEvent() {
        init();
        setVisible(true);
        setDefaultCloseOperation(JFrame.EXIT_ON_CLOSE);
    }
    void init() {
        setLayout(new FlowLayout());
        inputText = new JTextField(10);
        button = new JButton("读取");
        textShow = new JTextArea(5,18);
        listener = new PoliceListen();
        listener.setJTextField(inputText);
        listener.setJTextArea(textShow);
        inputText.addActionListener(listener);   //inputText 是事件源,listener 是监视器
        button.addActionListener(listener);      //button 是事件源,listener 是监视器
        add(inputText);
        add(button);
        add(new JScrollPane(textShow));
    }
}
```

PoliceListen.java

```java
import java.awt.event.*;
import javax.swing.*;
public class PoliceListen implements ActionListener {
    JTextField textInput;
    JTextArea textShow;
    public void setJTextField(JTextField text) {
        textInput = text;
```

```java
    }
    public void setJTextArea(JTextArea area) {
        textShow = area;
    }
    public void actionPerformed(ActionEvent e) {
        String str = textInput.getText();
        textShow.append(str + "的长度:" + str.length() + "\n");

    }
}
```

注：Java 的事件处理是基于授权模式，即事件源调用方法将某个对象注册为自己的监视器。领会了上述例子 5 和例子 6，对学习事件处理就不会有太大的困难了，其原因是，处理相应的事件使用相应的接口，在今后的学习中会自然掌握。

11.4.3 ItemEvent 事件

1. ItemEvent 事件源

选择框、下拉列表都可以触发 ItemEvent 事件。选择框提供两种状态，一种是选中，另一种是未选中，对于注册了监视器的选择框，当用户的操作使得选择框从未选中状态变成选中状态或从选中状态变成未选中状态时就触发 ItemEvent 事件；同样，对于注册了监视器的下拉列表，如果用户选中下拉列表中的某个选项，就会触发 ItemEvent 事件。

2. 注册监视器

能触发 ItemEvent 事件的组件使用 addItemListener(ItemListener listen) 将实现 ItemListener 接口的类的实例注册为事件源的监视器。

3. ItemListener 接口

ItemListener 接口在 java.awt.event 包中，该接口中只有一个方法：

```
public void itemStateChanged(ItemEvent e)
```

事件源触发 ItemEvent 事件后，监视器将发现触发的 ItemEvent 事件，然后调用接口中的 itemStateChanged(ItemEvent e) 方法对发生的事件作出处理。当监视器调用 itemStateChanged(ItemEvent e) 方法时，ItemEvent 类事先创建的事件对象就会传递给该方法的参数 e。

ItemEvent 事件对象除了可以使用 getSource() 方法返回发生 Itemevent 事件的事件源外，也可以使用 getItemSelectable() 方法返回发生 ItemEvent 事件的事件源。

在下面的例子 7 中，下拉列表中的选项是当前目录下 Java 文件的名字，用户选中下拉列表的某个选项后，监视器负责在文本区中显示文件的内容。程序运行效果如图 11.10 所示。

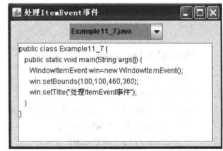

图 11.10　处理 ItemEvent 事件

【例子 7】

Example11_7.java

```java
public class Example11_7 {
    public static void main(String args[]) {
        WindowItemEvent win = new WindowItemEvent();
        win.setBounds(100,100,460,360);
        win.setTitle("处理 ItemEvent 事件");
    }
}
```

WindowItemEvent.java

```java
import java.awt.*;
import javax.swing.*;
import java.io.*;
public class WindowItemEvent extends JFrame {
    JComboBox choice;
    JTextArea textShow;
    PoliceListen listener;
    public WindowItemEvent() {
        init();
        setVisible(true);
        setDefaultCloseOperation(JFrame.EXIT_ON_CLOSE);
    }
    void init() {
        setLayout(new FlowLayout());
        choice = new JComboBox();
        choice.addItem("请选择文件:");
        File dir = new File(".");
        FileAccept fileAccept = new FileAccept();
        fileAccept.setExtendName("java");
        String [] fileName = dir.list(fileAccept);
        for(String name:fileName) {
            choice.addItem(name);
        }
        textShow = new JTextArea(9,30);
        listener = new PoliceListen();
        listener.setJComboBox(choice);
        listener.setJTextArea(textShow);
        choice.addItemListener(listener);         //choice是事件源,listener是监视器
        add(choice);
        add(new JScrollPane(textShow));
    }
    class FileAccept implements FilenameFilter {    //内部类
        private String extendName;
        public void setExtendName(String s) {
            extendName = "." + s;
        }
        public boolean accept(File dir,String name) {
```

```
            return name.endsWith(extendName);
        }
    }
}
```

PoliceListen.java

```java
import java.awt.event.*;
import java.io.*;
import javax.swing.*;
public class PoliceListen implements ItemListener {
    JComboBox choice;
    JTextArea textShow;
    public void setJComboBox(JComboBox box) {
        choice = box;
    }
    public void setJTextArea(JTextArea area) {
        textShow = area;
    }
    public void itemStateChanged(ItemEvent e)  {
        textShow.setText(null);
        try{ String fileName = choice.getSelectedItem().toString();
            File file = new File(fileName);
            FileReader inOne = new FileReader(file);
            BufferedReader inTwo = new BufferedReader(inOne);
            String s = null;
            while((s = inTwo.readLine())!= null) {
               textShow.append(s + "\n");
            }
            inOne.close();
            inTwo.close();
        }
        catch(Exception ee) {
            textShow.append(ee.toString());
        }
    }
}
```

11.4.4　DocumentEvent 事件

1. DocumentEvent 事件源

文本区含有一个实现 Document 接口的实例,该实例被称做文本区所维护的文档,文本区调用 getDocument()方法返回所维护的文档。文本区所维护的文档能触发 DocumentEvent 事件。需要特别注意的是,DocumentEvent 不在 java.awt.event 包中,而是在 javax.swing.event 包中。用户在文本区中进行文本编辑操作,使得文本区中的文本内容发生变化,将导致文本区所维护的文档模型中的数据发生变化,从而导致文本区所维护的文档触发 DocumentEvent 事件。

2. 注册监视器

能触发 DocumentEvent 事件的事件源使用 addDucumentListener(DocumentListener listen)将实现 DocumentListener 接口的类的实例注册为事件源的监视器。

3. DocumentListener 接口

DocumentListener 接口在 javax.swing.event 包中,该接口中有三个方法:

```
public void changedUpdate(DocumentEvent e)
public void removeUpdate(DocumentEvent e)
public void insertUpdate(DocumentEvent e)
```

事件源触发 DucumentEvent 事件后,监视器将发现触发的 DocumentEvent 事件,然后调用接口中的相应方法对发生的事件作出处理。

在下面的例子 8 中,有两个文本区。当用户在一个文本区中输入若干英文单词时(用空格、逗号或回车符作为单词之间的分隔符),另一个文本区同时对用户输入的英文单词按字典序排序,也就是说随着用户输入的变化,另一个文本区不断地更新排序。程序运行效果如图 11.11 所示。

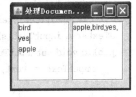

图 11.11　处理 DocumentEvent 事件

【例子 8】

Example11_8.java

```java
public class Example11_8 {
    public static void main(String args[]) {
        WindowDocument win = new WindowDocument();
        win.setBounds(10,10,460,360);
        win.setTitle("处理 DocumentEvent 事件");
    }
}
```

WindowTextSort.java

```java
import java.awt.*;
import javax.swing.event.*;
import javax.swing.*;
public class WindowTextSort extends JFrame {
    JTextArea inputText,showText;
    PoliceListen listen;
    WindowDocument() {
        init();
        setLayout(new FlowLayout());
        setVisible(true);
        setDefaultCloseOperation(JFrame.EXIT_ON_CLOSE);
    }
    void init() {
        inputText = new JTextArea(6,8);
        showText  = new JTextArea(6,8);
        add(new JScrollPane(inputText));
```

```
        add(new JScrollPane(showText));
        listen = new PoliceListen();
        listen.setInputText(inputText);
        listen.setShowText(showText);
        (inputText.getDocument()).addDocumentListener(listen);     //向文档注册监视器
    }
}
```

PoliceListen.java

```
import java.awt.event.*;
import java.io.*;
import javax.swing.event.*;
import javax.swing.*;
import java.util.*;
public class PoliceListen implements DocumentListener {
    JTextArea inputText,showText;
    public void setInputText(JTextArea text) {
        inputText = text;
    }
    public void setShowText(JTextArea text) {
        showText = text;
    }
    public void changedUpdate(DocumentEvent e) {
        String str = inputText.getText();
       //空格、数字和符号(!"#$%&'()*+,-./:;<=>?@[\]^_`{|}~)组成的正则表达式:
        String regex = "[\\s\\d\\p{Punct}]+";
        String words[] = str.split(regex);
        Arrays.sort(words);         //按字典序从小到大排序
        showText.setText(null);
        for(String s:words)
           showText.append(s+",");
    }
    public void removeUpdate(DocumentEvent e) {
        changedUpdate(e);
    }
    public void insertUpdate(DocumentEvent e) {
        changedUpdate(e);
    }
}
```

11.4.5 MouseEvent 事件

任何组件上都可以发生鼠标事件,如:鼠标进入组件、鼠标退出组件、在组件上方单击鼠标、拖动鼠标等都触发鼠标事件,即导致 MouseEvent 类自动创建一个事件对象。

1. 使用 MouseListener 接口处理鼠标事件

使用 MouseListener 接口可以处理以下 5 种操作触发的鼠标事件。

- 在事件源上按下鼠标键。
- 在事件源上释放鼠标键。
- 在事件源上击鼠标键。
- 鼠标进入事件源。
- 鼠标退出事件源。

MouseEvent 中有下列几个重要的方法。
- getX()　获取鼠标指针在事件源坐标系中的 x-坐标。
- getY()　获取鼠标指针在事件源坐标系中的 y-坐标。
- getModifiers()　获取鼠标的左键或右键。鼠标的左键和右键分别使用 InputEvent 类中的常量 BUTTON1_MASK 和 BUTTON3_MASK 来表示。
- getClickCount()　获取鼠标被单击的次数。
- getSource()　获取发生鼠标事件的事件源。

事件源注册监视器的方法是 addMouseListener（MouseListener listener）。MouseListener 接口中有如下方法。
- mousePressed(MouseEvent)　负责处理在组件上按下鼠标键触发的鼠标事件。即，当用户在事件源按下鼠标键时，监视器调用接口中的这个方法对事件作出处理。
- mouseReleased(MouseEvent)　负责处理在组件上释放鼠标键触发的鼠标事件。即，当用户在事件源释放鼠标键时，监视器调用接口中的这个方法对事件作出处理。
- mouseEntered(MouseEvent)　负责处理鼠标进入组件触发的鼠标事件。即，当鼠标指针进入组件时，监视器调用接口中的这个方法对事件作出处理。
- mouseExited(MouseEvent)　负责处理鼠标离开组件触发的鼠标事件。即，当鼠标指针离开容器时，监视器调用接口中的这个方法对事件作出处理。
- mouseClicked(MouseEvent)　负责处理在组件上单击鼠标键触发的鼠标事件。即，当单击鼠标键时，监视器调用接口中的这个方法对事件作出处理。

下面的例子 9 中，分别监视按钮、文本框和窗口上的鼠标事件，当发生鼠标事件时，获取鼠标指针的坐标值，注意，事件源的坐标系的左上角是原点。

【例子 9】

Example11_9. java

```
public class Example11_9 {
   public static void main(String args[]) {
      WindowMouse win = new WindowMouse();
      win.setTitle("处理鼠标事件");
      win.setBounds(10,10,460,360);
   }
}
```

WindowMouse. java

```
import java.awt.*;
import javax.swing.*;
```

```java
public class WindowMouse extends JFrame {
    JTextField text;
    JButton button;
    JTextArea textArea;
    MousePolice police;
    WindowMouse() {
        init();
        setVisible(true);
        setDefaultCloseOperation(JFrame.EXIT_ON_CLOSE);
    }
    void init() {
        setLayout(new FlowLayout());
        text = new JTextField(8);
        textArea = new JTextArea(5,28);
        police = new MousePolice();
        police.setJTextArea(textArea);
        text.addMouseListener(police);
        button = new JButton("按钮");
        button.addMouseListener(police);
        addMouseListener(police);
        add(button);
        add(text);
        add(new JScrollPane(textArea));
    }
}
```

MousePolice.java

```java
import java.awt.event.*;
import javax.swing.*;
public class MousePolice implements MouseListener {
    JTextArea area;
    public void setJTextArea(JTextArea area) {
        this.area = area;
    }
    public void mousePressed(MouseEvent e) {
        area.append("\n鼠标按下,位置:" + "(" + e.getX() + "," + e.getY() + ")");
    }
    public void mouseReleased(MouseEvent e) {
        area.append("\n鼠标释放,位置:" + "(" + e.getX() + "," + e.getY() + ")");
    }
    public void mouseEntered(MouseEvent e)   {
        if(e.getSource() instanceof JButton)
            area.append("\n鼠标进入按钮,位置:" + "(" + e.getX() + "," + e.getY() + ")");
        if(e.getSource() instanceof JTextField)
            area.append("\n鼠标进入文本框,位置:" + "(" + e.getX() + "," + e.getY() + ")");
        if(e.getSource() instanceof JFrame)
            area.append("\n鼠标进入窗口,位置:" + "(" + e.getX() + "," + e.getY() + ")");
    }
    public void mouseExited(MouseEvent e) {
```

```
            area.append("\n鼠标退出,位置:" + "(" + e.getX() + "," + e.getY() + ")");
       }
       public void mouseClicked(MouseEvent e) {
           if(e.getClickCount()>=2)
              area.setText("鼠标连击,位置:" + "(" + e.getX() + "," + e.getY() + ")");
       }
   }
```

2. 使用 MouseMotionListener 接口处理鼠标事件

使用 MouseMotionListener 接口可以处理以下两种操作触发的鼠标事件。

- 在事件源上拖动鼠标
- 在事件源上移动鼠标

鼠标事件的类型是 MouseEvent,即当发生鼠标事件时,MouseEvent 类自动创建一个事件对象。

事件源注册监视器的方法是 addMouseMotionListener(MouseMotionListener listener)。MouseMotionListener 接口中有如下方法。

- mouseDragged(MouseEvent) 负责处理拖动鼠标触发的鼠标事件。即当用户拖动鼠标时(不必在事件源上),监视器调用接口中的这个方法对事件作出处理。
- mouseMoved(MouseEvent) 负责处理移动鼠标触发的鼠标事件。即当用户在事件源上移动鼠标时,监视器调用接口中的这个方法对事件作出处理。

可以使用坐标变换来实现组件的拖动。当用鼠标拖动组件时,可以先获取鼠标指针在组件坐标系中的坐标 x、y,以及组件的左上角在容器坐标系中的坐标 a、b;如果在拖动组件时,想让鼠标指针的位置相对于拖动的组件保持静止,那么,组件左上角在容器坐标系中的位置应当是 $a+x-x0$、$a+y-y0$,其中 x0、y0 是最初在组件上按下鼠标时,鼠标指针在组件坐标系中的位置坐标。

下面的例子 10 使用坐标变换来实现组件的拖动。

【例子 10】

Example11_10. java

```
public class Example11_10 {
   public static void main(String args[]) {
       WindowMove win = new WindowMove();
       win.setTitle("处理鼠标拖动事件");
       win.setBounds(10,10,460,360);
   }
}
```

WindowMove. java

```
import java.awt.*;
import javax.swing.*;
public class WindowMove extends JFrame {
   LP layeredPane;
   WindowMove() {
       layeredPane = new LP();
```

```java
        add(layeredPane,BorderLayout.CENTER);
        setVisible(true);
        setBounds(12,12,300,300);
        setDefaultCloseOperation(JFrame.EXIT_ON_CLOSE);
    }
}
```

LP.java

```java
import java.awt.*;
import java.awt.event.*;
import javax.swing.*;
import javax.swing.border.*;
public class LP extends JLayeredPane implements MouseListener,MouseMotionListener {
    JButton button;
    int x,y,a,b,x0,y0;
    LP() {
        button = new JButton("用鼠标拖动我");
        button.addMouseListener(this);
        button.addMouseMotionListener(this);
        setLayout(new FlowLayout());
        add(button,JLayeredPane.DEFAULT_LAYER);
    }
    public void mousePressed(MouseEvent e) {
        JComponent com = null;
        com = (JComponent)e.getSource();
        setLayer(com,JLayeredPane.DRAG_LAYER);
        a = com.getBounds().x;
        b = com.getBounds().y;
        x0 = e.getX();         //获取鼠标在事件源中的位置坐标
        y0 = e.getY();
    }
    public void mouseReleased(MouseEvent e) {
        JComponent com = null;
        com = (JComponent)e.getSource();
        setLayer(com,JLayeredPane.DEFAULT_LAYER);
    }
    public void mouseEntered(MouseEvent e) {}
      public void mouseExited(MouseEvent e) {}
      public void mouseClicked(MouseEvent e){}
      public void mouseMoved(MouseEvent e){}
      public void mouseDragged(MouseEvent e) {
        Component com = null;
        if(e.getSource() instanceof Component) {
            com = (Component)e.getSource();
            a = com.getBounds().x; b = com.getBounds().y;
            x = e.getX();       //获取鼠标在事件源中的位置坐标
            y = e.getY();
            a = a + x;
            b = b + y;
```

```
            com.setLocation(a-x0,b-y0);
       }
    }
}
```

11.4.6 焦点事件

组件可以触发焦点事件。组件可以使用

```
addFocusListener(FocusListener listener)
```

注册焦点事件监视器。当组件获得焦点监视器后,如果组件从无输入焦点变成有输入焦点或从有输入焦点变成无输入焦点都会触发 FocusEvent 事件。创建监视器的类必须要实现 FocusListener 接口,该接口有两个方法:

```
public void focusGained(FocusEvent e)
public void focusLost(FocusEvent e)
```

当组件从无输入焦点变成有输入焦点触发 FocusEvent 事件时,监视器调用类实现接口中的 focusGained(FocusEvent e)方法;当组件从有输入焦点变成无输入焦点触发 FocusEvent 事件时,监视器调用类实现接口中的 focusLost(FocusEvent e)方法。

用户通过单击组件可以使得该组件有输入焦点,同时也使得其他组件变成无输入焦点。一个组件也可调用

```
public boolean requestFocusInWindow()
```

方法获得输入焦点。

11.4.7 键盘事件

当按下、释放或敲击键盘上一个键时就触发了键盘事件,在 Java 事件模式中,必须要有发生事件的事件源。当一个组件处于激活状态时,敲击键盘上一个键就导致这个组件触发键盘事件。使用 KeyListener 接口处理键盘事件,该接口有如下 3 个方法。

- public void keyPressed(KeyEvent e)
- public void keyTyped(KeyEvent e)
- public void keyReleased(KeyEvent e)

某个组件使用 addKeyListener 方法注册监视器之后,当该组件处于激活状态时,用户按下键盘上某个键时,触发 KeyEvent 事件,监视器调用 keyPressed 方法;用户释放键盘上按下的键时,触发 KeyEvent 事件,监视器调用 keyReleased 方法。keyTyped 方法是 keyPressed 方法和 keyReleased 方法的组合,当键被按下又释放时,监视器调用 keyTyped 方法。

用 KeyEvent 类的 public int getKeyCode()方法,可以判断哪个键被按下、敲击或释放,getKeyCode 方法返回一个键码值(如表 11.1 所示)。也可以用 KeyEvent 类的 public char getKeyChar()判断哪个键被按下、敲击或释放,getKeyChar()方法返回键上的字符。

表 11.1 键码表

键 码	键
VK_F1-VK_F12	功能键 F1-F12
VK_LEFT	向左箭头键
VK_RIGHT	向右箭头键
VK_UP	向上箭头键
VK_DOWN	向下箭头键
VK_KP_UP	小键盘的向上箭头键
VK_KP_DOWN	小键盘的向下箭头键
VK_KP_LEFT	小键盘的向左箭头键
VK_KP_RIGHT	小键盘的向右箭头键
VK_END	End 键
VK_HOME	Home 键
VK_PAGE_DOWN	向后翻页键
VK_PAGE_UP	向前翻页键
VK_PRINTSCREEN	打印屏幕键
VK_SCROLL_LOCK	滚动锁定键
VK_CAPS_LOCK	大写锁定键
VK_NUM_LOCK	数字锁定键
PAUSE	暂停键
VK_INSERT	插入键
VK_DELETE	删除键
VK_ENTER	回车键
VK_TAB	制表符键
VK_BACK_SPACE	退格键
VK_ESCAPE	Esc 键
VK_CANCEL	取消键
VK_CLEAR	清除键
VK_SHIFT	Shift 键
VK_CONTROL	Ctrl 键
VK_ALT	Alt 键
VK_PAUSE	暂停键
VK_SPACE	空格键
VK_COMMA	逗号键
VK_SEMICOLON	分号键
VK_PERIOD	. 键
VK_SLASH	/ 键
VK_BACK_SLASH	\ 键
VK_0～VK_9	0～9 键
VK_A～VK_Z	a～z 键
VK_OPEN_BRACKET	[键
VK_CLOSE_BRACKET	] 键
VK_UNMPAD0-VK_NUMPAD9	小键盘上的 0～9 键
VK_QUOTE	单引号'键
VK_BACK_QUOTE	单引号'键

当安装某些软件时,经常要求输入序列号码,并且要在几个文本条中依次输入。每个文本框中输入的字符数目都是固定的,当在第一个文本框输入了恰好的字符个数后,输入光标会自动转移到下一个文本框。下面的例子 11 通过处理键盘事件来实现软件序列号的输入。当文本框获得输入焦点后,用户敲击键盘将使得当前文本框触发 KeyEvent 事件,在处理事件时,程序检查文本框中光标的位置,如果光标已经到达指定位置,就将输入焦点转移到下一个文本框。程序运行效果如图 11.12 所示。

图 11.12 输入序列号

【例子 11】

Example11_11.java

```
p public class Example11_11 {
    public static void main(String args[]) {
        Win win = new Win();
        win.setTitle("输入序列号");
        win.setBounds(10,10,460,360);
    }
}
```

Win.java

```
import java.awt.*;
import javax.swing.*;
public class Win extends JFrame {
    JTextField text[] = new JTextField[3];
    Police police;
    JButton b;
    Win() {
        setLayout(new FlowLayout());
        police = new Police();
        for(int i = 0;i < 3;i++) {
            text[i] = new JTextField(7);
            text[i].addKeyListener(police);              //监视键盘事件
            text[i].addFocusListener(police);
            add(text[i]);
        }
        b = new JButton("确定");
        add(b);
        text[0].requestFocusInWindow();
        setVisible(true);
        setDefaultCloseOperation(JFrame.EXIT_ON_CLOSE);
    }
}
```

Police.java

```
import java.awt.event.*;
import javax.swing.*;
public class Police implements KeyListener,FocusListener  {
```

```
    public void keyPressed(KeyEvent e) {
      JTextField t = (JTextField)e.getSource();
      if(t.getCaretPosition()>=6)
         t.transferFocus();
    }
    public void keyTyped(KeyEvent e) {}
    public void keyReleased(KeyEvent e) {}
    public void focusGained(FocusEvent e) {
      JTextField text = (JTextField)e.getSource();
      text.setText(null);
    }
    public void focusLost(FocusEvent e){}
}
```

11.4.8 用匿名类实例或窗口做监视器

在第8章曾学习了匿名类,其方便之处是匿名类的外嵌类的成员变量在匿名类中仍然有效,当发生事件时,监视器就比较容易操作事件源所在的外嵌类中的成员,不必像例子6那样,把监视器需要处理的对象的引用传递给监视器。当事件的处理比较简单,系统也不复杂时,使用匿名类做监视器是一个不错的选择,但是当事件的处理比较复杂时,使用内部类或匿名类会让系统缺乏弹性,因为每当修改内部类的代码都会导致整个外嵌类同时被编译,反之亦同。

让事件源所在的类实例作为监视器,能让事件的处理比较方便,这是因为,监视器可以方便地操作事件源所在的类中的其他成员。当事件的处理比较简单,系统也不复杂时,让事件源所在的类实例作为监视器是一个不错的选择。但是,当事件的处理比较复杂时,使用事件源所在的类实例会让系统缺乏弹性,因为每当修改处理事件的代码时都将导致事件源所在的类的代码同时被编译,反之亦同。

下面的例子12是一个猜数字小游戏,程序中有两个按钮 nuttonGetNumber、buttonEnter,用户单击 nuttonGetNumber 按钮可以获得一个随机数,然后在一个文本框中输入猜测再单击按钮 buttonEnter。程序运行效果如图 11.13 所示。

图 11.13 猜数字

【例子 12】

Example11_12.java

```
import java.awt.*;
import java.awt.event.*;
import javax.swing.*;
public class Example11_12 {
   public static void main(String args[]) {
       WindowButton win = new WindowButton();
   }
}
```

```java
class WindowButton extends JFrame implements ActionListener {
    int number;
    JTextField 提示条,输入框;
    JButton nuttonGetNumber,buttonEnter;
    WindowButton()  {
       setLayout(new FlowLayout());
       nuttonGetNumber = new JButton("得到一个随机数");
       add(nuttonGetNumber);
       提示条 = new JTextField("输入你的猜测: ",10);
       提示条.setEditable(false);
       输入框 = new JTextField("0",10);
       add(提示条);
       add(输入框);
       buttonEnter = new JButton("确定");
       add(buttonEnter);
       buttonEnter.addActionListener(this);
       nuttonGetNumber.addActionListener(this);
       setBounds(100,100,150,150);
       setVisible(true);
       validate();
       setDefaultCloseOperation(JFrame.EXIT_ON_CLOSE);
    }
    public void actionPerformed(ActionEvent e) {
       if(e.getSource() == nuttonGetNumber) {
           number = (int)(Math.random()*100) + 1;
           提示条.setText("输入你的猜测: ");
       }
        else if(e.getSource() == buttonEnter) {
           int guess = 0;
           try {guess = Integer.parseInt(输入框.getText());
               if(guess == number) {
                    提示条.setText(guess + ":猜对了!");
               }
               else if(guess > number){
                    提示条.setText(guess + ":猜大了!");
                    输入框.setText(null);
               }
               else if(guess < number) {
                    提示条.setText(guess + ":猜小了!");
                    输入框.setText(null);
               }
           }
           catch(NumberFormatException event) {
               提示条.setText("请输入数字字符");
           }
       }
    }
}
```

代码分析：事件源发生的事件传递到监视器对象,这意味着要把监视器注册到事件源。当事件发生时,监视器对象将"监视"它。在上述例子 12 的 WindowButton 类中,通过把 WindowButton 类的实例(窗口)的引用传值给 addActionListener()方法中的接口参数,使窗口成为监视器:

```
buttonEnter.addActionListener(this);
nuttonGetNumber.addActionListener(this);
```

因为 this 出现在构造方法中(有关 this 关键字的知识见第 4 章 4.8 节),就代表程序中创建的窗口对象 win,即代表在 Example11_12.java 中使用 WindowButton 类创建的 win 窗口。事件源发生的事件是 ActionEvent 类型,所以 WindowButton 类要实现 ActionListener 接口。

11.4.9 事件总结

1. 授权模式

Java 的事件处理是基于授权模式,即事件源调用方法将某个对象注册为自己的监视器。领会了上述 11.4.2 小节至 11.4.4 小节的几个例子,对学习事件处理就不会有太大的困难了,其原因是,处理相应的事件使用相应的接口,在今后的学习中会自然掌握。

2. 接口回调

Java 语言使用接口回调技术实现处理事件的过程。例如:

```
addXXXListener(XXXListener listener)
```

方法中的参数是一个接口,listener 可以引用任何实现了该接口的类所创建的对象,当事件源发生事件时,接口 listener 立刻回调被类实现的接口中的某个方法。

3. 方法绑定

从方法绑定角度看,Java 将某种事件的处理绑定到对应的接口,即绑定到接口中的方法,也就是说,当事件源触发事件发生后,监视器准确知道去调用哪个方法。

4. 保持松耦合

监视器和事件源应当保持一种松耦合关系,也就是说尽量让事件源所在的类和监视器是组合关系(如例子 6),尽量不要让事件源所在的类的实例以及它的子类的实例或内部类、匿名类的实例做监视器。也就是说,当事件源触发事件发生后,系统知道某个方法会被执行,但无须关心到底是哪个对象去调用了这个方法,因为任何实现接口的类的实例(作为监视器)都可以调用这个方法来处理事件。

11.5 使用 MVC 结构

模型-视图-控制器(Model-View-Controller),简称为 MVC。MVC 是一种先进的设计结构,是 Trygve Reenskaug 教授于 1978 年最早开发的一个基本结构,其目的是以会话形式提供方便的 GUI 支持。MVC 首先出现在 Smalltalk 编程语言中。

MVC 是一种通过以下三个不同部分构造一个软件或组件的理想办法。

- 模型(model)　用于存储数据的对象。
- 视图(view)　为模型提供数据显示的对象。
- 控制器(controller)　处理用户的交互操作,对于用户的操作作出响应,让模型和视图进行必要的交互,即通过视图修改、获取模型中的数据;当模型中的数据变化时,让视图更新显示。

从面向对象的角度看,MVC结构可以使程序更具有对象化特性,也更容易维护。在设计程序时,可以将某个对象看作"模型",然后为"模型"提供恰当的显示组件,即"视图"。为了对用户的操作作出响应,可以选择某个组件做"控制器",当发生组件事件时,通过"视图"修改或得到"模型"中维护着的数据,并让"视图"更新显示。

在下面的例子13中,首先编写一个封装三角形的类,然后再编写一个窗口。要求窗口使用三个文本框和一个文本区为三角形对象中的数据提供视图,其中三个文本框用来显示和更新三角形对象的三个边的长度;文本区对象用来显示三角形的面积。窗口中有一个按钮,用户单击该按钮后,程序用三个文本框中的数据分别作为三角形的三个边的长度,并将计算出的三角形的面积显示在文本区中。程序运行效果如图11.14所示。

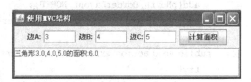

图 11.14　MVC 结构

【例子 13】

Example11_13. java

```
public class Example11_13 {
    public static void main(String args[]){
        WindowTriangle win = new WindowTriangle();
        win.setTitle("使用 MVC 结构");
        win.setBounds(100,100,420,260);
    }
}
```

WindowTriangle. java

```
import java.awt.*;
import java.awt.event.*;
import javax.swing.*;
public class WindowTriangle extends JFrame implements ActionListener {
    Triangle triangle;                          //数据对象
    JTextField textA,textB,textC;               //数据对象的视图
    JTextArea showArea;                         //数据对象的视图
    JButton controlButton;                      //控制器对象
    WindowTriangle() {
        init();
        setVisible(true);
        setDefaultCloseOperation(JFrame.EXIT_ON_CLOSE);
    }
    void init() {
       triangle = new Triangle();
```

```java
            textA = new JTextField(5);
            textB = new JTextField(5);
            textC = new JTextField(5);
            showArea = new JTextArea();
            controlButton = new JButton("计算面积");
            JPanel pNorth = new JPanel();
            pNorth.add(new JLabel("边 A:"));
            pNorth.add(textA);
            pNorth.add(new JLabel("边 B:"));
            pNorth.add(textB);
            pNorth.add(new JLabel("边 C:"));
            pNorth.add(textC);
            pNorth.add(controlButton);
            controlButton.addActionListener(this);
            add(pNorth,BorderLayout.NORTH);
            add(new JScrollPane(showArea),BorderLayout.CENTER);
        }
        public void actionPerformed(ActionEvent e) {
            try{
                double a = Double.parseDouble(textA.getText().trim());
                double b = Double.parseDouble(textB.getText().trim());
                double c = Double.parseDouble(textC.getText().trim());
                triangle.setA(a) ;                       //更新数据
                triangle.setB(b);
                triangle.setC(c);
                String area = triangle.getArea();
                showArea.append("三角形" + a + "," + b + "," + c + "的面积:");
                showArea.append(area + "\n");            //更新视图
            }
            catch(Exception ex) {
                showArea.append("\n" + ex + "\n");
            }
        }
    }
```

Triangle.java
```java
public class Triangle {
    double sideA,sideB,sideC,area;
    boolean isTriange;
    public String getArea() {
        if(isTriange) {
            double p = (sideA + sideB + sideC)/2.0;
            area = Math.sqrt(p*(p-sideA)*(p-sideB)*(p-sideC)) ;
            return String.valueOf(area);
        }
        else {
            return "无法计算面积";
        }
    }
```

```
    public void setA(double a) {
        sideA = a;
        if(sideA + sideB > sideC&&sideA + sideC > sideB&&sideC + sideB > sideA)
            isTriange = true;
        else
            isTriange = false;
    }
    public void setB(double b) {
        sideB = b;
        if(sideA + sideB > sideC&&sideA + sideC > sideB&&sideC + sideB > sideA)
            isTriange = true;
        else
            isTriange = false;
    }
    public void setC(double c) {
        sideC = c;
        if(sideA + sideB > sideC&&sideA + sideC > sideB&&sideC + sideB > sideA)
            isTriange = true;
        else
            isTriange = false;
    }
}
```

11.6 对 话 框

JDialog 类和 JFrame 类都是 Window 的子类,二者的实例都是底层容器,但二者有相似之处也有不同的地方,主要区别是,JDialog 类创建的对话框必须要依赖于某个窗口。

对话框分为无模式和有模式两种。如果一个对话框是有模式的对话框,那么当这个对话框处于激活状态时,只让程序响应对话框内部的事件,而且将堵塞其他线程的执行,用户不能再激活对话框所在程序中的其他窗口,直到该对话框消失不可见。无模式对话框处于激活状态时,能再激活其他窗口,也不堵塞其他线程的执行。

注:进行一个重要的操作动作之前,通过弹出一个有模式的对话框表明操作的重要性。

11.6.1 消息对话框

消息对话框是有模式对话框,进行一个重要的操作动作之前,最好能弹出一个消息对话框。可以用 javax.swing 包中的 JOptionPane 类的静态方法:

```
public static void showMessageDialog(Component parentComponent,
                                      String message,
                                      String title,
                                      int messageType)
```

创建一个消息对话框,其中参数 parentComponent 指定对话框可见时的位置,如果

parentComponent 为 null,对话框会在屏幕的正前方显示出来；如果组件 parentComponent 不空,对话框在组件 parentComponent 的正前面居中显示。message 指定对话框上显示的消息；title 指定对话框的标题；messageType 取下列有效值：

```
JOptionPane.INFORMATION_MESSAGE
JOptionPane.WARNING_MESSAGE
JOptionPane.ERROR_MESSAGE
JOptionPane.QUESTION_MESSAGE
JOptionPane.PLAIN_MESSAGE
```

这些值可以给出对话框的外观,如取值 JOptionPane.WARNING_MESSAGE 时,对话框的外观上会有一个明显的"!"符号。

在下面的例子 14 中,要求用户在文本框中只能输入数字后按回车键确认,当输入非数字字符后按回车键确认时,弹出消息对话框。程序中消息对话框的运行效果如图 11.15 所示。

图 11.15 消息对话框

【例子 14】

Example11_14.java

```java
public class Example11_14 {
    public static void main(String args[]) {
        WindowMess win = new WindowMess();
        win.setTitle("带消息对话框的窗口");
        win.setBounds(80,90,200,300);
    }
}
```

WindowMess.java

```java
import java.awt.event.*;
import java.awt.*;
import javax.swing.*;
public class WindowMess extends JFrame implements ActionListener {
    JTextField inputEnglish;
    JTextArea show;
    String regex = "\\d+";
    WindowMess() {
        inputEnglish = new JTextField(22);
        inputEnglish.addActionListener(this);
        show = new JTextArea();
        add(inputEnglish,BorderLayout.NORTH);
        add(show,BorderLayout.CENTER);
        setVisible(true);
        setDefaultCloseOperation(JFrame.EXIT_ON_CLOSE);
    }
    public void actionPerformed(ActionEvent e) {
        if(e.getSource() == inputEnglish) {
```

```
            String str = inputEnglish.getText();
            if(str.matches(regex)) {
                show.append(str + ",");
            }
            else {      //弹出"警告"消息对话框
                JOptionPane.showMessageDialog(this,"您输入了非法字符","消息对话框",
                                   JOptionPane.WARNING_MESSAGE);
                inputEnglish.setText(null);
            }
        }
    }
}
```

11.6.2 输入对话框

输入对话框含有供用户输入文本的文本框、一个确认按钮和一个取消按钮,是有模式对话框。当输入对话框可见时,要求用户输入一个字符串。javax.swing 包中的 JOptionPane 类的静态方法:

```
public static String showInputDialog(Component parentComponent,
                                     Object message,
                                     String title,
                                     int messageType)
```

可以创建一个输入对话框,其中参数 parentComponent 指定输入对话框所依赖的组件,输入对话框会在该组件的正前方显示出来(如果 parentComponent 为 null,输入对话框会在屏幕的正前方显示出来);参数 message 指定对话框上的提示信息;参数 title 指定对话框上的标题;参数 messageType 可取的有效值是 JOptionPane 中的类常量:

```
ERROR_MESSAGE
INFORMATION_MESSAGE
WARNING_MESSAGE
QUESTION_MESSAGE
PLAIN_MESSAGE
```

这些值可以给出对话框的外观,如取值 WARNING_MESSAGE 时,对话框的外观上会有一个明显的"!"符号。

单击输入对话框上的确认按钮、取消按钮或关闭图标,都可以使输入对话框消失不可见,如果单击的是确认按钮,输入对话框将返回用户在对话框的文本框中输入的字符串,否则返回 null。

在下面的例子 15 中,用户单击按钮弹出输入对话框,用户在输入对话框中输入一个数字,如果单击输入对话框上的确定按钮,程序将计算个数字的平方。程序中输入对话框的运行效果如图 11.16 所示。

图 11.16 输入对话框

【例子 15】

Example11_15.java

```java
public class Example11_15 {
    public static void main(String args[]) {
        WindowInput win = new WindowInput();
        win.setTitle("带输入对话框的窗口");
        win.setBounds(80,90,200,300);
    }
}
```

WindowInput.java

```java
import java.awt.event.*;
import java.awt.*;
import javax.swing.*;
public class WindowInput extends JFrame implements ActionListener {
    JTextArea showResult;
    JButton openInput;
    WindowInput() {
        openInput = new JButton("弹出输入对话框");
        showResult = new JTextArea();
        add(openInput,BorderLayout.NORTH);
        add(new JScrollPane(showResult),BorderLayout.CENTER);
        openInput.addActionListener(this);
        setVisible(true);
        setDefaultCloseOperation(JFrame.EXIT_ON_CLOSE);
    }
    public void actionPerformed(ActionEvent e) {
        String str = JOptionPane.showInputDialog(this,"输入一个数","输入对话框",
                                  JOptionPane.PLAIN_MESSAGE);
        if(str!= null) {
            try{ double number = Double.parseDouble(str);
                double r = number*number;
                showResult.append(number + "的平方是:" + r + "\n");
            }
            catch(Exception exp){}
        }
    }
}
```

11.6.3 确认对话框

确认对话框是有模式对话框,可以用 javax.swing 包中的 JOptionPane 类的静态方法:

```
public static int showConfirmDialog(Component parentComponent,Object message,
                         String title,int optionType)
```

得到一个确认对话框,其中参数 parentComponent 指定确认对话框可见时的位置,确认对话框在参数 parentComponent 指定的组件的正前方显示出来;如果 parentComponent 为 null,确认对话框会在屏幕的正前方显示出来。message 指定对话框上显示的消息;title 指定确认对话框的标题;optionType 取下列有效值:

```
JOptionPane.YES_NO_OPTION
JOptionPane.YES_NO_CANCEL_OPTION
JOptionPane.OK_CANCEL_OPTION
```

这些值可以给出确认对话框的外观,如取值 JOptionPane.YES_NO_OPTION 时,确认对话框的外观上会有 Yes、No 两个按钮。当确认对话框消失后,showConfirmDialog 方法会返回下列整数值之一:

```
JOptionPane.YES_OPTION
JOptionPane.NO_OPTION
JOptionPane.CANCEL_OPTION
JOptionPane.OK_OPTION
JOptionPane.CLOSED_OPTION
```

返回的具体值依赖于用户所单击的对话框上的按钮和对话框上的关闭图标。

在下面的例子 16 中,用户在文本框中输入账户名称,按回车键后,将弹出一个确认对话框。如果单击确认对话框上的"是(Y)"按钮,就将名字放入文本区。程序中确认对话框的运行效果如图 11.17 所示。

图 11.17 确认对话框

【例子 16】

Example11_16.java

```java
public class Example11_16 {
    public static void main(String args[]) {
        WindowEnter win = new WindowEnter();
        win.setTitle("带确认对话框的窗口");
        win.setBounds(80,90,200,300);
    }
}
```

WindowEnter.java

```java
import java.awt.event.*;
import java.awt.*;
import javax.swing.*;
public class WindowEnter extends JFrame implements ActionListener {
    JTextField inputName;
    JTextArea  save;
    WindowEnter() {
        inputName = new JTextField(22);
        inputName.addActionListener(this);
```

```
            save = new JTextArea();
            add(inputName,BorderLayout.NORTH);
            add(new JScrollPane(save),BorderLayout.CENTER);
            setVisible(true);
            setDefaultCloseOperation(JFrame.EXIT_ON_CLOSE);
      }
      public void actionPerformed(ActionEvent e) {
            String s = inputName.getText();
            int n = JOptionPane.showConfirmDialog(this,"确认是否正确","确认对话框",
                                        JOptionPane.YES_NO_OPTION );
            if(n == JOptionPane.YES_OPTION) {
               save.append("\n" + s);
            }
            else if(n == JOptionPane.NO_OPTION) {
               inputName.setText(null);
            }
      }
}
```

11.6.4 颜色对话框

可以用javax.swing包中的JColorChooser类的静态方法:

public static Color showDialog(Component component,String title,Color initialColor)

创建一个有模式的颜色对话框,其中参数component指定颜色对话框可见时的位置,颜色对话框在参数component指定的组件的正前方显示出来;如果component为null,颜色对话框在屏幕的正前方显示出来。title指定对话框的标题。initialColor指定颜色对话框返回的初始颜色。用户通过颜色对话框选择颜色后,如果单击确定按钮,那么颜色对话框将消失、showDialog()方法返回对话框所选择的颜色对象;如果单击撤销按钮或关闭图标,那么颜色对话框将消失、showDialog()方法返回null。

在下面的例子17中,当用户单击按钮时,弹出一个颜色对话框,然后根据用户选择的颜色来改变窗口的颜色。程序中颜色对话框的运行效果如图11.18所示。

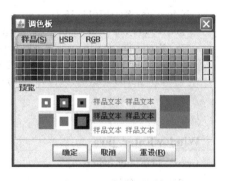

图11.18 颜色对话框

【例子17】

Example11_17.java

```
public class Example11_17 {
    public static void main(String args[]) {
        WindowColor win = new WindowColor();
```

```
            win.setTitle("带颜色对话框的窗口");
            win.setBounds(80,90,200,300);
        }
    }
```

WindowColor.java

```
import java.awt.event.*;
import java.awt.*;
import javax.swing.*;
public class WindowColor extends JFrame implements ActionListener {
    JButton button;
    WindowColor() {
        button = new JButton("打开颜色对话框");
        button.addActionListener(this);
        setLayout(new FlowLayout());
        add(button);
        setVisible(true);
        setDefaultCloseOperation(JFrame.EXIT_ON_CLOSE);
    }
    public void actionPerformed(ActionEvent e) {
        Color newColor = JColorChooser.showDialog(this,"调色板",getContentPane().
            getBackground());
        if(newColor!= null) {
            getContentPane().setBackground(newColor);
        }
    }
}
```

11.6.5 文件对话框

文件对话框是一个选择文件的界面。javax.swing 包中的 JFileChooser 类可以创建文件对话框,使用该类的构造方法 JFileChooser()创建初始不可见的有模式的文件对话框。然后文件对话框调用下述两个方法:

```
showSaveDialog(Component a);
showOpenDialog(Component a);
```

都可以使得对话框可见,只是呈现的外观有所不同,showSaveDialog 方法提供保存文件的界面,showOpenDialog 方法提供打开文件的界面。上述两个方法中的参数 a 指定对话框可见时的位置,当 a 是 null 时,文件对话框出现在屏幕的中央;如果组件 a 不空,文件对话框在组件 a 的正前面居中显示。

用户单击文件对话框上的确定、取消或关闭图标,文件对话框将消失。ShowSaveDialog()或 showOpenDialog()方法返回下列常量之一:

JFileChooser.APPROVE_OPTION
JFileChooser.CANCEL_OPTION

在下面的例子 18 中,使用文件对话框打开和保存文件,对话框如图 11.19 所示。

【例子 18】

Example11_18.java

```java
public class Example11_18 {
    public static void main(String args[]) {
        WindowReader win = new WindowReader();
        win.setTitle("使用文件对话框读写文件");
    }
}
```

图 11.19 文件对话框

WindowReader.java

```java
import java.awt.*;
import java.awt.event.*;
import javax.swing.*;
import java.io.*;
public class WindowReader extends JFrame implements ActionListener {
    JFileChooser fileDialog ;
    JMenuBar menubar;
    JMenu menu;
    JMenuItem itemSave,itemOpen;
    JTextArea text;
    BufferedReader in;
    FileReader fileReader;
    BufferedWriter out;
    FileWriter fileWriter;
    WindowReader() {
        init();
        setSize(300,400);
        setVisible(true);
        setDefaultCloseOperation(JFrame.EXIT_ON_CLOSE);
    }
    void init() {
        text = new JTextArea(10,10);
        text.setFont(new Font("楷体_gb2312",Font.PLAIN,28));
        add(new JScrollPane(text),BorderLayout.CENTER);
        menubar = new JMenuBar();
        menu = new JMenu("文件");
        itemSave = new JMenuItem("保存文件");
        itemOpen = new JMenuItem("打开文件");
        itemSave.addActionListener(this);
        itemOpen.addActionListener(this);
        menu.add(itemSave);
        menu.add(itemOpen);
        menubar.add(menu);
```

```java
            setJMenuBar(menubar);
            fileDialog = new JFileChooser();
        }
        public void actionPerformed(ActionEvent e) {
           if(e.getSource() == itemSave) {
              int state = fileDialog.showSaveDialog(this);
              if(state == JFileChooser.APPROVE_OPTION) {
                 try{
                     File dir = fileDialog.getCurrentDirectory();
                     String name = fileDialog.getSelectedFile().getName();
                     File file = new File(dir,name);
                     fileWriter = new FileWriter(file);
                     out = new BufferedWriter(fileWriter);
                     out.write(text.getText());
                     out.close();
                     fileWriter.close();
                 }
                 catch(IOException exp){}
              }
           }
           else if(e.getSource() == itemOpen) {
              int state = fileDialog.showOpenDialog(this);
              if(state == JFileChooser.APPROVE_OPTION) {
                   text.setText(null);
                   try{
                       File dir = fileDialog.getCurrentDirectory();
                       String name = fileDialog.getSelectedFile().getName();
                       File file = new File(dir,name);
                       fileReader = new FileReader(file);
                       in = new BufferedReader(fileReader);
                       String s = null;
                       while((s = in.readLine())!= null) {
                          text.append(s + "\n");
                       }
                       in.close();
                       fileReader.close();
                   }
                   catch(IOException exp){}
              }
           }
        }
    }
```

11.6.6 自定义对话框

创建对话框与创建窗口类似,通过建立 JDialog 的子类来建立一个对话框类,然后这个类的一个实例,即这个子类创建的一个对象,就是一个对话框。对话框是一个容器,它的默认布局是 BorderLayout，对话框可以添加组件，实现与用户的交互操作。需要注意的是，对话框可见时，默认地被系统添加到显示器屏幕上，因此不允许将一个对话框添加到另一个容器中。以下是构造对话框的两个常用构造方法。

- JDialog() 构造一个无标题的初始不可见的对话框，对话框依赖一个默认的不可见的窗口，该窗口由 Java 运行环境提供。
- JDialog(JFrame owner) 构造一个无标题的初始不可见的无模式的对话框，owner 是对话框所依赖的窗口，如果 owner 取值 null，对话框依赖一个默认的不可见的窗口，该窗口由 Java 运行环境提供。

下面的例子 19 使用自定义对话框更改窗口的标题，自定义对话框的效果如图 11.20 所示。

图 11.20 自定义对话框

【例子 19】

Example11_19.java

```
public class Example11_19 {
    public static void main(String args[]) {
        MyWindow win = new MyWindow();
        win.setTitle("带自定义对话框的窗口");
        win.setSize(200,300);
    }
}
```

MyWindow.java

```
import java.awt.*;
import java.awt.event.*;
import javax.swing.*;
public class MyWindow extends JFrame implements ActionListener {
    JButton button;
    MyDialog dialog;
    MyWindow() {
        init();
        setVisible(true);
        setDefaultCloseOperation(JFrame.EXIT_ON_CLOSE);
    }
    void init() {
        button = new JButton("打开对话框");
        button.addActionListener(this);
        add(button,BorderLayout.NORTH);
        dialog = new MyDialog(this,"我是对话框");   //对话框依赖于 MyWindow 创建的窗口
        dialog.setModal(true);                      //有模式对话框
    }
    public void actionPerformed(ActionEvent e) {
        dialog.setVisible(true);
        String str = dialog.getTitle();
        setTitle(str);
    }
}
```

MyDialog.java

```java
import java.awt.*;
import java.awt.event.*;
import javax.swing.*;
public class MyDialog extends JDialog implements ActionListener   {
    JTextField inputTitle;
    String title;
    MyDialog(JFrame f,String s) {                        //构造方法
        super(f,s);
        inputTitle = new JTextField(10);
        inputTitle.addActionListener(this);
        setLayout(new FlowLayout());
        add(new JLabel("输入窗口的新标题"));
        add(inputTitle);
        setBounds(60,60,100,100);
        setDefaultCloseOperation(JFrame.DISPOSE_ON_CLOSE);
    }
    public void actionPerformed(ActionEvent e) {
        title = inputTitle.getText();
        setVisible(false);
    }
    public String getTitle() {
        return title;
    }
}
```

11.7 发布 GUI 程序

可以使用 jar.exe 把一些文件压缩成一个 JAR 文件，来发布我们的应用程序。可以把 java 应用程序中涉及的类压缩成一个 JAR 文件，比如 Tom.jar，然后使用 java 解释器（使用参数-jar）执行这个压缩文件，或用鼠标双击该文件，执行这个压缩文件。

```
java  – jar Tom.jar
```

假设 D:\test 目录中的应用程序有两个类 A、B，其中 A 是主类。生成一个 JAR 文件的步骤如下所示。

1. 首先用文本编辑器（比如 Windows 下的记事本）编写一个清单文件 Mymoon.mf：

```
Manifest – Version: 1.0
Main – Class: A
Created – By: 1.6
```

编写清单文件时，在"Manifest-Version："和"1.0"之间、"Main-Class："和主类"A"之间，以及"Created-By："和"1.6"之间必须有且只有一个空格。保存 Mymoon.mf 到 D:\test。

2. 生成 JAR 文件

D:\test\jar cfm Tom.jar Mymoon.mf A.class B.class

如果目录 test 下的字节码文件刚好是应用程序需要的全部字节码文件，也可以如下生成 JAR 文件：

D:\test\jar cfm Tom.jar Mymoon.mf *.class

其中，参数 c 表示要生成一个新的 JAR 文件；f 表示要生成的 JAR 文件的名字；m 表示文件清单文件的名字。

现在就可以将 Tom.jar 文件复制到任何一个安装了 java 运行环境的计算机上，只要用鼠标双击该文件就可以运行该 java 应用程序了。

11.8 小　　结

(1) 掌握怎样将其他组件嵌套到 JFrame 窗体中。
(2) 掌握各种组件的特点和使用方法。
(3) Java 处理事件的模式是：事件源、监视器、处理事件的接口。

习　题　11

(1) JFrame 类的对象的默认布局是什么布局？
(2) 一个容器对象是否可以使用 add 方法添加一个 JFrame 窗口？
(3) 编写应用程序，有一个标题为"计算"的窗口，窗口的布局为 FlowLayout 布局。窗口中添加两个文本区，当用户在一个文本区中输入若干个数时，另一个文本区同时对用户输入的数进行求和运算并求出平均值，也就是说随着用户输入的变化，另一个文本区不断地更新求和及平均值。
(4) 编写一个应用程序，有一个标题为"计算"的窗口，窗口的布局为 FlowLayout 布局。设计四个按钮，分别命名为"加"、"差"、"积"、"除"，另外，窗口中还有三个文本框。单击相应的按钮，将两个文本框的数字做运算，在第三个文本框中显示结果。要求处理 NumberFormatException 异常。
(5) 参照例子 13 编写一个体现 MVC 结构的 GUI 程序。首先编写一个封装梯形类，然后再编写一个窗口。要求窗口使用三个文本框和一个文本区为梯形对象中的数据提供视图，其中三个文本框用来显示和更新梯形对象的上底、下底和高；文本区对象用来显示梯形的面积。窗口中有一个按钮，用户单击该按钮后，程序用三个文本框中的数据分别作为梯形对象的上底、下底和高，并将计算出的梯形的面积显示在文本区中。

第 12 章 图形、图像与音频

主要内容
- 绘制基本图形
- 变换图形
- 图形的布尔运算
- 清除
- 绘制图像
- 播放音频

Component 类有一个方法 public void paint(Graphics g),程序可以在其子类中重写这个方法。当程序运行时,java 运行环境会用 Graphics2D(Graphics 的一个子类)将参数 g 实例化,对象 g 就可以在重写 paint 方法的组件上内绘制图形、图像等。组件都是矩形形状,组件本身有一个默认的坐标系,组件的左上角的坐标值是(0,0)。如果一个组件的宽是 200,高是 80,那么,该坐标系中,x 坐标的最大值是 200,y 坐标的最大值是 80。

Java 提供的 Graphics2D 拥有强大的二维图形处理能力,Graphics2D 是 Graphics 类的子类,它把直线、圆等作为一个对象来绘制,也就是说,如果想用一个 Graphics2D 类型的"画笔"来画一个圆,就必须先创建一个圆的对象。

Graphics2D 的"画笔"分别使用 draw 和 fill 方法来绘制和填充一个图形。

12.1 绘制基本图形

1. 直线
使用 java.awt.geom 包中的 Line2D 的静态内部类 Double 创建直线对象:

`new Line2D.Double(double x1,double y1,double x2,double y2);`

创建起点(x1,y1)到终点(x2,y2)的直线。

2. 矩形
使用 Rectangle2D.Double 类创建一个矩形对象:

`new Rectangle2D.Double(double x,double y,double w,double h)`

创建了一个左上角坐标是(x,y),宽是 w,高是 h 的一个矩形对象。

3. 圆角矩形

使用 RoundRectangle2D.Double 类创建一个圆角矩形对象：

new RoundRectangle2D.Double(double x,double y,double w,double h,double arcw, double arch);

创建左上角坐标是(x,y),宽是 w,高是 h,圆角的长轴和短轴分别为 arcw 和 arch 的圆角矩形对象(arcw 和 arch 指定圆角的尺寸,见图 12.1 中的 4 个被去掉的黑角部分)。

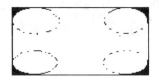

图 12.1 圆角的尺寸

4. 椭圆

使用 Ellipse2D.Double 类创建一个椭圆对象：

new Ellipse2D.Double (double x,double y,double w,double h);

上述语句创建了一个外接矩形的左上角坐标是(x,y),宽是 w,高是 h 的椭圆对象。

5. 绘制圆弧

使用 Arc2D.Double 类创建圆弧对象：

new Arc2D.Double(double x,double y,double w, double h, double start,double extent,int type)

圆弧就是椭圆的一部分。参数 x、y、w、h 指定椭圆的位置和大小,参数 start 和 extent 的单位都是"度"。参数 start、extent 表示从 start 的角度开始逆时针或顺时针方向画出 extent 度的弧,当 extent 是正值时为逆时针,否则为顺时针。比如,起始角度 start 是 0 就是 3 点钟的方位,start 的值可以是负值,例如−90°是 6 点钟方位。其中,最后一个参数 type 取值：Arc2D.OPEN、Arc2D.CHORD、Arc2D.PIE 决定弧是开弧、弓弧和饼弧。

6. 绘制文本

Graphics2D 对象调用 drawString(String s, int x, int y)方法从参数 x、y 指定的坐标位置处,从左向右绘制参数 s 指定的字符串。

7. 绘制二次曲线和三次曲线

二次曲线可用二阶多项式

$$y(x) = ax^2 + bx + c$$

来表示。一条二次曲线需要三个点来确定。使用 QuadCurve2D.Double 类来创建一个二次曲线：

QuadCurve2D curve = new QuadCurve2D.Double (50,30,10,10,50,100);

使用端点(50,30)和(50,100)及控制点(10,10)创建了一条二次曲线。

三次曲线可用三阶多项式

$$y(x) = ax^3 + bx^2 + cx + d$$

来表示。一条三次曲线需要四个点来确定该曲线。使用 CubicCurve2D.Double 类创建三次曲线,例如：

CubicCurve2D curve = new CubicCurve2D.Double (50,30,10,10,100,100,50,100);

使用端点(50,30)和(50,100)及控制点(10,10)和(100,100)创建了一条三次曲线。

8. 绘制多边形

使用 java.awt 包中的 Polygon 类创建空多边形：

```
Polygon polygon = new Polygon();
```

然后多边形调用 addPoint(int x,int y)方法向多边形添加顶点。

下面的例子 1 绘制了太极图和四边形,效果如图 12.2 所示。

【例子 1】

Example12_1.java

图 12.2 绘制基本图形

```java
import javax.swing.*;
import java.awt.*;
import java.awt.geom.*;
class MyCanvas extends JPanel {
    public void paint(Graphics g) {
        Graphics2D g_2d = (Graphics2D)g;
        Arc2D arc = new Arc2D.Double(0,0,100,100,-90,-180,Arc2D.PIE);
        g_2d.setColor(Color.black);
        g_2d.fill(arc);
        g_2d.setColor(Color.white);
        arc.setArc(0,0,100,100,-90,180,Arc2D.PIE);
        g_2d.fill(arc);
        arc.setArc(25,0,50,50,-90,-180,Arc2D.PIE);
        g_2d.fill(arc);
        g_2d.setColor(Color.black);
        Ellipse2D ellipse = new Ellipse2D.Double(40,15,20,20);
        g_2d.fill(ellipse);
        arc.setArc(25,50,50,50,90,-180,Arc2D.PIE);
        g_2d.fill(arc);
        g_2d.setColor(Color.white);
        ellipse.setFrame(40,65,20,20);
        g_2d.fill(ellipse);
        g.setColor(Color.black);
        Polygon polygon = new Polygon();
        polygon.addPoint(150,10);
        polygon.addPoint(100,90);
        polygon.addPoint(210,90);
        polygon.addPoint(260,10);
        g_2d.draw(polygon);
    }
}
public class Example12_1{
    public static void main(String args[]) {
        JFrame win = new JFrame();
        win.setSize(400,400);
        win.add(new MyCanvas());
        win.setVisible(true);
    }
}
```

12.2 变换图形

有时需要平移、缩放或旋转一个图形。可以使用 AffineTransform 类来实现对图形的这些操作。

(1) 首先使用 AffineTransform 类创建一个对象：

AffineTransform trans = new AffineTransform();

对象 trans 具有最常用的三个方法来实现对图形变换操作：

- translate(double a, double b)　将图形在 x 轴方向移动 a 个单位像素, y 轴方向移动 b 个像素单位。a 是正值时向右移动, 负值是向左移动; b 是正值时是向下移动, 负值向上移动。
- scale(double a, double b)　将图形在 x 轴方向缩放 a 倍, y 轴方向缩放 b 倍。
- rotate(double number, double x, double y)　将图形沿顺时针或逆时针以 (x,y) 为轴点旋转 number 个弧度。

(2) 进行需要的变换,比如要把一个矩形绕点(100,100)顺时针旋转 60°,那么就要先做好准备：

trans.rotate(60.0*3.1415927/180,100,100);

(3) 把 Graphics 对象,比如 g_2d 设置为具有 trans 这种功能的"画笔"：

g_2d.setTransform(trans);

假如 rect 是一个矩形对象,那么 g_2d.draw(rect)画的就是旋转后的矩形的样子。

注意不要把第(2)步和第(3)步颠倒。

下面的例子 2 旋转椭圆和字符串,效果如图 12.3 所示。

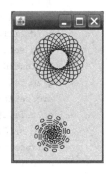

图 12.3　旋转

【例子 2】

Example12_2.java

```
import javax.swing.*;
import java.awt.*;
import java.awt.geom.*;
class MyCanvs extends JPanel {
    public void paint(Graphics g) {
        Graphics2D g_2d = (Graphics2D)g;
        String s = "Hello";
        Ellipse2D ellipse = new Ellipse2D.Double(30,30,80,30);
        AffineTransform trans = new  AffineTransform();
        for(int i = 1;i <= 24;i++){
            trans.rotate(15.0*Math.PI/180,70,45);
            g_2d.setTransform(trans);
            g_2d.draw(ellipse);            //现在画的就是旋转后的椭圆
```

```
        }
        for(int i = 1; i <= 12; i++) {
            trans.rotate(30.0*Math.PI/180,60,160);
            g_2d.setTransform(trans);
            g_2d.drawString(s,60,160);      //现在画的就是旋转后的字符串
        }
    }
}
public class Example12_2{
    public static void main(String args[]) {
        JFrame win = new JFrame();
        win.setSize(400,400);
        win.add(new MyCanvs());
        win.setVisible(true);
    }
}
```

12.3 图形的布尔运算

通过基本图形的布尔运算可以得到更为复杂的图形,假设 T1、T2 是两个图形,那么:
T1 和 T2 的布尔"与"(AND)运算的结果是两个图形的重叠部分;
T1 和 T2 的布尔"或"(OR)运算的结果是两个图形的合并;
T1 和 T2 的布尔"差"(NOT)运算的结果是 T1 去掉 T1 和 T2 的重叠部分;
T1 和 T2 的布尔"异或"(XOR)运算的结果是两个图形的非重叠部分。
两个图形进行布尔运算之前,必须分别用这两个图形创建两个 Area 区域对象,例如:

```
Area a1 = new Area(T1);
Area a2 = new Area(T2);
```

a1 就是图形 T1 所围成的区域;a2 就是 T2 所围成的区域。那么,a1 调用 add 方法:

```
a1.add(a2);
```

之后,a1 就变成 a1 和 a2 经过布尔"或"运算后的图形区域。可以用 Graphics2D 对象 g 来绘制或填充一个 Area 对象(区域):

```
g.draw(a1);
g.fill(a1);
```

Area 类的常用方法:
public void add(Area r) 与参数 r 或;
public void intersect(Area r) 与参数 r 与;
public void exclusiveOr(Area rhs) 与参数 r 异或;
public void subtract(Area rhs) 与参数 r 差。
下面的例子 3 绘制图形的布尔运算,效果如图 12.4 所示。

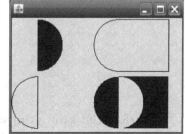

图 12.4 布尔运算

【例子 3】

Example12_3.java

```java
import javax.swing.*;
import java.awt.*;
import java.awt.geom.*;
class MyCanvs extends JPanel {
    public void paint(Graphics g) {
        Graphics2D g_2d = (Graphics2D)g;
        Ellipse2D ellipse = new Ellipse2D.Double(0,2,80,80);
        Rectangle2D rect =   new Rectangle2D.Double(40,2,80,80);
        Area a1 = new Area(ellipse);
        Area a2 = new Area(rect);
        a1.intersect(a2);              //"与"
        g_2d.fill(a1);
        ellipse.setFrame(130,2,80,80);
        rect.setFrame(170,2,80,80);
        a1 = new Area(ellipse);
        a2 = new Area(rect);
        a1.add(a2);                    //"或"
        g_2d.draw(a1);
        ellipse.setFrame(0,90,80,80);
        rect.setFrame(40,90,80,80);
        a1 = new Area(ellipse);
        a2 = new Area(rect);
        a1.subtract(a2);               //"差"
        g_2d.draw(a1);
        ellipse.setFrame(130,90,80,80);
        rect.setFrame(170,90,80,80);
        a1 = new Area(ellipse);
        a2 = new Area(rect);
        a1.exclusiveOr(a2);            //"异或"
        g_2d.fill(a1);
    }
}
public class Example12_3{
    public static void main(String args[]) {
        JFrame win = new JFrame();
        win.setSize(400,400);
        win.add(new MyCanvs());
        win.setVisible(true);
    }
}
```

12.4 清　　除

clearRect(int x,int y,int width,int height)用背景色填充指定矩形以达到清除该矩形的效果,也就是说当一个 Graphics 对象使用该方法时,相当于在使用一个"橡皮擦"。参数 x、y 是被清除矩形的左上角的坐标;另外两个参数是被清除矩形的宽和高。

组件调用 repaint()方法时,程序首先清除 paint()方法以前所画的内容,然后再调用 paint()方法。实际上当我们调用 repaint()方法时,程序自动地去调用 update(Graphics g)方法(从父类 Component 继承下来的),update 方法清除 paint()方法以前所画的内容,然后再调用 paint()方法。但有时不想让程序清除 paint()方法以前所画的所有内容,那么可以在程序中重写 update 方法(即隐藏父类的方法),根据需要来清除哪些部分或保留哪些部分。效果如图 12.5 所示。

图 12.5 重写 update 方法

【例子 4】

Example12_4.java
```java
import javax.swing.*;
import java.awt.*;
import java.awt.geom.*;
public class Example12_4 {
    public static void main(String args[]) {
        JFrame win = new JFrame();
        win.setSize(400,400);
        win.add(new MyCanvas());
        win.setVisible(true);
    }
}
class MyCanvas extends Canvas {
    int i = 1;
    public void paint(Graphics g) {
        i = (i + 2) % 360;
        Graphics2D g_2d = (Graphics2D)g;
        g.fillArc(30,50,120,100,i,2);
        g.fillArc(30,152,120,100,i,2);
        try{ Thread.sleep(300);
        }
        catch(InterruptedException e){}
        repaint();
    }
    public void update(Graphics g) {
        g.clearRect(30,152,120,100);
        paint(g);
    }
}
```

12.5 绘制图像

组件上可以显示图像,比如,为了让按钮上显示名称 cat.jpg 的图像,可以首先使用 Icon 类的子类 ImageIcon 类创建封装 cat.jpg 图像文件的 IconImage 对象:

```
Icon icon = new ImageIcon("cat.jpg");
```

然后让按钮组件 button 调用方法设置其上的图像（即显示图像）：

```
button.setIcon(icon);
```

除了上述方法外，可以使用 Graphics 绘制图像，步骤如下。

1. 加载图像

Java 运行环境提供了一个 Toolkit 对象，任何一个组件调用 getToolkit()方法可以返回这个对象的引用。Toolkit 类的对象调用方法

```
Image getImage(String fileName)
```

或

```
Image getImage(File file)
```

可以返回一个 Image 对象，该对象封装着参数 file（或参数 fileName）指定的图像文件。

2. 绘制图像

图像被加载之后，即被封装到 Image 实例中后，就可以在 paint()方法中绘制它了。Graphics 类提供了几个名为 drawImage()的方法用于输出图像。它们的功能相似，都是在指定位置绘制一幅图像。不同之处在于确定图像大小方式、解释图像中透明部分的方式，以及是否支持图像的剪辑和拉伸。学会使用下面的最基本的 drawImage()方法，可以很容易地使用另外的几个方法。

```
public boolean drawImage(Image img, int x, int y, ImageObserver observer);
```

参数 img 是被绘制的 Image 对象，x、y 是要绘制指定图像的矩形的左上角所处的位置，observer 是加载图像时的图像观察器。

当使用 drawImage(Image img,int x,int y,ImageObserver observer)来绘制图像时，如果组件的宽或高设计的不合理，可能就会出现图像的某些部分未能绘制到组件上。为了克服这个缺点，可以使用 drawImage()的另一个方法：

```
public boolean drawImage (Image img, int x, int y, int width , int height , ImageObserver observer)
```

该方法在矩形内绘制加载的图像。参数 img 是被绘制的 Image 对象，x、y 是要绘制指定图像的矩形的左上角所处的位置，width 和 height 指定矩形的宽和高，observer 是加载图像时的图像观察器。

实现 ImageObserver 接口类创建的对象都可以作为图像观察器，Java 所有组件已经实现了该接口，因此任何一个组件都可以作为图像观察器。

JFrame 对象可用 setIconImage(Image image)方法设置窗口左上角的图像，Java 窗口的默认图标是一个咖啡杯。下面的例子 5 绘制了一幅图像，并更改了窗口左上角的咖啡图像。效果如图 12.6 所示。

图 12.6　绘制图像

【例子 5】

Example12_5.java

```java
import java.awt.*;
import javax.swing.*;
class Imagecanvas extends Canvas {
    Toolkit tool;
    Image image;
    Imagecanvas() {
       setSize(200,200);
       tool = getToolkit();
       image = tool.getImage("ok.jpg");
    }
    public void paint(Graphics g) {
       g.drawImage(image,10,10,image.getWidth(this),image.getHeight(this),this);
    }
}
public class Example12_5 {
   public static void main(String args[]) {
      JFrame win = new JFrame();
      Toolkit tool = win.getToolkit();
      Image image = tool.getImage("t.jpg");
      win.setIconImage(image);
      win.setSize(400,400);
      win.add(new Imagecanvas());
      win.setDefaultCloseOperation(JFrame.EXIT_ON_CLOSE);
      win.setVisible(true);
   }
}
```

注:Java2D 本身就是 Java 中很丰富的一部分,这里我们只做了初步介绍。

12.6 播放音频

用 Java 可以编写播放.au、.aiff、.wav、.midi、.rfm 格式的音频文件。假设音频文件 hello.wav 位于应用程序当前目录中,播放音频的步骤如下。

(1) 创建 File 对象

```java
File musicFile = new File("hello.wav");
```

(2) 获取 URI 对象(URI 类属于 java.net 包)

```java
URI uri = musicFile.toURI();
```

(3) 获取 URL 对象

```java
URI url = uri.toURL();
```

(4) 创建音频对象(AudioClip 和 Applet 类属于 java.applet 包)

AudioClip clip = Applet.newAudioClip(url);

(5) 播放、循环与停止

```
clip.play()    //开始播放
clip.loop()    //循环播放
clip.stop()    //停止播放
```

下面的例子 6 在应用程序中播放音频,界面效果如图 12.7 所示。

图 12.7　播放音频

【例子 6】

Example12_6.java

```java
public class Example12_6 {
    public static void main(String args[]) {
        AudioClipDialog dialog = new AudioClipDialog();
        dialog.setVisible(true);
    }
}
```

AudioClipDialog.java

```java
import java.awt.*;
import java.net.*;
import java.awt.event.*;
import java.io.*;
import java.applet.*;
import javax.swing.*;
public class AudioClipDialog extends JDialog implements Runnable,ItemListener,ActionListener {
    Thread thread;
    JComboBox choiceMusic;
    AudioClip clip;
    JButton buttonPlay,
            buttonLoop,
            buttonStop;
    String str;
    AudioClipDialog() {
      thread = new Thread(this);
      choiceMusic = new JComboBox();
      choiceMusic.addItem("选择音频文件");
      choiceMusic.addItem("ding.wav");
      choiceMusic.addItem("notify.wav");
      choiceMusic.addItem("online.wav");
      choiceMusic.addItemListener(this);
      buttonPlay = new JButton("播放");
      buttonLoop = new JButton("循环");
```

```java
        buttonStop = new JButton("停止");
        buttonPlay.addActionListener(this);
        buttonStop.addActionListener(this);
        buttonLoop.addActionListener(this);
        setLayout(new FlowLayout());
        add(choiceMusic);
        add(buttonPlay);
        add(buttonLoop);
        add(buttonStop);
        setDefaultCloseOperation(JFrame.DISPOSE_ON_CLOSE);
        setSize(350,120);
    }
    public void itemStateChanged(ItemEvent e) {
        str = choiceMusic.getSelectedItem().toString();
        if(!(thread.isAlive())) {
           thread = new Thread(this);
        }
        try{  thread.start();
        }
        catch(Exception ee){}
    }
    public void run() {
        try{   File file = new File(str);
               URI uri = file.toURI();
               URL url = uri.toURL();
               clip = Applet.newAudioClip(url);
        }
        catch(Exception e){}
    }
    public void actionPerformed(ActionEvent e) {
        if(e.getSource() == buttonPlay)
            clip.play();
        else if(e.getSource() == buttonLoop)
            clip.loop();
        else if(e.getSource() == buttonStop)
            clip.stop();
    }
}
```

12.7 小　　结

(1) 可以使用 Graphics 类或其子类 Graphics2D 类绘制各种基本图形、图像。
(2) 在应用程序中可以播放 .au、.aiff、.wav、.midi、.rfm 格式的音频。

习　题　12

(1) 创建一个直线对象需要几个参数？
(2) 创建一个圆角矩形需要几个参数？
(3) 创建一个圆弧需要几个参数？
(4) 旋转一个图形需要哪几个步骤？
(5) 编写一个应用程序，绘制五角形。
(6) 编写一个应用程序绘制一条抛物线的一部分。

第13章 Java 多线程机制

主要内容

- 进程与线程
- Java 中的线程
- Thread 类与线程的创建
- 线程的常用方法
- 线程同步
- 协调同步的线程
- 守护线程

多线程是 Java 的特点之一,掌握多线程编程技术,可以充分利用 CPU 的资源,更容易解决实际中的问题。多线程技术广泛应用于和网络有关的程序设计中,因此掌握多线程技术,对于学习下一章 Java 网络编程的内容是至关重要的。

13.1 进程与线程

13.1.1 操作系统与进程

程序是一段静态的代码,它是应用软件执行的蓝本。进程是程序的一次动态执行过程,它对应了从代码加载、执行至执行完毕的一个完整过程,这个过程也是进程本身从产生、发展至消亡的过程。现代操作系统和以往操作系统的一个很大的不同就是可以同时管理计算机系统中的多个进程,即可以让计算机系统中的多个进程轮流使用 CPU 资源(如图 13.1 所示),甚至可以让多个进程共享操作系统所管理的资源,比如让 Word 进程和其他的文本编辑器进程共享系统的剪贴板。

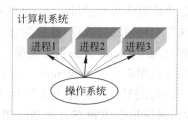

图 13.1 操作系统让进程轮流执行

13.1.2 进程与线程

线程不是进程,但其行为很像进程,线程是比进程更小的执行单位,一个进程在其执行过程中,可以产生多个线程,形成多条执行线索,每条线索,即每个线程也有它自身的产生、存在和消亡的过程。和进程可以共享操作系统的资源类似,线程间也可以共享进程中的某些内存单元(包括代码与数据),并利用这些共享单元来实现数据交换、实时通信与必要的同步操作,但与进程不同的是,线程的中断与恢复可以更加节省系统的开销。具有多个线程的进程能更好地表达和解决现实世界的具体问题,多线程是计算机应用开发和程序设计的一项重要的实用技术。

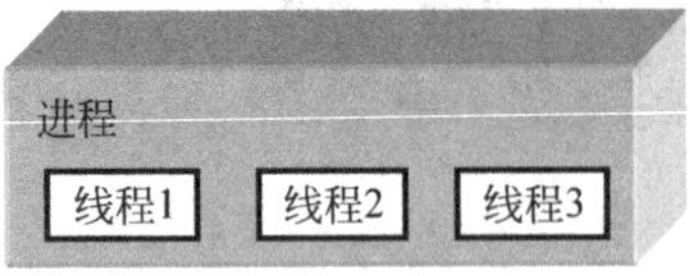

没有进程就不会有线程,就像没有操作系统就不会有进程一样。尽管线程不是进程,但在许多方面它非常类似进程,通俗地讲,线程是运行在进程中的"小进程",如图 13.2 所示。

图 13.2 进程中的线程

13.2 Java 中的线程

13.2.1 Java 的多线程机制

Java 语言的一大特性点就是内置对多线程的支持。多线程是指一个应用程序中同时存在几个执行体,按几条不同的执行线索共同工作的情况,它使得编程人员可以很方便地开发出具有多线程功能、能同时处理多个任务的功能强大的应用程序。虽然执行线程给人一种几个事件同时发生的感觉,但这只是一种错觉,因为我们的计算机在任何给定的时刻只能执行那些线程中的一个。为了建立这些线程正在同步执行的感觉,Java 虚拟机快速地把控制从一个线程切换到另一个线程。这些线程将被轮流执行,使得每个线程都有机会使用 CPU 资源。

13.2.2 主线程(main 线程)

每个 Java 应用程序都有一个默认的主线程。我们已经知道,Java 应用程序总是从主类的 main 方法开始执行。当 JVM 加载代码,发现 main 方法之后,就会启动一个线程,这个线程称为"主线程"(main 线程),该线程负责执行 main 方法。那么,在 main 方法的执行中再创建的线程,就称为程序中的其他线程。如果 main 方法中没有创建其他的线程,那么当 main 方法执行完最后一个语句,即 main 方法返回时,JVM 就会结束我们的 Java 应用程序。如果 main 方法中又创建了其他线程,那么 JVM 就要在主线程和其他线程之间轮流切换,保证每个线程都有机会使用 CPU 资源,main 方法即使执行完最后的语句(主线程结束),JVM 也不会结束 Java 应用程序,JVM 一直要等到 Java 应用程序中的所有线程都结束之后,才结束 Java 应用程序,如图 13.3 所示。

操作系统让各个进程轮流执行,那么当轮到 Java

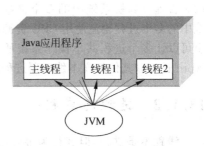

图 13.3 JVM 让线程轮流执行

应用程序执行时，Java 虚拟机就保证让 Java 应用程序中的多个线程都有机会使用 CPU 资源，即让多个线程轮流执行。如果机器有多个 CPU 处理器，那么 JVM 就能充分利用这些 CPU，获得真实的线程并发执行效果。

让我们提出一个问题：能否在一个 Java 应用程序出现 2 个以上的无限循环呢？

如果不使用多线程技术，是无法解决上述问题的，比如，观察下列代码：

```java
class Hello {
    public static void main(String args[]) {
        while(true) {
            System.out.println("hello");
        }
        while(true) {
            System.out.println("您好");
        }
    }
}
```

上述代码是有问题的，因为第 2 个 while 语句是永远没有机会执行的代码。如果能在主线程中创建两个线程，每个线程分别执行一个 while 循环，那么两个循环就都有机会执行，即一个线程中的 while 语句执行一段时间后，就会轮到另一个线程中的 while 语句执行一段时间，这是因为，Java 虚拟机（JVM）负责管理这些线程，这些线程将被轮流执行，使得每个线程都有机会使用 CPU 资源（见后面的例子 1）。

13.2.3 线程的状态与生命周期

Java 语言使用 Thread 类及其子类的对象来表示线程，新建的线程在它的一个完整的生命周期中通常要经历如下的四种状态。

1. 新建

当一个 Thread 类或其子类的对象被声明并创建时，新生的线程对象处于新建状态。此时它已经有了相应的内存空间和其他资源。

2. 运行

线程创建之后就具备了运行的条件，一旦轮到它来享用 CPU 资源时，即 JVM 将 CPU 使用权切换给该线程时，此线程的就可以脱离创建它的主线程独立开始自己的生命周期了。

线程创建后仅仅是占有了内存资源，在 JVM 管理的线程中还没有这个线程，此线程必须调用 start() 方法（从父类继承的方法）通知 JVM，这样 JVM 就会知道又有一个新线程排队等候切换了。

当 JVM 将 CPU 使用权切换给线程时，如果线程是 Thread 的子类创建的，该类中的 run() 方法就立刻执行，run() 方法规定了该线程的具体使命。所以程序必须在子类中重写父类的 run() 方法，其原因是 Thread 类中的 run() 方法没有具体内容，程序要在 Thread

类的子类中重写 run()方法来覆盖父类的 run()方法。在线程没有结束 run()方法之前,不要让线程再调用 start()方法,否则将发生 ILLegalThreadStateException 异常。

3. 中断

有以下 4 种原因的线程中断。

- JVM 将 CPU 资源从当前线程切换给其他线程,使本线程让出 CPU 的使用权处于中断状态。
- 线程使用 CPU 资源期间,执行了 sleep(int millsecond)方法,使当前线程进入休眠状态。sleep(int millsecond)方法是 Thread 类中的一个类方法,线程一旦执行了 sleep(int millsecond)方法,就立刻让出 CPU 的使用权,使当前线程处于中断状态。经过参数 millsecond 指定的毫秒数之后,该线程就重新进到线程队列中排队等待 CPU 资源,以便从中断处继续运行。
- 线程使用 CPU 资源期间,执行了 wait()方法,使得当前线程进入等待状态。等待状态的线程不会主动进到线程队列中排队等待 CPU 资源,必须由其他线程调用 notify()方法通知它,使得它重新进到线程队列中排队等待 CPU 资源,以便从中断处继续运行。
- 线程使用 CPU 资源期间,执行某个操作进入阻塞状态,比如执行读/写操作引起阻塞。进入阻塞状态时线程不能进入排队队列,只有当引起阻塞的原因消除时,线程才重新进到线程队列中排队等待 CPU 资源,以便从原来中断处开始继续运行。

4. 死亡

处于死亡状态的线程不具有继续运行的能力。线程死亡的原因有二,一个原因是正常运行的线程完成了它的全部工作,即执行完 run()方法中的全部语句,结束了 run()方法。另一个原因是线程被提前强制性地中止,即强制 run()方法结束。所谓死亡状态就是线程释放了实体,即释放分配给线程对象的内存。

以下看一个完整的例子 1,通过分析运行结果阐述线程的 4 种状态。例子 1 在主线程中用 Thread 的子类创建了两个线程,这两个线程分别在命令行窗口输出 20 句"大象"和"轿车";主线程在命令行窗口输出 15 句"主人"。例子 1 的运行效果如图 13.4 所示。

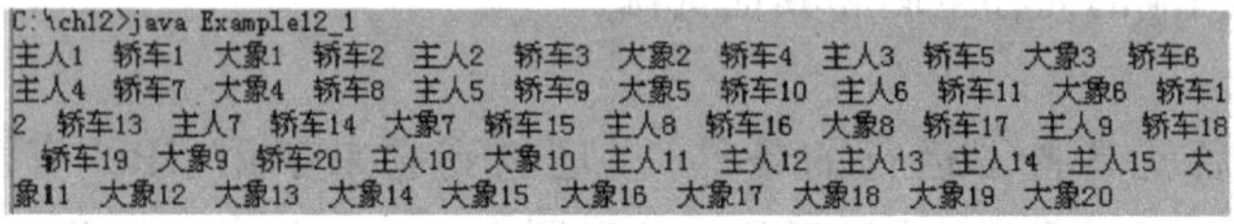

图 13.4 轮流执行线程

【例子 1】

Example13_1. java

```
public class Example13_1 {
    public static void main(String args[]) {            //主线程负责执行 main 方法
        SpeakElephant speakElephant;
        SpeakCar speakCar;
```

```
        speakElephant = new SpeakElephant();      //创建线程
        speakCar = new SpeakCar();                 //创建线程
        speakElephant.start();                     //启动线程
        speakCar.start();                          //启动线程
        for(int i = 1;i <= 15;i++) {
            System.out.print("主人" + i + "  ");
        }
    }
}
```

SpeakElephant.java

```
public class SpeakElephant extends Thread {       //Thread类的子类
    public void run() {
        for(int i = 1;i <= 20;i++) {
            System.out.print("大象" + i + "  ");
        }
    }
}
```

SpeakCar.java

```
public class SpeakCar extends Thread {            //Thread类的子类
    public void run() {
        for(int i = 1;i <= 20;i++) {
            System.out.print("轿车" + i + "  ");
        }
    }
}
```

现在我们来分析上述程序的运行结果。

(1) JVM 首先将 CPU 资源给主线程

主线程在使用 CUP 资源时执行了：

```
SpeakElephant speakElephant;
SpeakCar speakCar;
speakElephant = new SpeakElephant();
speakCar = new SpeakCar();
speakElephant.start();
speakCar.start();  ;
```

等 6 个语句后，并将 for 循环语句：

```
for(int i = 1;i <= 15;i++) {
    System.out.print("主人" + i + "  ");
}
```

执行到第 1 次循环，输出了：

主人1

主线程为什么没有将这个 for 循环语句执行完呢？这是因为，主线程在使用 CPU 资

源时,已经执行了:

```
speakElephant.start();
speakCar.start();
```

那么,JVM 这时就知道已经有 3 个线程:main 线程、SpeakElephant 和 speakCar 线程,它们需要轮流切换使用 CPU 资源了。因而,在 main 线程使用 CPU 资源执行到 for 语句的第 1 次循环之后,JVM 就将 CPU 资源切换给 SpeakCar 线程了。

(2) 在 SpeakElephant、SpeakCar 和 main 线程之间切换

然后 JVM 让 SpeakCar、SpeakElephant 和 main 线程轮流使用 CPU 资源,再输出下列结果:

轿车1 大象1 轿车2 主人2 轿车3 大象2 轿车4 主人3 轿车5 大象3 轿车6 主人4 轿车7 大象4 轿车8 主人5 轿车9 大象5 轿车10 主人6 轿车11 大象6 轿车12 轿车13 主人7 轿车14 大象7 轿车15 主人8 轿车16 大象8 轿车17 主人9 轿车18 轿车19 大象9 轿车20

这时,SpeakCar 线程的 run 方法结束,即 SpeakCar 线程进入死亡状态,因此,JVM 不再将 CPU 资源切换给 SpeakCar 线程。但是,Java 程序没有结束,因为还有两个线程没有死亡。

(3) JVM 在 main 线程和 SpeakElephant 线程之间切换

JVM 知道 SpeakCar 线程不再需要 CPU 资源,因此,JVM 轮流让 main 线程和 SpeakElephant 线程使用 CPU 资源,再输出下列结果:

主人10 大象10 主人11 大象12 主人13 主人14 主人15

这时,main 线程的 main 方法结束,进入死亡状态,因此,JVM 不再将 CPU 资源切换给 main 线程。但是,Java 程序没有结束,因为还有 SpeakElephant 线程没有死亡。

(4) JVM 让 SpeakElephant 线程使用 CPU

JVM 知道只有 SpeakElephant 线程需要 CPU 资源,因此,JVM 让 SpeakElephant 线程使用 CPU 资源,再输出下列结果:

大象11 大象12 大象13 大象14 大象15 大象16 大象17 大象18 大象19 大象20

这时,Java 程序中的所有线程都结束了,JVM 结束 Java 程序的执行。

上述程序在不同的计算机运行或在同一台计算机反复运行的结果不尽相同,输出结果依赖当前 CPU 资源的使用情况。

注:如果将例子 1 中的循环语句都改成无限循环,就解决了我们在 13.2.2 小节中提出的问题:可以在 Java 程序中出现 2 个以上的无限循环。

13.2.4 线程调度与优先级

处于就绪状态的线程首先进入就绪队列排队等候 CPU 资源,同一时刻在就绪队列中的线程可能有多个。Java 虚拟机中的线程调度器负责管理线程,调度器把线程的优先

级分为 10 个级别，分别用 Thread 类中的类常量表示。每个 Java 线程的优先级都在常数 1 和 10 之间，即 Thread.MIN_PRIORITY 和 Thread.MAX_PRIORITY 之间。如果没有明确地设置线程的优先级别，则每个线程的优先级都为常数 5，即 Thread.NORM_PRIORITY。

线程的优先级可以通过 setPriority(int grade)方法调整，该方法需要一个 int 类型参数。如果参数不在 1~10 的范围内，那么 setPriority 便产生一个 lllegalArgumenException 异常。getPriority 方法返回线程的优先级。需要注意是，有些操作系统只识别 3 个级别：1，5，10。

通过前面的学习已经知道，在采用时间片的系统中，每个线程都有机会获得 CPU 的使用权，以便使用 CPU 资源执行线程中的操作。当线程使用 CUP 资源的时间到时后，即使线程没有完成自己的全部操作，JVM 也会中断当前线程的执行，把 CPU 的使用权切换给下一个排队等待的线程，当前线程将等待 CPU 资源的下一次轮回，然后从中断处继续执行。

JVM 的线程调度器的任务是使高优先级的线程能始终运行，一旦时间片有空闲，则使具有同等优先级的线程以轮流的方式顺序使用时间片。也就是说，如果有 A、B、C、D 四个线程，A 和 B 的级别高于 C、D，那么，Java 调度器首先以轮流的方式执行 A 和 B，一直等到 A、B 都执行完毕进入死亡状态，才会在 C、D 之间轮流切换。

在实际编程时，不提倡使用线程的优先级来保证算法的正确执行。要编写正确、跨平台的多线程代码，必须假设线程在任何时刻都有可能被剥夺 CPU 资源的使用权（见 13.5 节）。

13.3 Thread 类与线程的创建

13.3.1 使用 Thread 的子类

在 Java 语言中，用 Thread 类或子类创建线程对象。上一节的例子 1 用 Thread 子类创建线程对象。在编写 Thread 类的子类时，需要重写父类的 run()方法，其目的是规定线程的具体操作，否则线程就什么也不做，因为父类的 run()方法中没有任何操作语句。

13.3.2 使用 Thread 类

使用 Thread 子类创建线程的优点是：可以在子类中增加新的成员变量，使线程具有某种属性，也可以在子类中新增加方法，使线程具有某种功能。但是，Java 不支持多继承，Thread 类的子类不能再扩展其他的类。

创建线程的另一个途径就是用 Thread 类直接创建线程对象。使用 Thread 创建线程通常使用的构造方法是：

```
Thread(Runnable target)
```

该构造方法中的参数是一个 Runnable 类型的接口,因此,在创建线程对象时必须向构造方法的参数传递一个实现 Runnable 接口类的实例,该实例对象称做所创线程的目标对象,当线程调用 start()方法后,一旦轮到它来享用 CPU 资源,目标对象就会自动调用接口中的 run()方法(接口回调),这一过程是自动实现的,用户程序只需要让线程调用 start()方法即可。线程绑定于 Runnable 接口,也就是说,当线程被调度并转入运行状态时,所执行的就是 run()方法中所规定的操作(建议读者复习 6.3~6.6 节有关接口的知识)。

下面例子 2 中和前面的例子 1 不同,不使用 Thread 类的子类创建线程,而是使用 Thread 类创建 speakElephant 和 speakCar 线程,请读者注意比较例子 1 和例子 2 的细微差别。

【例子 2】

Example13_2.java

```java
public class Example13_2 {
    public static void main(String args[]) {
        Thread speakElephant;                    //用 Thread 声明线程
        Thread speakCar;                         //用 Thread 声明线程
        ElephantTarget elephant;                 //elephant 是目标对象
        CarTarget car;                           //car 是目标对象
        elephant = new ElephantTarget();         //创建目标对象
        car = new CarTarget();                   //创建目标对象
        speakElephant = new Thread(elephant) ;   //创建线程,其目标对象是 elephant
        speakCar = new Thread(car);              //创建线程,其目标对象是 car
        speakElephant.start();                   //启动线程
        speakCar.start();                        //启动线程
        for(int i = 1;i <= 15;i++) {
            System.out.print("主人" + i + "  ");
        }
    }
}
```

ElephantTarget.java

```java
public class ElephantTarget implements Runnable {     //实现 Runnable 接口
    public void run() {
        for(int i = 1;i <= 20;i++) {
            System.out.print("大象" + i + "  ");
        }
    }
}
```

CarTarget.java

```java
public class CarTarget implements Runnable {          //实现 Runnable 接口
    public void run() {
        for(int i = 1;i <= 20;i++) {
            System.out.print("轿车" + i + "  ");
        }
```

            }
    }

我们知道线程间可以共享相同的内存单元(包括代码与数据),并利用这些共享单元来实现数据交换、实时通信与必要的同步操作。对于 Thread(Runnable target)构造方法创建的线程,轮到它来享用 CPU 资源时,目标对象就会自动调用接口中的 run()方法,因此,对于使用同一目标对象的线程,目标对象的成员变量自然就是这些线程共享的数据单元。另外,创建目标对象类在必要时还可以是某个特定类的子类,因此,使用 Runnable 接口比使用 Thread 的子类更具有灵活性。

下面例子 3 中使用 Thread 类创建两个模拟猫和狗的线程,猫和狗共享房屋中的一桶水,即房屋是线程的目标对象,房屋中的一桶水被猫和狗共享。猫和狗轮流喝水(狗喝得多,猫喝得少),当水被喝尽时,猫和狗进入死亡状态。猫或狗在轮流喝水的过程中,主动休息片刻(让 Thread 类调用 sleep(int n)进入中断状态),而不是等到被强制中断喝水。

【例子 3】

Example13_3.java

```java
public class Example13_3 {
    public static void main(String args[ ]) {
        House house = new House();
        house.setWater(10);
        Thread dog,cat;
        dog = new Thread(house);             //dog 和 cat 的目标对象相同
        cat = new Thread(house);             //cat 和 dog 的目标对象相同
        dog.setName("狗");
        cat.setName("猫");
        dog.start();
        cat.start();
    }
}
```

House.java

```java
public class House implements Runnable {
    int waterAmount;                         //用 int 变量模拟水量
    public void setWater(int w) {
        waterAmount = w;
    }
    public void run() {
        while(true) {
            String name = Thread.currentThread().getName();
            if(name.equals("狗")) {
                System.out.println(name + "喝水");
                waterAmount = waterAmount - 2;      //狗喝得多
            }
            else if(name.equals("猫")){
                System.out.println(name + "喝水");
                waterAmount = waterAmount - 1;      //猫喝得少
```

```
        }
        System.out.println(" 剩 " + waterAmount);
        try{   Thread.sleep(2000);                        //间隔时间
        }
        catch(InterruptedException e){}
        if(waterAmount <= 0) {
               return;
        }
      }
   }
}
```

注：请务必注意,一个线程的 run 方法的执行过程中可能随时被强制中断(特别是对于双核系统的计算机),建议读者仔细分析程序的运行效果,以便理解 JVM 轮流执行线程的机制,本章的 13.5 节将讲解有关怎样让程序的执行结果不依赖于这种轮换机制。

13.3.3 目标对象与线程的关系

从对象和对象之间的关系角度上看,目标对象和线程的关系有以下两种情景。

(1) 目标对象和线程完全解耦

在上述例子 3 中,创建目标对象的 House 类并没有组合 cat 和 dog 线程对象,也就是说 House 创建的目标对象不包含对合 cat 和 dog 线程对象的引用(完全解耦)。在这种情况下,目标对象经常需要通过获得线程的名字(因为无法获得线程对象的引用):

```
String name = Thread.currentThread().getName();
```

以便确定是哪个线程正在占用 CPU 资源,即被 JVM 正在执行的线程,如例子 3 代码所示。

(2) 目标对象组合线程(弱耦合)

目标对象可以组合线程,即将线程作为自己的成员(弱耦合),比如让线程 cat 和 dog 在 House 中。当创建目标对象类组合线程对象时,目标对象可以通过获得线程对象的引用:

```
Thread.currentThread();
```

来确定是哪个线程正在占用 CPU 资源,即被 JVM 正在执行的线程,如下面的例子 4 中代码所示。

在下面的例子 4 中,线程 cat 和 dog 在 House 中,请读者注意例子 4 与例子 3 的区别。

【例子 4】

Example13_4.java

```
public class Example13_4 {
   public static void main(String args[ ]) {
      House house = new House();
      house.setWater(10);
```

```
            house.dog.start();
            house.cat.start();
        }
    }
```

House.java

```
public class House implements Runnable {
    int waterAmount;                                //用 int 变量模拟水量
    Thread dog,cat;                                 //线程是目标对象的成员
    House() {
        dog = new Thread(this);                     //当前 House 对象作为线程的目标对象
        cat = new Thread(this);
    }
    public void setWater(int w) {
        waterAmount = w;
    }
    public void run() {
        while(true) {
            Thread t = Thread.currentThread();
            if(t == dog) {
                    System.out.println("狗喝水");
                    waterAmount = waterAmount – 2;    //狗喝得多
            }
            else if(t == cat){
                    System.out.println("猫喝水");
                    waterAmount = waterAmount – 1;    //猫喝得少
            }
            System.out.println(" 剩 " + waterAmount);
            try{   Thread.sleep(2000);   //间隔时间
            }
            catch(InterruptedException e){}
            if(waterAmount <= 0) {
                    return;
            }
        }
    }
}
```

注：在实际问题中，应当根据实际情况确定目标对象和线程是组合或完全解耦关系，两种关系各有优缺点。

13.3.4 关于 run 方法启动的次数

在上述例子 3 和例子 4 中 cat 和 dog 是具有相同目标对象的两个线程，当其中一个线程享用 CPU 资源时，目标对象自动调用接口中的 run 方法，当轮到另一个线程享用 CPU 资源时，目标对象会再次调用接口中的 run 方法，也就是说 run()方法已经启动运行了两次，分别运行在不同的线程中，即运行在不同的时间片内。

需要读者特别注意的是,在不同的计算机或同一台计算机上反复运行例子 3 或例子 4,程序输出的结果可能不尽相同,其原因是,如果 dog 线程在某一时刻,比如 12:00:00 首先获得 CPU 使用权,即目标对象在 12:00:00 第一次启动 run 方法,那么 dog 的 run 方法在其运行过程中,可能随时有被暂时中断的可能,比如执行到下列代码:

waterAmount = waterAmount - m;

或下列代码:

System.out.println("狗喝水");

那么,dog 就有可能被 JVM 中断 CPU 的使用权,即 JVM 将 CPU 的使用权切换给 cat,这时,时间大概是 12:00:02,即 12:00:02,目标对象第 2 次启动 run 方法,也就是说 cat 开始工作了。JVM 将轮流切换 CPU 给 dog 和 cat,保证 12:00:00 和 12:00:02 分别启动的 run 方法都有机会运行,直到运行完毕。

13.4 线程的常用方法

1. start()

线程调用该方法将启动线程,使之从新建状态进入就绪队列排队,一旦轮到它来享用 CPU 资源时,就可以脱离创建它的线程独立开始自己的生命周期了。需要特别注意的是,线程调用 start() 方法之后,就不必再让线程调用 start() 方法,否则将导致 IllegalThreadStateException 异常,即只有处于新建状态的线程才可以调用 start() 方法,调用之后就进入排队等待 CUP 资源了,如果再让线程调用 start() 方法显然是多余的。

2. run()

Thread 类的 run() 方法与 Runnable 接口中的 run() 方法的功能和作用相同,都用来定义线程对象被调度之后所执行的操作,都是系统自动调用而用户程序不得引用的方法。系统的 Thread 类中,run() 方法没有具体内容,所以用户程序需要创建自己的 Thread 类的子类,并重写 run() 方法来覆盖原来的 run() 方法。当 run() 方法执行完毕,线程就变成死亡状态,所谓死亡状态就是线程释放了实体,即释放分配给线程对象的内存。在线程没有结束 run() 方法之前,不赞成让线程再调用 start() 方法,否则将发生 IllegalThreadStateException 异常。

3. sleep(int millsecond)

线程的调度执行是按照其优先级的高低顺序进行的,当高级别的线程未死亡时,低级线程没有机会获得 CPU 资源。有时,优先级高的线程需要优先级低的线程做一些工作来配合它,或者优先级高的线程需要完成一些费时的操作,此时优先级高的线程应该让出 CPU 资源,使优先级低的线程有机会执行。为达到这个目的,优先级高的线程可以在它的 run() 方法中调用 sleep 方法来使自己放弃 CPU 资源,休眠一段时间。休眠时间的长短由 sleep 方法的参数决定,millsecond 是毫秒为单位的休眠时间。如果线程在休眠时被打断,JVM 就抛出 InterruptedException 异常。因此,必须在 try~catch 语句块中调用 sleep 方法。

4. isAlive()

线程处于"新建"状态时,线程调用 isAlive()方法返回 false。当一个线程调用 start()方法,并占有 CUP 资源后,该线程的 run()方法就开始运行,在线程的 run()方法结束之前,即没有进入死亡状态之前,线程调用 isAlive()方法返回 true。当线程进入"死亡"状态后(实体内存被释放),线程仍可以调用方法 isAlive(),这时返回的值是 false。

需要注意的是,一个已经运行的线程在没有进入死亡状态时,不要再给线程分配实体,由于线程只能引用最后分配的实体,先前的实体就会成为"垃圾",并且不会被垃圾收集机收集掉。例如:

```
Thread thread = new Thread(target);
thread.start();
```

如果线程 thread 占有 CPU 资源进入了运行状态,这时再执行:

```
thread = new Thread(target);
```

那么,先前的实体就会成为"垃圾",并且不会被垃圾收集机收集掉,因为 JVM 认为那个"垃圾"实体正在运行状态,如果突然释放,可能引起错误甚至设备的毁坏。

现在让我们分析以下线程分配实体的过程,执行代码:

```
Thread thread = new Thread(target);
thread.start();
```

后的内存示意图如图 13.5 所示,再执行代码:

```
thread = new Thread(target);
```

后的内存示意图如图 13.6 所示。

图 13.5 初建线程

现在让我们看一个例子,在下面的例子 5 中一个线程每隔 1 秒钟在命令行窗口输出本地机器的时间,在 3 秒钟后,该线程又被分配了实体,新实体又开始运行。因为垃圾实体仍然在工作,因此,在命令行每秒钟能看见两行同样的本地机器时间,运行效果如图 13.7 所示。

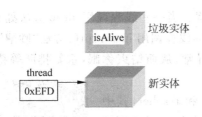

图 13.6 重新分配实体的线程

图 13.7 分配了 2 次实体的线程

【例子 5】

Example13_5.java

```
public class Example13_5 {
    public static void main(String args[]) {
```

```
            Home home = new Home();
            Thread showTime = new Thread(home);
            showTime.start();
     }
}
```

Home.java

```
import java.util.Date;
import java.text.SimpleDateFormat;
public class Home implements Runnable {
    int time = 0;
    SimpleDateFormat m = new SimpleDateFormat("hh:mm:ss");
    Date date;
    public void run() {
       while(true) {
          date = new Date();
          System.out.println(m.format(date));
          time++;
          try{ Thread.sleep(1000);
          }
          catch(InterruptedException e){}
          if(time == 3) {
            Thread thread = Thread.currentThread();
            thread = new Thread(this);
            thread.start();
          }
       }
    }
}
```

5．currentThread()

currentThread()方法是 Thread 类中的类方法,可以用类名调用,该方法返回当前正在使用 CPU 资源的线程。

6．interrupt()

interrupt()方法经常用来"吵醒"休眠的线程。当一些线程调用 sleep 方法处于休眠状态时,一个占有 CPU 资源的线程可以让休眠的线程调用 interrupt()方法"吵醒"自己,即导致休眠的线程发生 InterruptedException 异常,从而结束休眠,重新排队等待 CPU 资源。

在下面的例子 6 中,有两个线程：student 和 teacher,其中 student 准备睡一小时后再开始上课,teacher 在输出 3 句"上课！"后,吵醒休眠的线程 student。运行效果如图 13.8 所示。

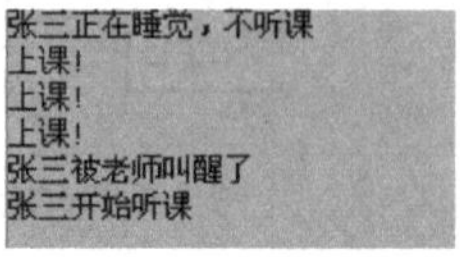

图 13.8 吵醒休眠的线程

【例子 6】

Example13_6.java

```
public class Example13_6 {
    public static void main(String args[]) {
```

```
        ClassRoom room6501 = new ClassRoom();
        room6501.student.start();
        room6501.teacher.start();
    }
}
```

ClassRoom.java
```
public class ClassRoom implements Runnable {
    Thread   student,teacher;                    //教室里有 student 和 teacher 两个线程
    ClassRoom() {
        teacher = new Thread(this);
        student = new Thread(this);
        teacher.setName("王教授");
        student.setName("张三");
    }
    public void run(){
        if(Thread.currentThread() == student) {
            try{ System.out.println(student.getName()+"正在睡觉,不听课");
                Thread.sleep(1000*60*60);
            }
            catch(InterruptedException e) {
                System.out.println(student.getName()+"被老师叫醒了");
            }
            System.out.println(student.getName()+"开始听课");
        }
        else if(Thread.currentThread() == teacher)   {
            for(int i=1;i<=3;i++) {
                System.out.println("上课!");
                try{ Thread.sleep(500);
                }
                catch(InterruptedException e){}
            }
            student.interrupt();                      //吵醒 student
        }
    }
}
```

13.5 线程同步

  Java 程序中可以存在多个线程,但是在处理多线程问题时,必须注意这样一个问题:当两个或多个线程同时访问同一个变量,并且一些线程需要修改这个变量,程序应对这样的问题作出处理,否则可能发生混乱,比如一个工资管理负责人正在修改雇员的工资表,而一些雇员也正在领取工资,如果容许这样做必然出现混乱。因此,工资管理负责人正在修改工资表时(包括他喝杯茶休息一会),将不允许任何雇员领取工资,也就是说这些雇员必须等待。

所谓线程同步就是若干个线程都需要使用一个 synchronized(同步)修饰的方法,即程序中的若干个线程都需要使用一个方法,而这个方法用 synchronized 给予了修饰。多个线程调用 synchronized 方法必须遵守同步机制。

线程同步机制:当一个线程 A 使用 synchronized 方法时,其他线程想使用这个 synchronized 方法时就必须等待,直到线程 A 使用完该 synchronized 方法。

在使用多线程解决许多实际问题时,可能要把某些修改数据的方法用关键字 synchronized 来修饰,即使用同步机制。

在下面的这个例子 7 中有两个线程:会计和出纳,它俩共同拥有一个账本。它俩都可以使用 saveOrTake(int amount)方法对账本进行访问,会计使用 saveOrTake(int amount)方法时,向账本上写入存钱记录;出纳使用 saveOrTake(int amount)方法时,向账本写入取钱记录。因此,当会计正在使用 saveOrTake(int amount)时,出纳被禁止使用,反之也是这样。比如,会计使用 saveOrTake(int amount)时,在账本上存入 300 万元,但在存入这笔钱时。每存入 100 万元,就喝口茶,那么会计喝茶休息时,存钱这件事还没结束,即会计还没有使用完 saveOrTake(int amount)方法,出纳仍不能使用 saveOrTake (int amount);出纳使用 saveOrTake(int amount)时,在账本上取出 150 万元,但在取出这笔钱时,每取出 50 万元,就喝口茶,那么出纳喝茶休息时,会计不能使用 saveOrTake(int amount),也就是说,程序要保证其中一人使用 saveOrTake(int amount)时,另一个人将必须等待,即 saveOrTake(int amount)方法应当是一个 synchronized 方法。程序运行效果如图 13.9 所示。

图 13.9　线程同步

【例子 7】

Example13_7. java

```
public class Example13_7 {
    public static void main(String args[]) {
        Bank bank = new Bank();
        bank.setMoney(200);
        Thread accountant,                    //会计
               cashier;                       //出纳
        accountant = new Thread(bank);
        cashier = new Thread(bank);
        accountant.setName("会计");
        cashier.setName("出纳");
        accountant.start();
        cashier.start();
    }
}
```

Bank. java

```
public class Bank implements Runnable {
    int money = 200;
    public void setMoney(int n) {
```

```
      money = n;
   }
   public void run() {
      if(Thread.currentThread().getName().equals("会计"))
         saveOrTake(300);
      else if(Thread.currentThread().getName().equals("出纳"))
         saveOrTake(150);;
   }
   public synchronized void saveOrTake(int amount) {           //存取方法
      if(Thread.currentThread().getName().equals("会计")) {
         for(int i = 1;i <= 3;i++) {
            money = money + amount/3;                //每存入 amount/3,稍歇一下
            System.out.println(Thread.currentThread().getName() +
                      "存入" + amount/3 + ",账上有" + money + "万元,休息一会儿再存");
            try { Thread.sleep(1000);           //这时出纳仍不能使用 saveOrTake 方法
            }
            catch(InterruptedException e){}
         }
      }
      else if(Thread.currentThread().getName().equals("出纳")) {
         for(int i = 1;i <= 3;i++) {                //出纳使用存取方法取出 50 万元
            money = money - amount/3;                //每取出 amount/3,稍歇一下
            System.out.println(Thread.currentThread().getName() +
                      "取出" + amount/3 + ",账上有" + money + "万元,休息一会儿再取");
            try { Thread.sleep(1000);           //这时会计仍不能使用 saveOrTake 方法
            }
            catch(InterruptedException e){}
         }
      }
   }
}
```

注：请读者去掉 saveOrTake 方法的同步修饰 synchronized,观察程序运行效果。

13.6 协调同步的线程

在 13.5 节我们已经知道,当一个线程使用同步方法时,其他线程想使用这个同步方法时就必须等待,直到当前线程使用完该同步方法。对于同步方法,有时涉及某些特殊情况,比如当一个人在一个售票窗口排队购买电影票时,如果他给售票员的钱不是零钱,而售票员又没有零钱找给他,那么他就必须等待,并允许他后面的人买票,以便售票员获得零钱给他。如果第 2 个人仍没有零钱,那么他俩必须等待,并允许后面的人买票。

当一个线程使用的同步方法中用到某个变量,而此变量又需要其他线程修改后才能符合本线程的需要,那么可以在同步方法中使用 wait() 方法。wait() 方法可以中断方法的执行,使本线程等待,暂时让出 CPU 的使用权,并允许其他线程使用这个同步方法。

其他线程如果在使用这个同步方法时不需要等待,那么它使用完这个同步方法的同时,应当用 notifyAll()方法通知所有的由于使用这个同步方法而处于等待的线程结束等待,曾中断的线程就会从刚才的中断处继续执行这个同步方法,并遵循"先中断先继续"的原则。如果使用 notify()方法,那么只是通知处于等待中的线程的某一个结束等待。

wait()、notify()和 notifyAll()都是 Object 类中的 final 方法,被所有的类继承,且不允许重写的方法。特别需要注意的是,不可以在非同步方法中使用 wait()、notify()和 notifyAll()。

在下面的例子 8 中,为了避免复杂的数学算法,我们模拟两个人,张飞和李逵买电影票。售票员只有两张 5 元的钱,电影票 5 元钱一张。张飞拿 20 元一张的人民币排在李逵的前面买票,李逵拿一张 5 元的人民币买票。因此张飞必须等待(李逵比张飞先买了票)。程序运行效果如图 13.10 所示。

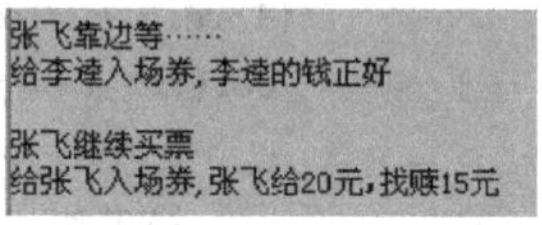

图 13.10　wait()与 notifyAll()

【例子 8】

Example13_8.java

```java
public class Example13_8 {
    public static void main(String args[ ]) {
        TicketHouse officer = new TicketHouse();
        Thread zhangfei,likui;
        zhangfei = new Thread(officer);
        zhangfei.setName("张飞");
        likui = new Thread(officer);
        likui.setName("李逵");
        zhangfei.start();
        likui.start();
    }
}
```

TicketHouse.java

```java
public class TicketHouse implements Runnable {
    int fiveAmount = 2,tenAmount = 0,twentyAmount = 0;
    public void run() {
        if(Thread.currentThread().getName().equals("张飞")) {
            saleTicket(20);
        }
        else if(Thread.currentThread().getName().equals("李逵")) {
            saleTicket(5);
        }
    }
    private synchronized void saleTicket(int money) {
        if(money == 5) {            //如果使用该方法的线程传递的参数是 5,就不用等待
            fiveAmount = fiveAmount + 1;
            System.out.println( "给" + Thread.currentThread().getName() + "入场券," +
                           Thread.currentThread().getName() + "的钱正好");
        }
```

```
        else if(money == 20) {
          while(fiveAmount < 3) {
            try { System.out.println("\n" + Thread.currentThread().getName() + "靠边等……");
                 wait();              //如果使用该方法的线程传递的参数是 20,则须等待
                 System.out.println("\n" + Thread.currentThread().getName() + "继续买票");
            }
            catch(InterruptedException e){}
          }
          fiveAmount = fiveAmount - 3;
          twentyAmount = twentyAmount + 1;
          System.out.println("给" + Thread.currentThread().getName() + "入场券," +
                    Thread.currentThread().getName() + "给 20 元,找赎 15 元");
        }
        notifyAll();
      }
    }
```

注:请读者务必注意,在许多实际问题中 wait 方法应当放在一个"while(等待条件){}"的循环语句中,而不是"if(等待条件){}"的分支语句中。

注:请读者将其中的"wait();"改为"Thread.sleep(3000);",观察程序的运行效果(李逵永远无法买票)。

13.7 守护线程

线程默认是非守护线程,非守护线程也称做用户(user)线程,一个线程调用 void setDaemon(boolean on)方法可以将自己设置成一个守护(Daemon)线程,例如:

```
thread.setDaemon(true);
```

当程序中的所有用户线程都已结束运行时,即使守护线程的 run 方法中还有需要执行的语句,守护线程也立刻结束运行。我们可以用守护线程做一些不是很严格的工作,线程的随时结束不会产生什么不良的后果。一个线程必须在运行之前设置自己是否是守护线程。

下面的例子 9 中有一个守护线程。

【例子 9】

Example13_9.java

```
public class Example13_9 {
  public static void main(String args[]) {
    Daemon  a = new Daemon ();
    a.A.start();
    a.B.setDaemon(true);
    a.B.start();
  }
}
```

Daemon.java
```
public class Daemon implements Runnable {
    Thread A,B;
    Daemon() {
        A = new Thread(this);
        B = new Thread(this);
    }
    public void run() {
        if(Thread.currentThread() == A) {
            for(int i = 0;i < 8;i++) {
                System.out.println("i = " + i) ;
                try{   Thread.sleep(1000);
                }
                catch(InterruptedException e) {}
            }
        }
        else if(Thread.currentThread() == B) {
            while(true) {
                System.out.println("线程 B 是守护线程 ");
                try{   Thread.sleep(1000);
                }
                catch(InterruptedException e){}
            }
        }
    }
}
```

13.8 小　　结

（1）线程是比进程更小的执行单位。一个进程在其执行过程中，可以产生多个线程，形成多条执行线索，每条线索，即每个线程也有它自身的产生、存在和消亡的过程，也是一个动态的概念。

（2）Java 虚拟机（JVM）中的线程调度器负责管理线程，在采用时间片的系统中，每个线程都有机会获得 CUP 的使用权。当线程使用 CUP 资源的时间到时后，即使线程没有完成自己的全部操作，Java 调度器也会中断当前线程的执行，把 CUP 的使用权切换给下一个排队等待的线程，当前线程将等待 CUP 资源的下一次轮回，然后从中断处继续执行。

（3）线程创建后仅仅是占有了内存资源，在 JVM 管理的线程中还没有这个线程，此线程必须调用 start()方法（从父类继承的方法）通知 JVM，这样 JVM 就会知道又有一个新线程排队等候切换了。

（4）线程同步是指几个线程都需要调用同一个同步方法（用 synchronized 修饰的方法）。一个线程在使用的同步方法中时，可能根据问题的需要，必须使用 wait()方法暂时让出 CPU 的使用权，以便其他线程使用这个同步方法。其他线程在使用这个同步方法时如果不需要等待，那么它用完这个同步方法的同时，应当执行 notifyAll()方法通知所有的由于使用这个同步方法而处于等待的线程结束等待。

习　题　13

(1) 线程有几种状态？
(2) 引起线程中断的常见原因是什么？
(3) 一个线程执行完 run 方法后，进入了什么状态？该线程还能再调用 start 方法吗？
(4) 线程在什么状态时，调用 isAlive()方法返回的值是 false。
(5) 建立线程有几种方法？
(6) 在多线程中，为什么要引入同步机制？
(7) 在什么方法中，wait()方法、notify()及 notifyAll()方法可以被使用？
(8) 在下列 E 类中，【代码】输出结果是什么？

```
public class E implements Runnable {
   StringBuffer buffer = new StringBuffer();
   Thread t1,t2;
   E() {  t1 = new Thread(this);
          t2 = new Thread(this);
   }
   public synchronized void addChar(char c) {
if(Thread.currentThread() == t1) {
   while(buffer.length() == 0) {
      try{ wait();
      }
      catch(Exception e){}
   }
   buffer.append(c);
}
if(Thread.currentThread() == t2) {
   buffer.append(c);
   notifyAll();
}
}
   public static void main(String s[]) {
       E hello = new E();
       hello.t1.start();
       hello.t2.start();
       while(hello.t1.isAlive()||hello.t2.isAlive()){}
       System.out.println(hello.buffer);          //【代码】
   }
   public void run() {
```

```
            if(Thread.currentThread() == t1)
                addChar('A') ;
            if(Thread.currentThread() == t2)
                addChar('B') ;
        }
   }
```

（9）参照例子 8，模拟三个人排队买票，张某、李某和赵某买电影票，售票员只有三张 5 元的钱，电影票 5 元钱一张。张某拿 20 元一张的新人民币排在李某的前面买票，李某排在赵某的前面拿一张 10 元的人民币买票，赵某拿一张 5 元的人民币买票。

第14章 Java 网络编程

主要内容

- URL 类
- InetAddress 类
- 套接字
- UDP 数据报
- 广播数据报

本章将学习 Java 提供的专门直接用于网络编程的类，讲解 URL、Socket、InetAddress 和 DatagramSocket 类在网络编程中的重要作用。

14.1 URL 类

URL 类是 java.net 包中的一个重要的类，URL 的实例封装着一个统一资源定位符 (Uniform Resource Locator)，使用 URL 创建对象的应用程序称做客户端程序。一个 URL 对象封装着一个具体的资源的引用，表明客户要访问这个 URL 中的资源，客户利用 URL 对象可以获取 URL 中的资源。一个 URL 对象通常包含最基本的三部分信息：协议、地址、资源。协议必须是 URL 对象所在的 Java 虚拟机支持的协议，许多协议并不为我们所常用，而常用的 Http、Ftp、File 协议都是虚拟机支持的协议；地址必须是能链接的有效 IP 地址或域名；资源可以是主机上的任何一个文件。

14.1.1 URL 的构造方法

URL 类通常使用如下的构造方法创建一个 URL 对象：

`public URL(String spec) throws MalformedURLException`

该构造方法使用字符串初始化一个 URL 对象，例如：

```
try { url = new URL("http://www.google.com");
}
catch(MalformedURLException e) {
```

```
        System.out.println ("Bad URL:" + url);
}
```

该 URL 对象中的协议是 Http 协议,即用户按照这种协议和指定的服务器通信,该 URL 对象包含的地址是 www.google.com,所包含的资源是默认的资源(主页)。

另一个常用的构造方法是:

public URL(String protocol, String host,String file) throws MalformedURLException

该构造方法构造使用的协议、地址和资源分别由参数 protocol、host 和 file 指定。

14.1.2 读取 URL 中的资源

URL 对象调用 InputStream openStream()方法可以返回一个输入流,该输入流指向 URL 对象所包含的资源。通过该输入流可以将服务器上的资源信息读入到客户端。URL 对象调用

```
InputStream openStream()
```

方法可以返回一个输入流,该输入流指向 URL 对象所包含的资源。通过该输入流可以将服务器上的资源读入到客户端。

下面的例子 1 中,用户在命令行窗口输入网址,读取服务器上的资源,由于网络速度或其他的因素,URL 资源的读取可能会引起堵塞,因此,程序需在一个线程中读取 URL 资源,以免堵塞主线程。程序运行效果如图 14.1 所示。

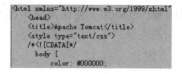

图 14.1 读取 URL 资源

【例子 1】

Example14_1.java

```
import java.net.*;
import java.io.*;
import java.util.*;
public class Example14_1 {
    public static void main(String args[]) {
        Scanner scanner;
        URL url;
        Thread readURL;
        Look look = new Look();
        System.out.println("输入 URL 资源,例如:http://www.yahoo.com");
        scanner = new Scanner(System.in);
        String source = scanner.nextLine();
        try {   url = new URL(source);
                look.setURL(url);
                readURL = new Thread(look);
        }
```

```
        catch(Exception exp){
            System.out.println(exp);
        }
        readURL = new Thread(look);
        readURL.start();
    }
}
```

Look.java

```
import java.net.*;
import java.io.*;
public class Look implements Runnable {
    URL url;
    public void setURL(URL url) {
        this.url = url;
    }
    public void run() {
        try {
            InputStream in = url.openStream();
            byte [] b = new byte[1024];
            int n = -1;
            while((n = in.read(b))!= -1) {
                String str = new String(b,0,n);
                System.out.print(str);
            }
        }
        catch(IOException exp){}
    }
}
```

14.2 InetAddress 类

14.2.1 地址的表示

我们已经知道,Internet 上的主机表示有两种地址方式。
1. 域名
例如,www.tsinghua.edu.cn。
2. IP 地址
例如,202.108.35.210。
java.net 包中的 InetAddress 类对象含有一个 Internet 主机地址的域名和 IP 地址:
www.sina.com.cn/202.108.35.210。
域名容易记忆,在连接网络时输入一个主机的域名后,域名服务器(DNS)负责将域名转化成 IP 地址,这样才能和主机建立连接。

14.2.2 获取地址

1. 获取 Internet 上主机的地址

可以使用 InetAddress 类的静态方法：

getByName(String s);

将一个域名或 IP 地址传递给该方法的参数 s,获得一个 InetAddress 对象,该对象含有主机地址的域名和 IP 地址,该对象用如下格式表示它包含的信息：

www.sina.com.cn/202.108.37.40

下面的例子 2 分别获取域名是 www.sina.com.cn 的主机域名及 IP 地址,同时获取了 IP 地址是 166.111.222.3 的主机域名及 IP 地址。

【例子 2】

Example14_2.java

```
import java.net.*;
public class Example14_2 {
    public static void main(String args[]) {
        try{   InetAddress address_1 = InetAddress.getByName("www.sina.com.cn");
               System.out.println(address_1.toString());
               InetAddress address_2 = InetAddress.getByName("166.111.222.3");
               System.out.println(address_2.toString());
        }
        catch(UnknownHostException e) {
            System.out.println("无法找到 www.sina.com.cn");
        }
    }
}
```

当运行上述程序时应保证程序所在计算机已经连接到 Internet 上,上述程序的运行结果：

www.sina.com.cn/202.108.37.40
maix.tup.tsinghua.edu.cn/166.111.222.3

另外,InetAddress 类中还有两个实例方法：
- public String getHostName()　获取 InetAddress 对象所含的域名。
- public String getHostAddress()　获取 InetAddress 对象所含的 IP 地址。

2. 获取本地机的地址

我们可以使用 InetAddress 类的静态方法：getLocalHost()获得一个 InetAddress 对象,该对象含有本地机的域名和 IP 地址。

14.3 套接字

14.3.1 套接字

网络通信使用 IP 地址标识 Internet 上的计算机,使用端口号标识服务器上的进程(程序)。也就是说,如果服务器上的一个程序不占用一个端口号,用户程序就无法找到它,就无法和该程序交互信息。端口号被规定为一个 16 位的 0~65535 之间的整数,其中,0~1023 被预先定义的服务通信占用(如 Telnet 占用端口 23,Http 占用端口 80 等),除非我们需要访问这些特定服务,否则,就应该使用 1024~65535 这些端口中的某一个进行通信,以免发生端口冲突。

当两个程序需要通信时,它们可以通过使用 Socket 类建立套接字对象并连接在一起(端口号与 IP 地址的组合得出一个网络套接字),本节将讲解怎样将客户端和服务器端的套接字对象连接在一起来交互信息。

熟悉生活中的一些常识知识对于学习、理解以下套接字的讲解非常有帮助的,比如,有人让你去"中关村邮局",你可能反问"我去做什么",因为他没有告知你"端口",你觉得不知处理何种业务。他说:"中关村邮局,8 号窗口",那么你到达地址"中关村邮局",找到"8 号"窗口,就知道"8 号"窗口处理特快专递业务,而且,必须有个先决条件,就是你到达"中关村邮局,8 号窗口"时,该窗口必须有一位业务员在等待客户,否则就无法建立交互业务。

14.3.2 客户端套接字

客户端的程序使用 Socket 类建立负责连接到服务器的套接字对象。

Socket 的构造方法是:Socket(String host,int port),参数 host 是服务器的 IP 地址,port 是一个端口号。建立套接字对象可能发生 IOException 异常,因此应像下面那样建立连接到服务器的套接字对象:

```
try{   Socket mysocket = new Socket("http://192.168.0.78",2010);
}
catch(IOException e){}
```

当套接字对象 mysocket 建立后,mysocket 可以使用方法 getInputStream()获得一个输入流,这个输入流的源和服务器端的一个输出流的目的地刚好相同,因此客户端用输入流可以读取服务器写入到输出流中的数据;mysocket 使用方法 getOutputStream()获得一个输出流,这个输出流的目的地和服务器端的一个输入流的源刚好相同,因此服务器用输入流可以读取客户写入到输出流中的数据。

14.3.3 ServerSocket 对象与服务器端套接字

我们已经知道客户负责建立连接到服务器的套接字对象,即客户负责呼叫。为了能使客户成功地连接到服务器,服务器必须建立一个 ServerSocket 对象,该对象通过将客户端的套接字对象和服务器端的一个套接字对象连接起来,从而达到连接的目的。

ServerSocket 的构造方法是:ServerSocket(int port),port 是一个端口号。port 必须和客户呼叫的端口号相同。当建立 ServerSocket 对象时可能发生 IOException 异常,因此应像下面那样建立 ServerSocket 对象:

```
try{   ServerSocket serverForClient = new ServerSocket(2010);
}
catch(IOException e){}
```

比如,2010 端口已被占用时,就会发生 IOException 异常。

当服务器的 ServerSocket 对象 serverForClient 建立后,就可以使用方法 accept()将客户的套接字和服务器端的套接字连接起来,代码如下所示:

```
try{   Socket sc = serverForClient.accept();
}
catch(IOException e){}
```

所谓"接收"客户的套接字连接是指服务器端的 ServerSocket 对象:serverForClient 调用 accept()方法会返回一个和客户端 Socket 对象相连接的 Socket 对象 sc。驻留在服务器端这个 Socket 对象 sc 调用 getOutputStream()获得的输出流将指向客户端 Socket 对象 mysocket 调用 getInputStream()获得的那个输入流,即服务器端的输出流的目的地和客户端输入流的源刚好相同;同样,服务器端的这个 Socket 对象 sc 调用 getInputStream()获得的输入流将指向客户端 Socket 对象 mysocket 调用 getOutputStream()获得的那个输出流,即服务器端的输入流的源和客户端输出流的源刚好相同。因此,当服务器向输出流写入信息时,客户端通过相应的输入流就能读取,反之亦然,如图 14.2 所示。

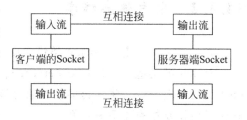

图 14.2　套接字连接示意图

需要注意的是,从套接字连接中读取数据与从文件中读取数据有着很大的不同,尽管二者都是输入流。从文件中读取数据时,所有的数据都已经在文件中了。而使用套接字连接时,可能在另一端数据发送出来之前,就已经开始试着读取了,这时,就会堵塞本线程,直到该读取方法成功读取到信息,本线程才继续执行后续的操作。

另外,需要注意的是 accept()方法也会堵塞线程的继续执行,直到接收到客户的呼叫。也就是说,如果没有客户呼叫服务器,那么下述代码中的 System.out.println("hello")不会被执行:

```
try{    Socket sc = server_socket.accept();
        System.out.println("hello")
}
catch(IOException e){}
```

连接建立后,服务器端的套接字对象调用 getInetAddress( )方法可以获取一个 InetAddess 对象,该对象含有客户端的 IP 地址和域名,同样,客户端的套接字对象调用 getInetAddress()方法可以获取一个 InetAddess 对象,该对象含有服务器端的 IP 地址和域名。

双方通信完毕后,套接字应使用 close()方法关闭套接字连接。

注:ServerSocket 对象可以调用 setSoTimeout(int timeout)方法设置超时值(单位是毫秒),timeout 是一个正值,当 ServerSocket 对象调用 accept()方法堵塞的时间一旦超过 timeout 时,将触发 SocketTimeoutException。

下面我们通过一个简单的例子说明上面讲的套接字连接。在例子 3 中,客户端向服务器问了三句话,服务器都给出了一一的回答。首先将例子 3 中服务器端的 Server.java 编译通过,并运行起来,等待客户的呼叫,然后运行客户端程序。客户端运行效果如图 14.3 所示,服务器端运行效果如图 14.4 所示。

图 14.3 客户端运行效果　　　　图 14.4 服务器端运行效果

【例子 3】

1. 客户端

Client.java

```java
import java.io.*;
import java.net.*;
public class Client {
    public static void main(String args[]) {
        String [] mess = {"1+1在什么情况下不等于 2","狗为什不生跳蚤","什么东西能看、能吃、能坐"};
        Socket mysocket;
        DataInputStream in = null;
        DataOutputStream out = null;
        try{    mysocket = new Socket("127.0.0.1",2010);
                in = new DataInputStream(mysocket.getInputStream());
                out = new DataOutputStream(mysocket.getOutputStream());
                for(int i = 0;i < mess.length;i++) {
                    out.writeUTF(mess[i]);
                    String  s = in.readUTF();            //in 读取信息,堵塞状态
                    System.out.println("客户收到服务器的回答:" + s);
                    Thread.sleep(500);
```

                }
            }
            catch(Exception e) {
                System.out.println("服务器已断开" + e);
            }
        }
    }

2. 服务器端
Server.java

```java
import java.io.*;
import java.net.*;
public class Server {
    public static void main(String args[]) {
        String [] answer ={"在算错的情况下","狗只能生狗","电视、面包、沙发"};
        ServerSocket serverForClient = null;
        Socket socketOnServer = null;
        DataOutputStream out = null;
        DataInputStream  in = null;
        try {   serverForClient = new ServerSocket(2010);
        }
        catch(IOException e1) {
            System.out.println(e1);
        }
        try{   System.out.println("等待客户呼叫");
            socketOnServer = serverForClient.accept();  //堵塞状态,除非有客户呼叫
            out = new DataOutputStream(socketOnServer.getOutputStream());
            in = new DataInputStream(socketOnServer.getInputStream());
            for( int i = 0; i < answer.length; i++) {
                String s = in.readUTF();                // in 读取信息,堵塞状态
                System.out.println("服务器收到客户的提问:" + s);
                out.writeUTF(answer[i]);
                Thread.sleep(500);
            }
        }
        catch(Exception e) {
            System.out.println("客户已断开" + e);
        }
    }
}
```

14.3.4 使用多线程技术

需要注意的是,从套接字连接中读取数据与从文件中读取数据有着很大的不同。尽管二者都是输入流,但从文件中读取数据时,所有的数据都已经在文件中了,而使用套接

字连接时,可能在另一端数据发送出来之前,就已经开始试着读取了,这时,就会堵塞本线程,直到该读取方法成功读取到信息,本线程才继续执行后续的操作。因此,服务器端收到一个客户的套接字后,就应该启动一个专门为该客户服务的线程,如图 14.5 所示。

可以使用 Socket 类的不带参数的构造方法 Socket()创建一个套接字对象,该对象再调用

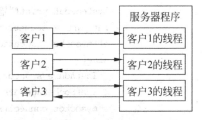

```
public void connect ( SocketAddress endpoint )
    throws IOException
```

请求和参数 SocketAddress 指定地址的服务器端的套

图 14.5 具有多线程的服务器端程序

接字建立连接。为了使用 connect 方法,可以使用 SocketAddress 的子类:InetSocketAddress 创建一个对象,InetSocketAddress 的构造方法是:

```
public InetSocketAddress(InetAddress addr, int port)
```

在下面的例子 4 中,客户输入圆的半径并发送给服务器,服务器把计算出的圆的面积返回给客户。因此可以将计算量大的工作放在服务器端,客户负责计算量小的工作,实现客户-服务器交互计算,来完成某项任务。首先将例子 4 中服务器端的程序编译通过,并运行起来,等待客户的呼叫。客户端运行效果如图 14.6 所示,服务器端运行效果如图 14.7 所示。

图 14.6 客户端   图 14.7 服务器端

【例子 4】

1. 客户端

Client.java

```java
import java.io.*;
import java.net.*;
import java.util.*;
public class Client  {
    public static void main(String args[]) {
        Scanner scanner = new Scanner(System.in);
        Socket mysocket = null;
        DataInputStream in = null;
        DataOutputStream out = null;
        Thread readData ;
        Read read = null;
        try{  mysocket = new Socket();
              read  = new Read();
```

```java
                readData = new Thread(read);
                System.out.print("输入服务器的IP:");
                String IP = scanner.nextLine();
                System.out.print("输入端口号:");
                int port = scanner.nextInt();
                if(mysocket.isConnected()){}
                else{
                   InetAddress  address = InetAddress.getByName(IP);
                   InetSocketAddress socketAddress = new InetSocketAddress(address,port);
                   mysocket.connect(socketAddress);
                   in = new DataInputStream(mysocket.getInputStream());
                   out = new DataOutputStream(mysocket.getOutputStream());
                   read.setDataInputStream(in);
                   readData.start();
                }
          }
          catch(Exception e) {
               System.out.println("服务器已断开" + e);
          }
          System.out.print("输入圆的半径(放弃请输入N):");
          while(scanner.hasNext()) {
               double radius = 0;
               try {
                    radius = scanner.nextDouble();
               }
               catch(InputMismatchException exp){
                   System.exit(0);
               }
               try {
                    out.writeDouble(radius);
               }
               catch(Exception e) {}
          }
     }
}
```

Read.java

```java
import java.io.*;
public class Read implements Runnable {
   DataInputStream in;
     public void setDataInputStream(DataInputStream in) {
         this.in = in;
     }
    public void run() {
         double result = 0;
         while(true) {
            try{   result = in.readDouble();
                  System.out.println("圆的面积:" + result);
                  System.out.print("输入圆的半径(放弃请输入N):");
```

```
            }
            catch(IOException e) {
                System.out.println("与服务器已断开" + e);
                break;
            }
        }
    }
}
```

2. 服务器端
Server.java

```
import java.io.*;
import java.net.*;
import java.util.*;
public class Server {
    public static void main(String args[]) {
        ServerSocket server = null;
        ServerThread thread;
        Socket you = null;
        while(true) {
            try{   server = new ServerSocket(2010);
            }
            catch(IOException e1) {
                System.out.println("正在监听");           //ServerSocket 对象不能重复创建
            }
            try{   System.out.println(" 等待客户呼叫");
                   you = server.accept();
                   System.out.println("客户的地址:" + you.getInetAddress());
            }
            catch (IOException e) {
                System.out.println("正在等待客户");
            }
            if(you!= null) {
                new ServerThread(you).start();           //为每个客户启动一个专门的线程
            }
        }
    }
}
class ServerThread extends Thread {
    Socket socket;
    DataOutputStream out = null;
    DataInputStream  in = null;
    String s = null;
    ServerThread(Socket t) {
        socket = t;
        try {   out = new DataOutputStream(socket.getOutputStream());
                in = new DataInputStream(socket.getInputStream());
        }
        catch (IOException e){}
```

```
       }
       public void run() {
          while(true) {
             try{  double r = in.readDouble();           //堵塞状态,除非读取到信息
                   double area = Math.PI * r * r;
                   out.writeDouble(area);
             }
             catch (IOException e) {
                   System.out.println("客户离开");
                     return;
             }
          }
       }
    }
```

本程序为了调试的方便,在建立套接字连接时,使用的服务器地址是 127.0.0.1,如果服务器设置过有效的 IP 地址,就可以用有效的 IP 代替程序中的 127.0.0.1。可以在命令行窗口检查服务器是否具有有效的 IP 地址,例如：ping 192.168.2.100。

14.4 UDP 数据包

套接字是基于 TCP 协议的网络通信,即客户端程序和服务器端程序是有连接的,双方的信息是通过程序中的输入、输出流来交互的,使得接收方收到的信息的顺序和发送方发送信息的顺序完全相同,就像生活中双方使用电话进行交互信息一样。

本节介绍 Java 中基于 UDP(用户数据包协议)协议的网络信息传输方式。基于 UDP 的通信和基于 TCP 的通信不同,基于 UDP 的信息传递更快,但不提供可靠性保证。也就是说,数据在传输时,用户无法知道数据能否正确到达目的地主机,也不能确定数据到达目的地的顺序是否和发送的顺序相同。可以把 UDP 通信比作生活中的邮递信件,我们不能肯定所发的信件就一定能够到达目的地,也不能肯定到达的顺序是发出时的顺序,可能因为某种原因导致后发出的先到达。既然 UDP 是一种不可靠的协议,为什么还要使用它呢？如果要求数据必须绝对准确地到达目的地,显然不能选择 UDP 协议来通信。但有时候人们需要较快速地传输信息,并能容忍小的错误,就可以考虑使用 UDP 协议。

基于 UDP 通信的基本模式是：
- 将数据打包,称为数据包(好比将信件装入信封一样),然后将数据包发往目的地。
- 接受别人发来的数据包(好比接收信封一样),然后查看数据包中的内容。

14.4.1 发送数据包

(1) 用 DatagramPacket 类将数据打包,即用 DatagramPacket 类创建一个对象,称为数据包。用 DatagramPacket 的以下两个构造方法创建待发送的数据包：

DatagramPacket(byte data[],int length,InetAddtress address,int port)

使用该构造方法创建的数据包对象具有下列两个性质：
- 含有 data 数组指定的数据。
- 该数据包将发送到地址是 address、端口号是 port 的主机上。

我们称 address 是它的目标地址、port 是这个数据包的目标端口。

DatagramPack(byte data[],int offset,int length,InetAddtress address,int port)

使用该构造方法创建的数据包对象含有数组 data 中从 offset 开始后的 length 个字节,该数据包将发送到地址是 address,端口号是 port 的主机上。例如：

byte data[] = "国庆60周年".getByte();
InetAddtress address = InetAddtress.getName("www.china.com.cn");
DatagramPacket data_pack = new DatagramPacket(data,data.length, address,2009);

注：用上述方法创建的用于发送的数据包 data_pack,如果调用方法 public int getPort() 可以获取该数据包目标端口；调用方法 public InetAddress getAddres() 可获取这个数据包的目标地址；调用方法 public byet[] getData() 可以返回数据包中的字节数组。

（2）用 DatagramSocket 类的不带参数的构造方法 DatagramSocket() 创建一个对象,该对象负责发送数据包。例如：

DatagramSocket mail_out = new DatagramSocket();
mail_out.send(data_pack);

14.4.2 接收数据包

首先用 DatagramSocket 的另一个构造方法 DatagramSocket(int port) 创建一个对象,其中的参数必须和待接收的数据包的端口号相同。例如,如果发送方发送的数据包的端口是 5666,那么如下创建 DatagramSocket 对象：

DatagramSocket mail_in = new DatagramSocket(5666);

然后对象 mail_in 使用方法 receive(DatagramPacket pack) 接受数据包。该方法有一个数据包参数 pack,方法 receive 把收到的数据包传递给该参数。因此我们必须预备一个数据包以便收取数据包。这时需使用 DatagramPacket 类的另外一个构造方法 DatagramPacket(byte data[],int length) 创建一个数据包,用于接收数据包,例如：

byte data[] = new byte[100];
int length = 90;
DatagramPacket pack = new DatagramPacket(data,length);
mail_in.receive(pack);

该数据包 pack 将接收长度是 length 字节的数据放入 data。

注：① receive 方法可能会堵塞,直到收到数据包。

② 如果 pack 调用方法 getPort() 可以获取所收数据包是从远程主机上的哪个端口发出的，即可以获取包的始发端口号；调用方法 getLength() 可以获取收到的数据的字节长度；调用方法 InetAddress getAddres() 可获取这个数据包来自哪个主机，即可以获取包的始发地址，我们称主机发出数据包使用的端口号为该包的始发端口号，发送数据包的主机地址称为数据包的始发地址。

③ 数据包数据的长度不要超过 8192KB。

在下面的例子 5 中，张三和李四使用用户数据报（可用本地机模拟）互相发送和接收数据包，程序运行时"张三"所在主机在命令行输入数据发送给"李四"所在主机，将接收到的数据显示在命令行的右侧（效果如图 14.8 所示）；同样，"李四"所在主机在命令行输入数据发送给"张三"所在主机，将接收到的数据显示在命令行的右侧（效果如图 14.9 所示）。

图 14.8 "张三"主机

图 14.9 "李四"主机

【例子 5】

1. "张三"主机

ZhanSan.java

```java
import java.net.*;
import java.util.*;
public class ZhangSan  {
    public static void main(String args[]) {
        Scanner scanner = new Scanner(System.in);
        Thread readData ;
        ReceiveLetterForZhang receiver = new ReceiveLetterForZhang();
        try{ readData = new Thread(receiver);
            readData.start();                        //负责接收信息的线程
            byte [] buffer = new byte[1];
            InetAddress address = InetAddress.getByName("127.0.0.1");
            DatagramPacket dataPack =
            new DatagramPacket(buffer,buffer.length, address,666);
            DatagramSocket postman = new DatagramSocket();
            System.out.print("输入发送给李四的信息:");
            while(scanner.hasNext()) {
                String mess = scanner.nextLine();
                buffer = mess.getBytes();
                if(mess.length() == 0)
                    System.exit(0);
                buffer = mess.getBytes();
                dataPack.setData(buffer);
                postman.send(dataPack);
```

```
                System.out.print("继续输入发送给李四的信息:");
            }
        }
        catch(Exception e) {
            System.out.println(e);
        }
    }
}
```

ReceiveLetterForZhang.java

```java
import java.net.*;
public class ReceiveLetterForZhang implements Runnable {
    public void run() {
        DatagramPacket pack = null;
        DatagramSocket postman = null;
        byte data[] = new byte[8192];
        try{  pack = new DatagramPacket(data,data.length);
              postman = new DatagramSocket(888);
        }
        catch(Exception e){}
        while(true) {
          if(postman == null) break;
          else
            try{ postman.receive(pack);
                 String message = new String(pack.getData(),0,pack.getLength());
                 System.out.printf(" %25s\n","收到:" + message);
            }
            catch(Exception e){}
        }
    }
}
```

2."李四"主机

LiSi.java

```java
import java.net.*;
import java.util.*;
public class LiSi   {
    public static void main(String args[]) {
        Scanner scanner = new Scanner(System.in);
        Thread readData ;
        ReceiveLetterForLi receiver = new ReceiveLetterForLi();
        try{  readData = new Thread(receiver);
              readData.start();                     //负责接收信息的线程
              byte [] buffer = new byte[1];
              InetAddress address = InetAddress.getByName("127.0.0.1");
              DatagramPacket dataPack =
                  new DatagramPacket(buffer,buffer.length, address,888);
              DatagramSocket postman = new DatagramSocket();
              System.out.print("输入发送给张三的信息:");
```

```
            while(scanner.hasNext()) {
                String mess = scanner.nextLine();
                buffer = mess.getBytes();
                if(mess.length() == 0)
                    System.exit(0);
                buffer = mess.getBytes();
                dataPack.setData(buffer);
                postman.send(dataPack);
                System.out.print("继续输入发送给张三的信息:");
            }
        }
        catch(Exception e) {
            System.out.println(e);
        }
    }
}
```

ReceiveLetterForLi.java

```
import java.net.*;
public class ReceiveLetterForLi implements Runnable {
    public void run() {
        DatagramPacket pack = null;
        DatagramSocket postman = null;
        byte data[] = new byte[8192];
        try{  pack = new DatagramPacket(data,data.length);
              postman = new DatagramSocket(666);
        }
        catch(Exception e){}
        while(true) {
          if(postman == null) break;
          else
            try{ postman.receive(pack);
                 String message = new String(pack.getData(),0,pack.getLength());
                 System.out.printf("%25s\n","收到:" + message);
            }
            catch(Exception e){}
        }
    }
}
```

14.5 广播数据包

我们很多人都曾使用过收音机,也熟悉广播电台的一些基本术语,比如,当一个电台在某个波段和频率上进行广播时,接收者将收音机调到指定的波段、频率上就可以听到广播的内容。

计算机使用 IP 地址和端口来区分其位置和进程,但有一类地址非常特殊,称做 D 类地址,D类地址不是用来代表位置的,即在网络上不能使用D类地址去查找计算机。那么,什么是D类地址呢?D类地址在网络中的作用是怎样的呢?通俗地讲,D类地址好像生活中的社团组织,不同地理位置的人可以加入相同的组织,继而可以享有组织内部的通信权利。以下就介绍D类地址以及相关的知识点。

我们知道,Internet 的地址是 a.b.c.d 的形式。该地址的一部分代表用户自己的主机,而另一部分代表用户所在的网络。当 a 小于 128,那么 b.c.d 就用来表示主机,这类地址称做 A 类地址。如果 a 大于等于 128 并且小于 192,则 a.b 表示网络地址,而 c.d 表示主机地址,这类地址称做 B 类地址。如果 a 大于等于 192,则网络地址是 a.b.c,d 表示主机地址,这类地址称做 C 类地址。224.0.0.0～224.255.255.255 是保留地址,称做 D 类地址。

要广播或接收广播的主机都必须加入到同一个 D 类地址中。一个 D 类地址也称做一个组播地址,D 类地址并不代表某个特定主机的位置,一个具有 A、B 或 C 类地址的主机要广播数据或接收广播,都必须加入到同一个 D 类地址中。

在下面的例子 6 中,一个主机不断地重复广播放假通知(图 14.10),加入到同一组的主机都可以随时接收广播的信息(见图 14.11)。在调试例子 6 时,必须保证进行广播的 BroadCast.java 所在的机器具有有效的 IP 地址。可以在命令行窗口检查自己的机器是否具有有效的 IP 地址,例如:

```
ping 192.168.2.100
```

图 14.10　广播端

图 14.11　接收端

【例子 6】

1. 广播端

BroadCast.java

```
import java.net.*;
public class BroadCast {
    String s = "国庆放假时间是 9 月 30 日";
    int port = 5858;                                    //组播的端口
    InetAddress group = null;                           //组播组的地址
    MulticastSocket socket = null;                      //多点广播套接字
    BroadCast() {
        try {
            group = InetAddress.getByName("239.255.8.0");   //设置广播组的地址为 239.255.8.0
            socket = new MulticastSocket(port);             //多点广播套接字将在 port 端口广播
            socket.setTimeToLive(1);                        //多点广播套接字发送数据报范围
                                                            //  为本地网络
            socket.joinGroup(group);                        //加入 group 后,socket 发送的数据
                                                            //  报被 group 中的成员接收到
```

```java
        }
        catch(Exception e) {
            System.out.println("Error: " + e);
        }
    }
    public void play() {
        while(true) {
            try{   DatagramPacket packet = null;                //待广播的数据包
                   byte data[] = s.getBytes();
                   packet = new DatagramPacket(data,data.length,group,port);
                   System.out.println(new String(data));
                   socket.send(packet);                         //广播数据包
                   Thread.sleep(2000);
            }
            catch(Exception e) {
                System.out.println("Error: " + e);
            }
        }
    }
    public static void main(String args[]) {
        new BroadCast().play();
    }
}
```

2. 接收端

Receiver.java

```java
import java.net.*;
import java.util.*;
public class Receiver {
    public static void main(String args[]) {
        int port = 5858;                                        //组播的端口
        InetAddress group = null;                               //组播组的地址
        MulticastSocket socket = null;                          //多点广播套接字
        try{
            group = InetAddress.getByName("239.255.8.0");       //设置广播组的地址为 239.255.8.0
            socket = new MulticastSocket(port);                 //多点广播套接字将在 port 端口广播
            socket.joinGroup(group);                            //加入 group
        }
        catch(Exception e){}
        while(true) {
            byte data[] = new byte[8192];
            DatagramPacket packet = null;
            packet = new DatagramPacket(data,data.length,group,port);  //待接收的数据包
            try {  socket.receive(packet);
                   String message = new String(packet.getData(),0,packet.getLength());
                   System.out.println("接收的内容:\n" + message);
            }
            catch(Exception e) {}
        }
    }
}
```

14.6 小　　结

（1）java.net 包中的 URL 类是对统一资源定位符的抽象，使用 URL 创建对象的应用程序称做客户端程序，客户端程序的 URL 对象调用 InputStream openStream() 方法可以返回一个输入流，该输入流指向 URL 对象所包含的资源，通过该输入流可以将服务器上的资源信息读入到客户端。

（2）网络套接字是基于 TCP 协议的有连接通信，套接字连接就是客户端的套接字对象和服务器端的套接字对象通过输入、输出流连接在一起。服务器建立 ServerSocket 对象，ServerSocket 对象负责等待客户端请求建立套接字连接，而客户端建立 Socket 对象向服务器发出套接字连接请求。

（3）基于 UDP 的通信和基于 TCP 的通信不同，基于 UDP 的信息传递更快，但不提供可靠性保证。

（4）设计广播数据报网络程序时，必须将要广播或接收广播的主机加入到同一个 D 类地址。D 类地址也称做组播地址，D 类地址并不代表某个特定主机的位置，一个具有 A、B 或 C 类地址的主机要广播数据或接收广播，都必须加入到同一个 D 类地址。

习　题　14

（1）URL 对象调用哪个方法可以返回一个指向该 URL 对象所包含的资源的输入流？

（2）什么叫 Socket？怎样建立 Socket 连接？

（3）ServerSocket 对象调用 Accept 方法返回一个什么类型的对象？

（4）InetAddress 对象使用怎样的格式来表示自己封装的地址信息？

（5）参照例子 6，使用套接字连接编写网络程序，客户输入三角形的三边并发送给服务器，服务器把计算出的三角形的面积返回给客户。